住房城乡建设部
十三五

建筑装饰工程质量检验与检测

（建筑装饰工程技术专业适用）

住房城乡建设部土建类学科专业『十三五』规划教材

仝炳炎　主编

李留坤　副主编

李　进　主审

中国建筑工业出版社

图书在版编目（CIP）数据

建筑装饰工程质量检验与检测：建筑装饰工程技术专业适用/仝炳炎主编．—北京：中国建筑工业出版社，2019.11（2025.6重印）
住房城乡建设部土建类学科专业"十三五"规划教材
ISBN 978-7-112-24644-1

Ⅰ．①建… Ⅱ．①仝… Ⅲ．①建筑装饰-工程质量-质量检验-高等学校-教材 Ⅳ．①TU767.03

中国版本图书馆CIP数据核字（2020）第010922号

　　本书共五个模块，分别为建筑装饰工程质量检验概述、建筑装饰装修工程验收、建筑装饰工程测量和检测、装饰工程的质量检验和建筑装饰材料检验检测，共涉及14个项目，包括：建筑装饰工程质量检查及验收的基础知识；现行建筑工程施工质量验收规范和支撑体系；建筑装饰工程子分部、分项工程检验批的划分与验收；建筑装饰工程质量验收及相关规定；建筑工程测量概述；水准测量；角度测量；装饰工程测量；楼地面工程质量检验与检测；墙柱面装饰工程质量检验与检测；吊顶工程质量检验与检测；其他装饰工程质量检验与检测；建筑装饰材料的检验与检测；室内环境质量验收等。

　　本书为高职高专建筑装饰工程技术专业、室内设计专业及其相关专业的教材；可作为建设单位、施工单位和监理部门相关人员的培训教材，也可作为工程技术人员的参考用书。

　　为更好地支持本课程的教学，我们向使用本书作为教材的教师免费提供教学课件，有需要者请与出版社联系，邮箱：jckj@cabp.com.cn，电话：(010) 58337285，建工书院：https://edu.cabplink.com。

责任编辑：杨　虹　周　觅
责任校对：姜小莲

住房城乡建设部土建类学科专业"十三五"规划教材
建筑装饰工程质量检验与检测
（建筑装饰工程技术专业适用）

仝炳炎　主　编
李留坤　副主编
李　进　主　审

＊

中国建筑工业出版社出版、发行（北京海淀三里河路9号）
各地新华书店、建筑书店经销
北京雅盈中佳图文设计公司制版
建工社（河北）印刷有限公司印刷

＊

开本：787毫米×1092毫米　1/16　印张：16　字数：338千字
2020年11月第一版　2025年6月第六次印刷
定价：42.00元（赠教师课件）
ISBN 978-7-112-24644-1
（34988）

前　言

随着重新修订的《建筑工程施工质量验收统一标准》GB 50300—2013 自 2014 年 6 月 1 日起施行，与其配套的各相关专业验收规范相继修订发布实施。为了满足国家高职高专建筑装饰工程技术专业和室内设计专业以及相关建筑类专业学生学习，同时满足建筑装饰施工企业、监理企业初入施工现场的管理人员学习和培训的需要，编写了本教材。

本教材具有以下特点：

1. 编写大纲是在广泛征询建筑装饰行业工程项目管理人员、技术人员、全国建筑类高等职业院校有关教师意见的基础上，结合国家示范建设要求和高职高专教育特点，经编写委员会反复讨论确定的。

2. 参加编写人员有诸多的工程实践经验，故在内容上尽量避开繁杂而缺乏实际应用或较少应用的知识，重点突出工程实际应用的内容。

3. 结构层次清晰，语言浅显易懂，易教易学。

4. 因为不是建筑工程施工验收手册，内容上不求面面俱到，但求读者读后能熟知建筑装饰工程质量检查与验收的基本知识；同时结合相应的专业验收规范，力求"零距离"上岗。

5. 在编写过程中力求将现场遇到的质量问题较详细地描述出来，有助于初学者的理解。

本教材由江苏建筑职业技术学院仝炳炎高级工程师担任主编、淮北师范大学基建办主任李留坤高级工程师担任副主编。全书共分五个教学模块十四个项目工作，其中模块 1 由江苏建筑职业技术学院鲁辉副教授编写；模块 2 和模块 4 中项目 1 和项目 2 由江苏建筑职业技术学院仝炳炎高级工程师编写，模块 4 中项目 3 由江苏建筑职业技术学院王利华讲师编写，模块 4 中项目 4 由淮北师范大学李留坤高级工程师编写；模块 3 中项目 1 至项目 3 由江苏建筑职业技术学院郭红军讲师编写，模块 3 中项目 4 由徐州方圆工程建设监理公司刘保金工程师编写；模块 5 由江苏建筑职业技术学院李高锋讲师编写。

本教材在编写过程中得到江苏建筑职业技术学院季翔同志、江苏建筑职业技术学院江向东同志、徐州众望建设监理有限公司张永和徐州民用建筑设计研究院有限公司丁运芳同志的大力支持和帮助，并对全书进行了审查。

由于时间仓促，经验有限，再加上检查与验收类可供在校学生使用的教材极少，缺点和不足之处在所难免，恳请读者批评指正。

编者

目　录

1

模块 1　建筑装饰工程质量检验概述

知识点

建筑装饰工程质量验收；建筑装饰工程检验批、分项工程、子分部工程的划分与验收；建筑装饰工程质量验收的组织。

学习目标

通过建筑装饰工程质量检验的学习，使学生能够依据建筑装饰工程质量验收规范对建筑装饰工程子分部、分项工程、检验批进行正确的划分，会编制验收方案，会使用验收工具和检测仪器，会组织验收，能独立完成检验批的检查预验收。

建筑装饰工程施工质量检查与验收是建筑工程施工质量的重要组成部分，随着人们生活水平的不断提高，建筑装饰工程得到了空前的发展，当今很多装饰工程已经发展成了单独的单位工程，它的验收工作至关重要，参与施工质量验收的各方主体必须依据现行验收规范体系，按照验收方案，采用一定的检查方法进行验收。

1. 建筑装饰装修的概念

建筑装饰装修：是指为保护建筑物的主体结构、完善建筑物的使用功能和美化建筑物，采用装饰装修材料或饰物，对建筑物的内外表面及空间进行各种处理的过程。

建筑装饰装修的含义包括了"建筑装饰""建筑装修""建筑装潢"。

2. 建筑装饰装修，是采用材料对建筑物的内外表面及空间进行各种处理，饰面必须有所依附，故应先明确和理解两个概念：

（1）基体：建筑的主体结构或围护结构。

（2）基层：直接承受装饰装修施工的面层。

基体关系到建筑物的安全，基层关系到保护功能和装饰效果。

为了加强建筑工程质量管理，统一建筑装饰装修工程的质量验收，保证工程质量，国家在 2001 年就颁布实施了《建筑装饰装修工程质量验收规范》GB 50210—2001。经过十几年的运行和新材料的发展，中国建筑科学研究院有限公司根据中华人民共和国住房和城乡建设部（《关于印发〈2011 年工程建设标准规范制订、修订计划〉的通知》建标 [2011] 17 号）的要求，经广泛调查研究，认真总结实践经验，参考有关国际标准和国外先进标准，并在广泛征求意见的基础上，修订了《建筑装饰装修工程质量验收标准》GB 50210—2001，并于 2018 年 2 月 8 日经中华人民共和国住房和城乡建设部发布新版《建筑装饰装修工程质量验收标准》GB 50210—2018，2018 年 9 月 1 日正式实施，原标准同时废止。

《建筑装饰装修工程质量验收标准》GB 50210—2018 适用于新建、扩建、改建和既有建筑的装饰装修工程的质量验收，不适用于古建筑和保护性建筑。

《建筑工程施工质量验收统一标准》GB 50300—2013 将建筑装饰装修工程列为一个分部工程，其子分部工程包括地面、抹灰、外墙防水、门窗、吊顶、轻质隔墙、饰面板、饰面砖、幕墙、涂饰、裱糊与软包、细部等子分部工程，共计 12 个子分部工程。地面工程被列为建筑装饰装修分部工程的一个子分部工程，但因其特殊性和重要性，国家制定了专门的施工验收规范，地面工程须按《建筑地面工程施工质量验收规范》GB 50209—2010 进行验收。

项目 1　建筑装饰工程质量检查及验收的基础知识

1.1　学习目标

1. 了解建筑工程质量验收规范体系和建筑工程施工质量验收术语。

2. 熟悉装饰装修工程，进行子分部和分项工程检验批划分。

3. 掌握检验批、分项工程、子分部工程的验收工作的方法和内容。

4. 掌握检验批及分项工程、分部工程、单位（子单位）工程的验收程序，会独立进行检验批验收。

1.2 相关知识

1.2.1 建筑装饰工程责任主体

1. 建筑装饰工程施工质量检查与验收的重要性

工程建设的质量涉及人、财、物的安全，装饰工程的质量涉及人民生活环境和工作条件的改善，涉及人民的生命健康，涉及建筑物的使用功能和社会功能，是工程建设的重要组成部分，因此装饰工程的质量和建筑工程质量一样备受重视。建筑装饰工程质量检查与验收是保障装饰工程质量的基础和前提，装饰工程的质量验收是保障工程质量工作的重要部分，是工程竣工验收的主要内容，是工程施工管理的一个不可或缺的工作。

2. 参与施工质量检查与验收的各方责任主体

建筑装饰工程施工质量检查与验收工作是保证工程竣工验收的重要内容和重要阶段。在施工质量检查与验收中，施工单位必须根据施工组织设计和施工方案对自己施工的装饰工程按照质量验收制度进行检查验收，例如"三检制度"。验收合格填报分项工程检验批、子分部工程施工质量报项目监理机构进行验收，参与工程验收的监理单位、建设单位等各方责任主体应根据验收标准和规范，通过抽样检查与复测等形式，从不同角度参加验收，互相合作，互相制约，对工程质量控制起到了积极的作用。这是现行验收规范适应市场经济条件的变化而形成的特点。

（1）建设单位（业主方）

建设单位是建筑物的所有者和使用者，是工程建设市场最重要的责任主体，是工程建设过程和建设效果的负责方，拥有按照法律、法规选定勘察、设计、施工、监理单位和确定建设项目的规模、功能、外观、使用材料设备等权力。建设单位应按国家现行有关工程建设法规、技术标准及合同的规定，定期或不定期地深入工地进行检查和验收。统一明确"未实行监理"的工程，应由建设单位履行监理职责，行使主持检验批、分项工程、（子）分部工程等的验收工作。当工程项目施工委托监理时，建设单位也应参与施工项目的质量检查，同时须组织单位工程的竣工验收。

（2）监理单位（监理方）

监理单位是受建设单位的委托，代表建设单位执行施工监督和过程控制的责任主体，组织建筑装饰工程中检验批、分项工程、子分部工程等各个层面上的工程质量的检查与验收工作。单独的装饰工程竣工验收由建设单位组织。

（3）施工单位（施工方）

施工单位是建筑工程施工的责任主体，是建筑市场中的生产方，也是工程建设的实施者和形成工程实体的质量的责任人，其行为对工程建设质量起至关重要的作用。施工质量的自检和评定建筑工程的质量是由施工单位在具体操作过程中形成的，检查验收只是事后对其质量状况的反映。施工中真正大量的质量控制和验收检验是施工单位以自检的形式进行的，并以评定的方式给出质量是否合格的结论。检查合格后，与有关单位一起参与验收。

施工单位对检验批、分项、分部（子分部）、单位（子单位）工程应按施工企业的操作标准（没有企业标准的按照国家、行业、地方标准，或参考其他企业标准）等进行自行检查并评定结果。施工单位对检验批的自检和评定是整个工程质量验收的基础。

施工单位质量保证体系"三检制度"表现在以下几点：

1）施工作业活动的作业者在作业结束后必须自检；

2）前后不同工序在施工交接和转换前必须由相关人员进行交接检查；

3）承包单位专职质检员在前述工作完成后的专项检查。

（4）设计（勘察）单位

设计（勘察）单位工程建设的重要责任主体，是建筑物设计文件的提供者，是工程结构安全的保证者，对于涉及安全和重要使用功能的（子）分部工程，设计（勘察）单位必须应参与验收。单位工程的竣工验收，设计（勘察）单位必须参与。

设计单位主要根据建设单位的意图，利用自己的设计和技术手段将意图转化成可以实施的施工图纸。在施工阶段，图纸要接受项目施工的检验，设计人员通过设计交底和图纸会审以及实施过程中的答疑和变更参与到施工中，解决图纸中的未尽事宜，参与装饰装修工程验收，以保证工程项目质量的实现。

（5）其他

在工程建设过程中，除上述单位外，质量监督机构、质量检测机构和材料供应单位也一定程度、一定范围地参与或影响着工程项目的施工质量检查与验收。

1）质量监督机构

国家实行建设工程质量监督管理制度。工程质量监督管理的主体是各级政府建设行政主管部门和其他有关部门。但由于工程建设周期长、环节多、点多面广，工程质量监督工作是一项专业技术性强，且很繁杂的工作，政府部门不可能亲自进行日常检查工作。因此，工程质量监督管理由建设行政主管部门或其他有关部门委托的工程质量监督机构具体实施。

建设工程质量监督机构通过制定质量监督工作方案，检查施工现场工程建设各方主体的质量行为，检查建设工程实体质量和监督工程质量验收来对建设工程质量进行控制。

2）工程质量检测机构

工程质量检测机构是对建设工程中的建筑构件、制品及现场所用的有关建筑材料、设备质量进行检测的法定单位。在建设行政主管部门领导和标准化管理部门指导下开展检测工作,其出具的检测报告具有法定效力。

目前,见证检测已经成为工程质量管理中通行的一种方式,在下列几种情况下应进行见证检测:用于主体结构施工的主要建筑材料;国家规定应进行见证检测时;合同约定应进行见证检测时;对材料的质量发生争议需要进行仲裁时。

对于需要进行见证检测的材料或试件,应由监理单位或建设单位具有见证资格的人员(即见证员)进行现场见证,由施工单位有取样资格的人员(即取样员)按照取样规则随机抽取一定数量的材料或试件,在见证员的监督下押送或封样送往检测单位。

3)材料供应单位

材料供应单位必须提供合格的工程材料,在材料进场使用前,必须按照有关规定提供材料的合格证明、质量保证书、形式检验报告和当地建设部门规定的许可证明及其他需要提供的证明材料;对于必须进行复试后才能使用的材料,应配合施工单位,在见证人员见证的条件下进行取样复试,合格后进场使用。

1.2.2 建筑装饰工程施工质量检查与验收的依据和基本方法

1.建筑装饰工程施工质量检查与验收的基本思想

建筑装饰工程施工质量检查与验收是工程施工项目质量管理的一部分,通过对工程质量进行检查与验收,可以有效地保障工程质量,避免不合格的施工项目(或过程)流向下一工序,被下一个施工过程所掩盖,从而确保整个的工程质量。

对于大型的装饰工程,由于施工周期长,涉及的装饰项目多,如果仅是工程结束后才进行验收,或者只设置几个验收点,都是远远不够的,难以保证整个工程的施工质量。现行的验收规则仍实行"验评分离、强化验收、完善手段、过程控制"原则,把庞大的工程施工项目分解为若干分部(子分部)工程;分部(子分部)工程又被划分为较小的分项工程;分项工程又被分为更小的检验批。检验批是施工项目检查与验收的最小单位。进行工程项目施工质量验收的时候,通过对检验批的检查与验收合格,来保证分项工程合格,分项工程的合格来保证分部(子分部)的合格,最后保证整个单位工程的质量合格。

2.建筑装饰工程施工质量检查与验收的依据

施工质量验收应依据国家有关工程建设的法令、法规、标准、规范及有关文件进行验收。主要依据是:

(1)《建筑工程施工质量验收统一标准》GB 50300—2013、《建筑装饰装修工程质量验收标准》GB 50210—2018及《建筑地面工程施工质量验收规范》GB 50209—2010等有关规范。

(2)国家现行的勘察、设计、施工等技术标准、规范。

(3)施工执行的标准,主要是施工的技术标准、工艺标准,可以是企业标准(QB)、地方标准(DB)、协会标准(CECS)、行业标准(JGJ)等。这些标准是施工企业施工操作的依据，是整个施工全程质量控制基础，也是施工质量验收的基础和依据。

(4) 施工图设计文件，包括设计变更、洽商文件等。

(5) 建设单位与参建单位签订的有关"合同"。

(6) 其他有关规定和文件。

3. 建筑工程施工质量检查与验收的基本方法

无论是施工单位还是监理单位，在建筑装饰工程施工质量检查或验收时所采用的方法，主要包括审查有关技术文件、报告等质量保证资料和直接进行现场检查或必要的试验两类。

(1) 审查有关技术文件、报告或报表等质量保证资料

对技术文件、报告、报表等质量保证资料的审查，是施工项目部管理人员、监理人员、参加验收的各责任主体人员等对工程质量进行全面质量检查和控制的重要手段，如审查有关技术资质证明文件，审查有关材料、半成品的质量检验报告能否满足施工质量要求，也是各层次验收质量合格的条件之一。

(2) 现场实际项目的质量检查与验收方法

工程建设施工质量的好坏，不仅要进行技术资料的检查和验收，还须对工程项目的实体进行质量检查与验收，如施工单位对某装饰工程检验批必须经过自检、工序之间的交接检、专职质量检查人员检查以及监理单位对该分项工程检验批进行隐蔽工程的检查和验收，才能进行下一道施工工序。现场装饰工程实体的质量检查与验收方法归纳起来主要有目测法、实测法和试验法 3 种。

1) 目测法

目测法就是验收人员通过目测对装饰工程的外观质量进行观感检查，其验收手段可归纳为看、摸、敲、照 4 个字。

看，就是根据质量标准进行外观目测。如施工顺序是否按照工艺要求进行施工，工人的施工操作工艺是否正确，装饰工程的装饰效果等，均需通过目测法进行检查和评价。现场进行观察验收的人员需要具备丰富的施工和验收经验，这些经验必须经过反复实践才能掌握标准。所以这种方法虽然简单，但是难度非常大，验收人员必须经过专门的培养和训练才能胜任。

摸，就是凭借检查人员的手感（触觉）进行检查，主要用于装饰工程的某些检查项目，如水刷石、干粘石粘结牢固程度，油漆的光滑度，地面有无起砂等，均可通过手摸加以鉴别。

敲，是运用响鼓槌等检查工具进行音感检查。通过使用检查锤对地面工程、装饰工程中的水磨石、面砖、锦砖和大理石贴面以及抹灰工程等进行敲击检查，通过声音对装饰工程的质量进行判断，依靠对敲击的声音判断有无空鼓，还可根据声音的清脆和沉闷，判定属于面层空鼓或底层空鼓。又如，用手敲玻璃，如发出颤动声响，判断玻璃安装的质量，一般情况下可以判断出底灰不满或压条不实等问题。

照，对于难以看到或光线较暗的部位，则可采用镜子反射或灯光照射的

方法进行检查。特别是抹灰工程通过灯具照射，可以判定抹灰面是否平整。通过灯具照射可以判定透光和漏气的部位，从而减少质量问题。

2）实测法

就是通过检测工具（或测量仪器）对建筑装饰工程进行数据实测，再与施工规范及质量标准所规定的允许偏差对照，来判别质量是否合格。实测检查法的手段，也可归纳为靠、吊、量、套4个字。

靠，是用靠尺、塞尺检查墙面垂直度和墙面、地面、屋面的平整度。对于墙面、地面等要求平整的项目都是利用这种方法检验。

吊，是用吊线锤的方法进行垂直度的检查和验收。

量，是用测量工具和计量仪表等检查断面几何尺寸、轴线、标高、湿度、温度等的偏差。这种方法应用最广泛，主要是检查一般项目中的容许偏差项目。

套，是以阴阳角检查尺或方尺套方，辅以塞尺检查。如对阴阳角的方正、踢脚线的垂直度等项目的检查。使用对角线检查尺（或钢卷尺）对门窗洞口及门窗框的对角线检查也是套方这种特殊检查方法。

3）试验法

试验法指必须经见证取样通过法定检测机构进行检测试验，出具法定试验报告，才能对质量进行判断的检查方法，如对建筑装饰材料的放射性、游离甲醛、苯以及总挥发性有机化合物（TVOC）含量等有害物质的环境监测等。

项目2　现行建筑工程施工质量验收规范和支撑体系

建筑工程施工质量检查与验收应执行现行国家标准《建筑工程施工质量验收统一标准》GB 50300—2013（以下简称《统一标准》）及其相配套的各专业验收规范。

2.1　现行建筑工程施工质量验收标准和规范体系

建筑工程涉及的专业众多，工种和施工工序相差很大，因此需要许多本专项验收规范才能解决实际工程验收的问题。根据我国施工管理的传统及技术发展的趋势，编制或修订验收规范共15本。此外，为解决各专业验收规范之间的统一和协调问题，以及汇总各专业验收而进行最终单位工程的竣工验收，还需要一本起基础性和指导性作用的标准——《统一标准》。这样，共计16本（1本标准，15本规范）标准和规范就构成了我国现行建筑工程施工质量验收规范体系。

国家标准1本：

《建筑工程施工质量验收统一标准》GB 50300—2013。

土建工程部分相关规范9本：

《建筑地基基础工程施工质量验收标准》GB 50202—2018；

《砌体结构工程施工质量验收规范》GB 50203—2011；

《混凝土结构工程施工质量验收规范》GB 50204—2015；

《钢结构工程施工质量验收标准》GB 50205—2020；

《木结构工程施工质量验收规范》GB 50206—2012；

《屋面工程质量验收规范》GB 50207—2012；

《地下防水工程质量验收规范》GB 50208—2011；

《建筑地面工程施工质量验收规范》GB 50209—2010；

《建筑装饰装修工程质量验收标准》GB 50210—2018。

建筑设备安装工程部分相关规范 6 本：

《建筑给水排水及采暖工程施工质量验收规范》GB 50242—2002；

《通风与空调工程施工质量验收规范》GB 50243—2016；

《建筑电气工程施工质量验收规范》GB 50303—2015；

《智能建筑工程质量验收规范》GB 50339—2013；

《电梯工程施工质量验收规范》GB 50310—2002；

《建筑节能工程施工质量验收标准》GB 50411—2019。

此外，作为装饰工程，《民用建筑工程室内环境污染控制标准》GB 50325—2020 也是非常重要的验收标准。与工程建设有关的规范还包括：

《人民防空工程施工及验收规范》GB 50134—2004；

《土方与爆破工程施工及验收规范》GB 50201—2012；

《建筑防腐蚀工程施工质量验收标准》GB/T 50224—2018；

《铝合金结构工程施工质量验收规范》GB 50576—2010；

《钢管混凝土工程施工质量验收规范》GB 50628—2010；

《防静电工程施工与质量验收规范》GB 50944—2013。

《统一标准》，突出的是"施工质量"，明确了是施工质量验收统一标准，不含设计质量在内，对施工技术和施工工艺有所淡化，与统一标准配套使用的部分专业验收规范，因含有设计质量的内容，在规范名称上使用《屋面工程质量验收规范》《地下防水工程质量验收规范》《建筑装饰装修工程质量验收标准》等，不含"施工"字样，其他规范则加有"施工"二字。

《统一标准》是作为整个验收规范体系的指导性标准，是统一和指导其余各专业施工质量验收规范的总纲。

2.2 现行建筑工程施工质量验收标准和规范支撑体系

上面介绍了我国现行建筑施工验收规范体系，但《统一标准》、规范体系的落实和执行，还需要有关标准的支撑，其支撑体系如图 1-2-1 所示。

（1）施工工艺标准

施工工艺标准：是施工单位进行具体操作的方法，是施工单位的内部控制标准，是企业班组操作的依据，是企业操作的规程，是施工质量全过程控制

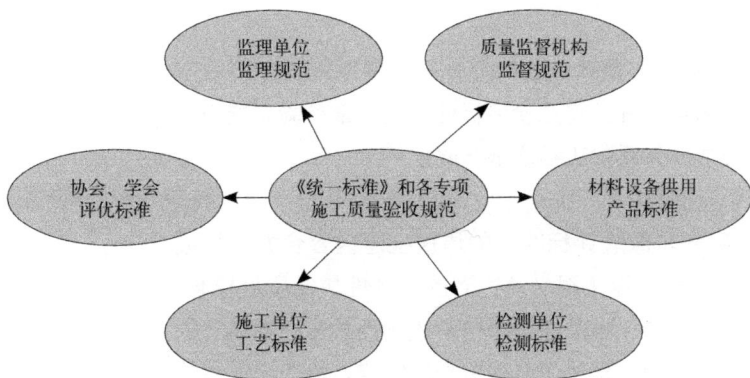

图 1-2-1 工程质量验收规范支持体系示意图

的基础，也是验收规范的基础和依据，可由企业制订企业标准，或行业制订推荐性标准，使企业的操作有具体的依据和规程，这样不仅保证了验收规范的落实，也促进企业技术管理的发展。但是，这些管理标准、施工工艺、工法或操作规程等，虽可以用企业标准的形式表达，已不再具有强制性质，可以适应于不同的应用条件，并尽量反映科技进步和施工技术发展的成果。

施工单位长期以来习惯执行国家、行业或地方标准，特别是一些小的装饰施工单位还没有建立自己的企业标准和施工工艺标准，按照有关要求，没有标准是不能施工的。可以将一些协会标准、施工指南、手册和地方操作规程等技术规定转化为自己的企业标准。也可以采用其他施工企业的标准。

（2）检测标准

另一类与验收有关的检测标准（即试验方法标准）也必须配套完善，包括原材料检验，施工过程中工艺质量的试验，以及施工后对工程实体的检测。试验检测的方法、手段、判断等，必须可操作且科学、合理，并应客观和统一。这是落实"完善手段"所必需的。

（3）监理规范

监理方受建设单位委托，代表建设单位从事工程质量、进度、投资控制和合同、信息管理工作，从质量控制上，监理工作应以执行施工质量验收规范为主要工作之一，监理行业的自律性规范为《建设工程监理规范》GB/T 50319—2013。

（4）监督规范

在整个施工标准体系中，作为代表政府建设行政主管部门对工程质量进行监督的质量监督机构，按照各地质量监督的要求和《建设工程质量监督管理规定及相关质量验收规范》执行监督。

2.3 现行建筑工程施工质量验收规范的特点

现行建筑工程施工验收规范与原验评标准相比，主要有以下特点：

（1）贯彻"验评分离、强化验收、完善手段、过程控制"的编制思想

1）验评分离

将原验评标准中的质量检验与质量评定的内容分开，将原施工及验收规范中的施工工艺和质量验收的内容分开，将原验评标准中的质量检验与施工规范中的质量验收衔接合并，形成新体系的工程质量验收规范。

2）强化验收

将原施工规范中的验收部分与原验评标准中的质量检验内容合并，形成一个完整工程质量验收规范，作为建设工程必须达到的强制性最低质量标准，是施工单位必须达到的施工质量标准，也是建设单位验收工程质量必须遵守的规定。强制性最低质量标准应在建设工程施工合同中予以约定，施工合同中的质量标准可以高于质量验收规范规定的标准。强化验收主要体现在：

①强制性标准；

②只设合格一个质量等级；

③强化质量指标都必须达到规定的指标；

④增加检测项目。

3）完善手段

主要是加强质量指标的科学检测，提高质量指标的量化程度。完善手段主要是在三个方面的检测得到了改进：

①完善材料、设备的检测；

②改进了施工阶段的施工试验；

③开发了竣工工程的抽测项目，减少或避免人为因素的干扰和主观评价不确定性的影响。

工程质量检测，分为基本试验、施工试验和竣工工程有关安全、使用功能抽样检测三个部分。基本试验具有法定性，其质量指标、检测方法都应符合相应的国家或行业标准，其方法、程序、设备仪器，以及人员素质都应符合有关标准的规定。其试验一定要符合相应标准方法的程序及要求，要有复演性，其数据要有可比性。施工试验是施工单位内部质量控制，判定质量时要注意技术条件、试验程序和第三方见证，保证其统一性和公正性。竣工抽样试验是确定施工检测的程序、方法、数据的规范性和有效性，为保证工程的结构安全和使用功能的完善提供数据。

4）过程控制

是根据工程质量的特点进行的质量管理，工程质量验收是在施工全过程中通过质量验收进行全方位的过程控制。过程控制主要体现在：

①建立过程控制的各项制度，做到系统化、规范化管理；

②在《统一标准》中，设置了控制的要求，突出重视中间控制、合格控制，强调施工必须具有的操作依据，并把综合施工质量水平的考核作为质量验收的要求；

③验收规范的本身，强调检验批、分项、分部，单位工程的验收，从验收的程序上是过程控制。

（2）进一步明确了《建筑工程施工质量验收统一标准》及建筑工程各专业质量验收规范（以下简称《验收规范》）服务的对象

这些标准主要服务对象是施工单位、建设单位和监理单位。即施工单位应制定必要的措施，保证所施工的工程质量达到《验收规范》的规定；建设单位、监理单位要按《验收规范》的规定进行验收，不能随便降低标准。《验收规范》是施工合同双方应共同遵守的标准，也是参与建设工程各方应尽的责任，以及政府质量监督和解决施工质量纠纷的依据。

（3）同一个对象只有一个标准，避免了交叉，便于执行

现行建筑工程施工质量验收规范系列，满足了一个对象一个标准的目标。在这个系列中，15项规范不论是同时修订还是哪一个先修订，因为都是独立的，都不会发生交叉，都能保证正常使用。

（4）现行验收标准只有一个"合格"的质量等级

现行的验收标准只规定一个合格的质量等级，同时要求不能将现行的施工验收规范、检验评定标准的规定降低。现行标准的水平虽只有一个合格等级，但其标准提高了，而且提高的幅度较大，达到了全国的先进管理水平。这个标准对于全国的一、二级及管理好的三级企业，只要注意管理、加强管理是完全可以达到的。

（5）落实了《建筑法》和《建设工程质量管理条例》的规定，明确了各方的责任

单位工程验收签字的单位和人员，与国家颁发的工程质量竣工验收备案文件的规定一致，对于建设单位、监理单位、施工单位、设计单位、勘察单位，通常这些单位的公章和签字的负责人应该与承包合同的公章和签字人相一致。例如分部（子分部）工程验收签字人，有监理单位的应由监理单位的总监理工程师代表建设单位签字验收，设计单位、勘察单位应由单位项目负责人签字，施工单位、分包单位应由项目经理来签字；检验批、分项工程的验收分别由施工单位的项目专业质检员和项目专业技术负责人进行检查，监理单位的专业监理工程师签字验收。这样各个层次的施工质量负责人和质量验收人都比较明确，谁签字谁负责，便于层层追查，责任层层落实，落实到具体人员。

（6）在验收规范的技术标准、质量验收的划分等方面增加了一些至关重要的内容

现行的验收规范增加了很多能保证工程质量的重要内容：

1）验收规范的技术标准中增加了一定比例的质量管理的内容，它是确保工程质量、保证工程顺利进行、提高工程管理水平和经济效益的基础工作。

2）在建筑工程质量验收的划分上，增加了子单位工程、子分部工程和检验批，尤其是检验批的提出，使验收和管理的层次更加清楚。

3）增加了竣工项目的见证取样和检测资料核查及其结构安全和功能质量的抽测项目，这些都提高了验收的科学性，能真实地反映工程的实际质量。

4）增加了施工过程工序的验收。

(7) 不合格工程的处理较为明确

当建筑工程质量不符合要求时，多发生在检验批，也可能发生在分项或分部工程。对不符合要求的处理分五种情况，全部明确，可参见后述内容。

2.4 现行建筑工程施工质量验收规范的编制依据和适应范围

现行建筑工程施工质量验收规范的编制依据有《中华人民共和国建筑法》《建设工程质量管理条例》《建筑结构可靠度设计统一标准》以及其他有关设计规范的规定。同时强调本系列各专业质量验收规范必须和《统一标准》配套使用。

现行建筑工程施工质量验收规范的适用范围是用于建筑工程施工质量的检查与验收，不包括设计和使用中的质量问题，具体包括建筑工程的地基基础、主体结构、装饰工程、屋面工程，以及给水排水工程、电气安装工程、通风与空调工程及电梯工程，另外还包括弱电部分，即智能建筑。

2.5 建筑工程施工质量评价

现行建筑工程施工质量验收《统一标准》只设合格标准，不设优良等级，从有利于提高工程质量，结合质量方针政策、工程安全、功能、环境及观感质量等评价，制订"质量评优标准"，作为推荐性标准，供评优及签订合同双方约定使用，以鼓励创优，创立"样板工程"，促进施工质量的提高，也是很有必要的。

为了鼓励创优，国家已于2006年出台了评优标准，全称为《建筑工程施工质量评价标准》GB/T 50375—2006。该标准适用于建筑工程在工程质量合格后的施工质量优良评价，于2006年11月1日实施。因为是推荐性标准，故有"T"字样。

根据住房和城乡建设部《关于印发〈2014年工程建设标准规范制订、修订计划〉的通知》（建标[2013]169号）的要求，标准编制组经广泛调查研究，认真总结实践经验，参考有关国际标准和国外先进标准，并在广泛征求意见的基础上，修订了本标准。

该评价标准具体章节内容包括：

1 总则

2 术语

3 基本规定

3.1 评价基础

3.2 评价体系

3.3 评价方法

4 地基与基础工程质量评价

4.1 性能检测

4.2 质量记录

4.3 允许偏差

4.4 观感质量

5 主体结构工程质量评价

5.1 混凝土结构工程

5.2 钢结构工程

5.3 砌体结构工程

6 屋面工程质量评价

6.1 性能检测

6.2 质量记录

6.3 允许偏差

6.4 观感质量

7 装饰装修工程质量评价

7.1 性能检测

7.2 质量记录

7.3 允许偏差

7.4 观感质量

8 安装工程质量评价

8.1 给水排水及供暖工程

8.2 电气工程

8.3 通风与空调工程

8.4 电梯工程

8.5 智能建筑工程

8.6 燃气工程

9 建筑节能工程质量评价

9.1 性能检测

9.2 质量记录

9.3 允许偏差

9.4 观感质量

10 施工质量综合评价

10.1 结构工程质量评价

10.2 单位工程质量评价

本标准用词说明、引用标准名录等。

现行建筑工程施工质量验收标准规范是有关各方实施监督验收的依据，而《评优标准》是社会评定优质工程的准绳。建筑装饰工程施工质量的好坏，除了按照《建筑装饰装修工程质量验收标准》外，根据合同约定的内容，需要评优的工程按照评优标准对工程进行评价。

2.6　建筑装饰工程施工质量验收规范

2.6.1　验收规范涉及的基本术语

现行建筑工程施工质量验收规范涉及诸多术语，其中《统一标准》给出了17个术语，是该标准有关章节所引用的，是现行系列规范各专业施工质量验收规范引用的依据，也是工程实际验收中经常提及的；各专业验收规范中也有部分专业术语，仅在相应专业规范中引用。

《统一标准》中17个术语涵义如下：

1. 建筑工程（building engineering）

通过对各类房屋建筑及其附属设施的建造和与其配套线路、管道、设备等的安装所形成的工程实体。

2. 检验（inspection）

对被检验项目的特征、性能进行量测、检查、试验等，并将结果与标准规定的要求进行比较，以确定项目每项性能是否合格的活动。

3. 进场检验（site inspection）

对进入施工现场的建筑材料、构配件、设备及器具，按相关标准的要求进行检验，并对其质量、规格及型号等是否符合要求做出确认的活动。

4. 见证检验（evidential testing）

施工单位在工程监理单位或建设单位的见证下，按照有关规定从施工现场随机抽取试样，送至具备相应资质的检测机构进行检验的活动。

5. 复验（repeat testing）

建筑材料、设备等进入施工现场后，在外观质量检查和质量证明文件核查符合要求的基础上，按照有关规定从施工现场抽取试样送至试验室进行检验的活动。

6. 检验批（inspection lot）

按相同的生产条件或按规定的方式汇总起来供抽样检验用的，由一定数量样本组成的检验体。

7. 验收（acceptance）

建筑工程质量在施工单位自行检查合格的基础上，由工程质量验收责任方组织，工程建设相关单位参加，对检验批、分项、分部、单位工程及其隐蔽工程的质量进行抽样检验，对技术文件进行审核，并根据设计文件和相关标准以书面形式对工程质量是否达到合格做出确认。

上述定义包括：

（1）在施工过程中，由完成者依据规定的标准对完成的工作结果是否达到合格而自行进行质量检查所形成的结论称为"评定"；建设活动有关各方（建设、施工、监理等）对质量的共同确认是"验收"。

（2）"评定"是施工单位的内部行为；"验收"是建设各方的共同行为。前者是施工单位质量控制、自我评价的活动；后者则是市场经济条件下各方责任主体对成品质量的确认。

（3）评定是验收的基础。施工质量是由施工过程决定的，检验只是客观反映状态而已。施工单位应该最清楚真正的质量情况。因此检验批的检查验收应先由施工单位的质检部门和试验室进行，给出评定结论，并作为验收的依据。

（4）施工单位不能自行验收，验收结论应由有关各方共同确认。监理不能代替施工单位自行检查，而只能是旁站观察、抽样检查与复测等形式对施工单位的评定结论加以复核，并签字确认，从而完成验收。

8. 主控项目（dominant item）

建筑工程中对安全、节能、环境保护和主要使用功能起决定性作用的检验项目。

9. 一般项目（general item）

除主控项目以外的检验项目。

10. 抽样方案（sampling scheme）

根据检验项目的特性所确定的抽样数量和方法。

11. 计数检验（inspection by attributes）

通过确定抽样样本中不合格的个体数量，对样本总体质量做出判定的检验方法。

12. 计量检验（inspection by variables）

以抽样样本的检测数据计算总体均值、特征值或推定值，并以此判断或评估总体质量的检验方法。

13. 错判概率（probability of commission）

合格批被判为不合格批的概率，即合格批被拒收的概率，用 α 表示。

14. 漏判概率（probability of omission）

不合格批被判为合格批的概率，即不合格批被误收的概率，用 β 表示。

15. 观感质量（quality of appearance）

通过观察和必要的测试所反映的工程外在质量和功能状态。

16. 返修（repair）

对施工质量不符合规定的部位采取的整修等措施。

17. 返工（rework）

对施工质量不符合规定的部位采取的更换、重新制作、重新施工等措施。

上述术语的涵义是从《统一标准》的角度赋予的。正确理解这些基本涵义，有利于正确把握现行系列各专业施工质量验收规范的运作脉络，更好地服务于工程质量的控制和验收工作，确保工程质量。

2.6.2　建筑工程施工质量验收的基本规定

《统一标准》保留了 2001 年版《统一标准》第三章中的"基本规定"，是现行验收规范体系中的核心部分，是建筑工程施工质量验收的最基本规则，它统帅着整个验收规范；同时在"基本规定"中提出了全过程验收的主导思路。

下面介绍《统一标准》中的"基本规定"部分，它是建筑工程施工质量验收的基本规则。

(1) 对施工现场质量管理的检查和验收规则

《统一标准》第3.0.1条规定：施工现场应具有健全的质量管理体系、相应的施工技术标准、施工质量检验制度和综合施工质量水平评定考核制度。施工现场质量管理可按本标准附录A的要求进行检查记录。

从该条可以看出，该条针对施工现场提出了四项要求：

一是有健全的质量管理体系，按照质量管理规范建立必要的机构、制度，并赋予其应有的权责，保证质量控制措施的落实。质量管理体系可以是通过ISO9000系列认证的，也可以不是通过认证的，为了有可操作性，起码要满足《统一标准》附录A表的要求。

二是有相应的施工技术标准，即操作依据，可以是企业标准、施工工艺、工法、操作规程等，是保证国家标准贯彻落实的基础，所以这些企业标准必须高于国家标准、行业标准。

三是有施工质量检验制度，包括材料、设备的进场验收检验、施工过程的试验、检验，竣工后的抽查检测，要有具体的规定、明确检验项目和制度等，重点是竣工后的抽查检测，检测项目、检测时间、检测人员应具体落实。

四是提出了综合施工质量水平评定考核制度，是将企业资质、人员素质、工程实体质量及前三项的要求形成综合效果和成效，其包括工程质量的总体评价、企业的质量效益等，目的是经过综合评价，不断提高施工管理水平。

(2)《统一标准》第3.0.2条规定

未实行监理的建筑工程，建设单位相关人员应履行本标准涉及的监理职责。

(3) 对施工过程（工序）质量控制的规定

《统一标准》第3.0.3条，建筑工程施工质量应符合下列规定：

1) 建筑工程采用的主要材料、半成品、成品、建筑构配件、器具和设备应进行进场检验。凡涉及安全、节能、环境保护和主要使用功能的重要材料、产品，应按各专业工程施工规范、验收规范和设计文件等规定进行复验，并应经监理工程师检查认可。

本条加强了材料、设备的进场验收。对主要材料、半成品、成品、建筑构配件、器具和设备规定了进场验收，规定了三个层次把关：一是上述物资凡进入现场，都应进行验收，对照产品出厂合格证和订货合同逐项进行检查，检查应有书面记录和专人签字，未经检验或检验达不到规定要求的，不得进入现场；二是凡涉及安全、功能的有关产品，应按相关专业工程质量验收规范的规定进行复验，在进行复验时，其批量的划分、试样的数量抽取方法、质量指标的确定等，都应按有关产品相应的产品标准规定进行；三是未经监理工程师检查认可签字，不得用于工程。

2) 各施工工序应按施工技术标准进行质量控制，每道施工工序完成后，经施工单位自检符合规定后，才能进行下道工序施工。各专业工种之间的相关工序应进行交接检验，并应记录。

加强工序质量的控制。对工序质量的控制，提出了"三点制"的质量控制制度。

一是控制点。按工序的工艺流程，在各点按施工技术标准进行质量控制，称为控制点，即将工艺流程中能检查的点，提出控制措施进行控制，使工艺流程中的每个点在操作中都达到质量要求。

二是检查点。在工艺流程控制点中，找比较重要的控制点，进行检查，查看其控制措施的落实情况、有效情况，以及对其质量指标的测量，看其数据是否达到规范规定。这种检查不必停止生产，可边生产边检查。检查点的检查，可以是操作班组、专业质量检查员、监理工程师等，可做记录，也可不做。班组可将这些数据作为生产班组自检记录，以说明控制措施的有效性和控制的结果。专业质量检查人员也可将这些数据作为控制数据记录。

三是停止点。就是在一些重要的控制点和检查点进行全面检查，凡是能反映该工序质量的指标都可以检查和检验，这种检查可以是生产班、组自检，专职项目专业质量检查员认可；也可以是专职项目专业质量检查员自行检查。在检查时要停止生产或生产告一段落，检查完成应填写规定的表格，可作为生产过程控制结果的数据，也可作为检验批中的检验数据，填入检验批自行检验评定表。

这样对工序质量的控制就比较完善了，如果认真按规定执行，工序质量是会得到控制的。

3）对于监理单位提出检查要求的重要工序，应经监理工程师检查认可，才能进行下道工序施工。

绝大多数是工序施工完成，形成了检验批，也有一些不一定形成检验批。但为了给后道工序提供良好的工作条件，使后道工序的质量得到保证，同时在经过后道工序的确认后，也为前道工序质量给予认可，促进了前道工序的质量控制。既能使质量得到控制，也分清了质量责任，促进了后道工序对前道工序质量的保护。所以，应该形成记录，并经监理工程师签字认可。

这样，既能保证交接工作正确执行标准，符合规范规定，又便于对发生质量问题的责任分清，防止发生不必要的纠纷。

(4)《统一标准》第3.0.4条规定

符合下列条件之一时，可按相关专业验收规范的规定适当调整抽样复验、试验数量，调整后的抽样复验、试验方案应由施工单位编制，并报监理单位审核确认。

1）同一项目中由相同施工单位施工的多个单位工程，使用同一生产厂家的同品种、同规格、同批次的材料、构配件、设备；

2）同一施工单位在现场加工的成品、半成品、构配件用于同一项目中的多个单位工程；

3）在同一项目中，针对同一抽样对象已有检验成果可以重复利用。

本条内容对于同一个项目相同施工单位施工的多个单位工程中使用的同一个抽样对象的抽检进行了简化，避免重复检测，降低了检验成本，对施工单位是有利的，但是必须是合格可靠的检验成果。

(5)《统一标准》第3.0.5条规定

当专业验收规范对工程中的验收项目未做出相应规定时，应由建设单位组织监理、设计、施工等相关单位制定专项验收要求。涉及安全、节能、环境保护等项目的专项验收要求应由建设单位组织专家论证。

2.6.3　对建筑工程施工质量验收的基本要求

《统一标准》第3.0.6条对建筑工程施工质量验收做出了7条规定，明确建筑工程施工质量应按下列要求进行验收：

(1) 工程质量验收均应在施工单位自检合格的基础上进行

这是工程质量验收的规定程序，职责分明，施工企业自行检查评定合格后，报监理单位(建设单位)验收。从形式上和程序上分清生产、验收两个责任阶段。

(2) 参加工程施工质量验收的各方人员应具备相应的资格

验收规范的执行必须是由掌握验收规范的人来执行。对于工程的验收，根据验收的内容确定参加施工质量验收的人员，一般情况下必须是具备资质的专业技术人员或责任主体的负责人，为质量验收的正确提出基本要求，来保证整个质量验收过程的质量。

(3) 检验批的质量应按主控项目和一般项目验收

为避免引起对质量指标范围和要求的不同，进一步明确了具体质量要求。只要达到主控项目和一般项目的质量指标，检验批应予合格通过。

(4) 对涉及结构安全、节能、环境保护和主要使用功能的试块、试件及材料，应在进场时或施工中按规定进行见证检验

见证取样检测，是保证建筑工程质量检测工作的科学性、准确性和公正性，加强工程质量管理的重要举措。住房和城乡建设部早在2000年发布了《关于印发〈房屋建筑工程和市政基础设施工程实施见证取样和送检的规定〉的通知》，对检验的范围、数量、程序都做出了具体规定。

1) 送检测的范围和数量

用于承重结构的混凝土试块；用于承重墙体的砌筑砂浆试块；用于承重结构的钢筋及连接接头试件；用于承重墙的砖和混凝土小型砌块；用于拌制混凝土和砌筑砂浆的水泥；用于承重结构的混凝土中使用的掺加剂；地下、屋面、厕浴间使用的防水材料；国家规定必须实行见证取样和送检的其他试块、试件和材料。见证取样和送检的比例不得低于有关技术标准中规定应取样数量的30%。

2) 按规定确定见证人员，见证人员应为建设单位或监理单位具备建筑施工试验知识的专业技术人员担任，有见证上岗证书，并通知施工单位、检测单位和监督机构等。

3) 见证人应在试件或包装上做好标识、封志、标明工程名称、取样日期、样品名称、数量及见证人签名。

4）见证及取样人员应对见证试样的代表性和真实性负责。见证人员应作见证记录，并归入施工技术档案。

5）检测单位应按委托单，检查试样上的标识和封套，确认无误后，再进行检测。检测应符合有关规定和技术标准，检测报告应公正、真实、准确。检测报告除按正常报告签章外，还应加盖见证取样检测的专用章。

6）定期检查其结果，并与施工单位质量控制试块的评定结果比较，及时发现问题及时纠正。

（5）隐蔽工程在隐蔽前应由施工单位通知监理单位进行验收，并应形成验收文件，验收合格后方可继续施工

建筑工程终检局限性很大，隐蔽工程的验收是控制的重点。施工单位应与有关方面相关人员共同组织验收，共同见证和确认。形成验收文件，主要是为了供检验批、分项、分部（子分部）验收时备查。

（6）对涉及结构安全、节能、环境保护和使用功能的重要分部工程应在验收前按规定进行抽样检验

对涉及结构安全和适应功能的重要分部工程应进行抽样检测，是这次规范修订的重大改进，对工程的一个步骤完成后，进行成品抽测，这种检测是非破损或微破损检测，是验证性的检测。当一种检测方法的检测结果，对工程质量有怀疑时，可用其他方法进行，不到确有必要时，不宜进行半破损、破损检测。进行成品抽测是非常有必要的。

（7）工程的观感质量应由验收人员现场检查，并应共同确认

验收规范强调完善手段和确保结构质量，但对工程整体进行一次全面验收检查仍有必要。建筑装饰工程的验收内容不仅是外观质量，还包括局部的缺陷、缺损。验收的标准，原则上仍要根据分项工程的主控项目和一般项目的质量指标，综合考虑，评出"好""一般""差"。由于这项工作受人为因素和评价人情绪的影响较大，对不影响安全、功能的装饰工程的外观质量，评为"好""一般"，即为通过验收；如评为"差"，能修的修，不能修的协商解决，故要求专家共同确认。

验收人员以监理单位为主，由总监理工程师组织，不少于3位监理工程师参加，并有施工单位的项目经理、技术和质量部门的人员及分包单位项目经理和有关技术、质量人员参加，经过现场检查，在听取各方面的意见后，由总监理工程师为主导和监理工程师共同确定。

对于"好""一般""差"的评价方法，检查人员可以这样掌握：如果没有明显达不到要求的，就可以评为"一般"；如果某些部位质量较好，细部处理到位，就可评为"好"；如果有的部位达不到要求，或有明显的缺陷，不影响安全或使用功能的，则评为"差"。

2.6.4 建筑工程施工质量验收合格要求

《统一标准》第3.0.7条，建筑工程施工质量验收合格应符合下列规定：

(1) 符合工程勘察、设计文件的要求

明确了本系列验收规范是施工质量验收，工程要按施工图设计文件施工，满足设计要求，体现设计意图。设计文件是由建设意图变为图纸，是一种创造；施工是由图纸变为实物，即由"精神变物质"，是再创造。

(2) 符合本标准和相关专业验收规范的规定

规定了《统一标准》与各相关专业验收规范是一个统一完整的整体，验收时必须配套使用，共同完成一个单位（子单位）工程质量验收。单位工程（子单位工程）的验收由《统一标准》完成；检验批、分项、子分部、分部工程的质量验收由相关专业质量验收规范完成。

2.6.5 对检验批的验收提出了抽样方案的建议

《统一标准》第3.0.8条规定，检验批的质量检验，可根据检验项目的特点在下列抽样方案中选取：

(1) 计量、计数或计量—计数等抽样方案。

(2) 一次、二次或多次抽样方案。

(3) 对重要的检验项目，当有简易快速的检验方法时，选用全数检验方案。

(4) 根据生产连续性和生产控制稳定性情况，采用调整型抽样方案。

(5) 经实践检验有效的抽样方案。

2.6.6 对最小抽样数量提出了要求

《统一标准》第3.0.9条规定，检验批抽样样本应随机抽取，满足分布均匀、具有代表性的要求，抽样数量应符合有关专业验收规范的规定。当采用计数抽样时，最小抽样数量尚应符合表1-2-1的要求。明显不合格的个体可不纳入检验批，但应进行处理，使其满足有关专业验收规范的规定，对处理的情况应予以记录并重新验收。

检验批最小抽样数量　　　　　　　　　　　　　表1-2-1

检验批的容量	最小抽样数量	检验批的容量	最小抽样数量
2~15	2	151~280	13
16~25	3	281~500	20
26~90	5	501~1200	32
91~150	8	1201~3200	50

2.6.7 规定了漏判概率和误判概率的要求

《统一标准》第3.0.10条规定，计量抽样的错判概率（生产方风险）α 和漏判概率（使用方风险）β 可按下列规定采取：

(1) 主控项目：对应于合格质量水平的 α、β 均不宜超过5%。

(2) 一般项目：对应于合格质量水平的 α 不宜超过5%，β 不宜超过10%。

上述两条提出了抽样方案选择和风险概率的原则规定。

抽样方案，对检验批的合格判定至关重要，但由于工程质量的特殊性，抽样方案母体的规律性差，抽样方案的选择难度大，又由于各专业质量"验收规范"的情况不同，用同一种方法是不可能的，故提出了有五个类型的抽样方案供选择，这些抽样方案在各专业验收规范中都有使用。同时，还提出了风险概率的参考数据，因为在实践中，要求抽样检验中的所有检验批100%合格既不合理，也不可能。

2.6.8 《建筑装饰装修工程质量验收标准》介绍

1.《建筑装饰装修工程质量验收标准》GB 50210—2018 从总则到分部工程质量验收共分为十五个章节，其中第二章术语包括：

（1）建筑装饰装修（building decoration）

为保护建筑物主体结构，完善建筑物使用功能和美化建筑物，采用装饰装修材料或饰物，对建筑物的内外表面及空间进行的各种处理过程。

（2）基体（primary structure）

建筑物的主体结构或围护结构。

（3）基层（base course）

直接承受装饰装修施工的面层。

（4）细部（detail）

建筑装饰装修过程中局部采用的部件或饰物。

（5）整体面层吊顶（integral layer ceiling）

面层材料接缝不外漏的吊顶。

（6）板块面层吊顶（board surface ceiling）

面层材料接缝外漏的吊顶。

（7）格栅吊顶（grille ceiling）

由条状或点状等材料不连续安装的吊顶。

2．基本规定

（1）设计

1）建筑装饰装修工程应进行设计，并应出具完整的施工图设计文件。

2）建筑装饰装修设计应符合城市规划、防火、环保、节能、减排等有关规定。建筑装饰装修耐久性应满足使用要求。

3）承担建筑装饰装修工程设计的单位应对建筑物进行了解和实地勘察，设计深度应满足施工要求。由施工单位完成的深化设计应经建筑装饰装修设计单位确认。

4）既有建筑装饰装修工程设计涉及主体和承重结构变动时，必须在施工前委托原结构设计单位或者具有相应资质条件的设计单位提出设计方案，或由检测鉴定单位对建筑结构的安全性进行鉴定。

5）建筑装饰装修工程的防火、防雷和抗震设计应符合现行国家标准的规定。

6）当墙体或吊顶内的管线可能产生冰冻或结露时，应进行防冻或防结露设计。

（2）材料

1）建筑装饰装修工程所用材料的品种、规格和质量应符合设计要求和国家现行标准的规定。不得使用国家明令淘汰的材料。

2）建筑装饰装修工程所用材料的燃烧性能应符合国家标准《建筑内部装修设计防火规范》GB 50222—2017和《建筑设计防火规范》GB 50016—2014的规定。

3）建筑装饰装修工程所用材料应符合国家有关建筑装饰装修材料有害物质限量标准的规定。

4）建筑装饰装修工程采用的材料、构配件应按进场批次进行检验。属于同一工程项目且同期施工的多个单位工程，对同一厂家生产的同批材料、构配件、器具及半成品，可统一划分检验批对品种、规格、外观和尺寸等进行验收，包装应完好，并应有产品合格证书、中文说明书及性能检验报告，进口产品应按规定进行商品检验。

5）进场后需要进行复验的材料种类及项目应符合本标准各章的规定，同一厂家生产的同一品种、同一类型的进场材料应至少抽取一组样品进行复验，当合同另有更高要求时应按合同执行。抽样样本随机抽取，满足分布均匀、具有代表性的要求，获得认证的产品或来源稳定且连续三批均一次检验合格的产品，进场验收时检验批的容量可扩大一倍，且仅可扩大一次。扩大检验批后的检验中，出现不合格情况时，应按扩大前的检验批容量重新验收，且该产品不得再次扩大检验批容量。

6）当国家规定或合同约定应对材料进行见证检验时，或对材料质量发生争议时，应进行见证检验。

7）建筑装饰装修工程所使用的材料在运输、储存和施工过程中，应采取有效措施防止损坏、变质和污染环境。

8）建筑装饰装修工程所使用的材料应按设计要求进行防火、防腐和防虫处理。

（3）施工

1）施工单位应编制施工组织设计并经过审查批准。施工单位应按有关的施工工艺标准或经审定的施工技术方案施工，并应对施工全过程实行质量控制。

2）承担建筑装饰装修工程施工的人员上岗前应进行培训。

3）建筑装饰装修工程施工中，不得违反设计文件擅自改动建筑主体、承重结构或主要使用功能。

4）未经设计确认和有关部门批准，不得擅自拆改主体结构和水、暖、电、燃气、通信等配套设施。

5）施工单位应采取有效措施控制施工现场的各种粉尘、废气、废弃物、噪声、振动等对周围环境造成的污染和危害。

6) 施工单位应建立有关施工安全、劳动保护、防火和防毒等管理制度，并应配备必要的设备、器具和标识。

7) 建筑装饰装修工程应在基体或基层的质量验收合格后施工。对既有建筑进行装饰装修前，应对基层进行处理。

8) 建筑装饰装修工程施工前应有主要材料的样板或做样板间（件），并应经有关各方确认。

9) 墙面采用保温隔热材料的建筑装饰装修工程，所用保温隔热材料的类型、品种、规格及施工工艺应符合设计要求。

10) 管道、设备安装及调试应在建筑装饰装修工程施工前完成；当必须同步进行时，应在饰面层施工前完成。装饰装修工程不得影响管道、设备等的使用和维修。涉及燃气管道和电气工程的建筑装饰装修工程施工应符合有关安全管理的规定。

11) 建筑装饰装修工程的电气安装应符合设计要求。不得直接埋设电线。

12) 隐蔽工程验收应有记录，记录应包含隐蔽部位照片。施工质量的检验批验收应有现场检查原始记录。

13) 室内外装饰装修工程施工的环境条件应满足施工工艺的要求。

14) 建筑装饰装修工程施工过程中应做好半成品、成品的保护，防止污染和损坏。

15) 建筑装饰装修工程验收前应将施工现场清理干净。

【思考题和习题】

1. 建筑装饰工程质量检查的主要工具的使用方法。

2. 建筑装饰工程质量验收方案的编写。

3. 建筑装饰工程的责任主体有哪些？

4. 建筑装饰工程观感质量验收的过程和结论有哪些？

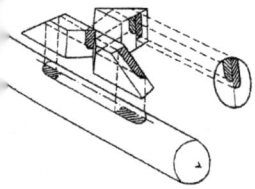

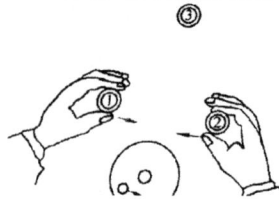

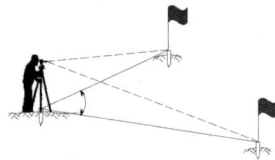

2

模块 2　建筑装饰装修工程验收

知识点

建筑装饰工程子分部、分项工程、检验批的划分与验收；建筑装饰工程质量验收及相关规定。

学习目标

通过建筑装饰工程质量检验的学习，使学生能够依据建筑装饰工程质量验收规范对建筑装饰工程子分部、分项工程、检验批进行正确的划分，会编制验收方案，会使用验收工具和检测仪器，会组织验收，能独立完成检验批的检查与验收。

项目1 建筑装饰工程子分部、分项工程检验批的划分与验收

1.1 学习目标

通过建筑装饰装修工程质量检验的概述，使学生会对装饰装修工程进行子分部和分项工程检验批划分，会组织检验批、分项工程、子分部工程的验收工作。

1.2 相关知识

1.2.1 建筑装饰工程质量验收的划分

建筑装饰工程从开工到竣工交付使用，也需要经过若干工序、若干专业工种的共同配合，故工程质量合格与否，取决于各工序和各专业工种的质量。为确保工程竣工质量达到合格的标准，就有必要把工程项目进行细化，划分为子分部、分项工程进行质量管理和控制。分项工程是工程管理的最小单位，也是质量管理的基本单元。对于工程的验评来讲，分项工程仍然很大，为了及时纠正施工中出现的质量问题，确保工程质量，把分项工程划分成检验批进行验收，有助于也符合施工实际的需要。

1.2.2 分项工程和分项工程检验批的划分（表2-1-1）

建筑工程分部（子分部）工程、分项工程划分表　　　　表2-1-1

序号	分部工程	子分部工程	分项工程
3	建筑装饰装修	建筑地面	基层铺设，整体面层铺设，板块面层铺设，木、竹面层铺设
		抹灰	一般抹灰，保温层薄抹灰，装饰抹灰，清水砌体勾缝
		外墙防水	外墙砂浆防水，涂膜防水，透气膜防水
		门窗	木门窗安装，金属门窗安装，塑料门窗安装，特种门安装，门窗玻璃安装
		吊顶	整体面层吊顶，板块面层吊顶，格栅吊顶
		轻质隔墙	板材隔墙，骨架隔墙，活动隔墙，玻璃隔墙
		饰面板	石板安装，陶瓷板安装，木板安装，金属板安装，塑料板安装
		饰面砖	外墙饰面砖粘贴，内墙饰面砖粘贴
		幕墙	玻璃幕墙安装，金属幕墙安装，石材幕墙安装，陶板幕墙安装
		涂饰	水性涂料涂饰，溶剂型涂料涂饰，美术涂饰
		裱糊与软包	裱糊，软包
		细部	橱柜制作与安装，窗帘盒和窗台板制作与安装，门窗套制作与安装，护栏和扶手制作与安装，花饰制作与安装

注：本表摘自《建筑工程施工质量验收统一标准》GB 50300—2013附录B。

一般来说，分项工程检验批的划分，可按如下原则确定：

（1）工程量较少的分项工程可统一划为一个检验批。

（2）多层及高层建筑工程中装饰装修分部的分项工程可按工艺或施工段划分检验批。

（3）单层建筑装饰工程中的分项工程可按变形缝等划分检验批。

（4）散水、台阶、明沟等工程含在地面检验批中。

1.2.3 分部工程和子分部工程的划分

分部工程是按照不同部位和不同专业划分的工程的一部分，是汇总所含分项工程的总量。分部工程的质量，完全取决于分项工程的质量。

《统一标准》第4.0.3条规定：分部工程应按下列原则划分：

（1）可按专业性质、工程部位确定。

建筑工程（构筑物）是由土建工程和建筑设备安装工程共同组成的。建筑工程可分为地基与基础、主体结构、建筑装饰装修、建筑屋面、建筑给水排水及采暖、建筑电气、智能建筑、通风与空调、建筑节能、电梯等十个分部。

（2）当分部工程较大或较复杂时，可按材料种类、施工特点、施工程序、专业系统及类别将分部工程划分为若干子分部工程。

在《统一标准》中，分部工程已经给出，是完全确定的内容，子分部工程虽已列出，但在实际施工中可以增加。建筑工程分部（子分部）工程的划分参见表2-1-1。

建筑与结构中分部工程界定需要说明如下：

1）主体与地基基础：无地下室以±0.000或防潮层为界；有地下室以首层地面下结构（楼板）为界；桩基以承台梁上皮为界。

2）主体与装饰装修：砌筑、焊接连接纳入主体结构分部工程；铁钉、螺丝、胶粘连接的纳入装饰装修分部工程。

3）地基基础与装饰装修：以室内地面基层下皮为界。

1.2.4 单位工程的划分

单位工程的划分按下列原则确定：

（1）具备独立施工条件并能形成独立使用功能的建筑物及构筑物为一个单位工程。

建筑物及构筑物的单位工程是由建筑工程和建筑设备安装工程共同组成。如住宅小区建筑群中的一栋住宅楼，学校建筑群中的独立使用的教学楼、实验楼、办公楼等。单位工程最多由十个分部组成：地基与基础、主体结构、建筑装饰装修、建筑屋面四个分部为建筑工程；建筑给水、排水及采暖，建筑电气，智能建筑，通风与空调，电梯五个分部为建筑设备安装工程；此外，还有建筑节能分部工程。

（2）建筑规模较大的单位工程，可将其能形成独立使用功能的部分作为一个子单位工程。

随着经济的发展和施工技术的进步，单体工程的建筑规模越来越大，综合使用功能越来越多，在施工过程中，受多种因素的影响，经常会出现部分停建、缓建，在这种情况发生时，为发挥投资效益，常需要将其中一部分已建成的提前使用，再加之建筑规模特别大的建筑物，进行一次性检验难以实施，为确保工程质量，又利于强化验收，规范又对划分子单位工程进行了规定。子单位工程的划分，也必须具有独立施工条件和具有独立的使用功能。

建筑装饰工程经常会有单独的发包方式、独立的合同，因此，经常可以以一个单位工程出现，有时，由于建筑物的功能多，为了发挥经济效益，提前将先装修好的部分能够独立使用的功能先行使用。如：某大型商业酒店，其中餐饮部分已经装饰完毕，上部酒店的宾馆部分正在进行室内装修，装修部分有专门通道，与餐饮部分没有明显的交叉，通常情况下把它们作为一个单位工程是可以的，但为了施工管理方便，为了尽快发挥使用功能和经济效益，可以把已装修完成的部分作为子单位工程进行验收，先行投入使用。

子单位工程的划分，由建设单位、监理单位、施工单位自行商议确定。

1.2.5 关于分项工程和检验批划分方案的规定

《统一标准》第4.0.7条规定：施工前，应由施工单位制定分项工程和检验批的划分方案，并由监理单位审核。对于《统一标准》附录B及相关专业验收规范未涵盖的分项工程和检验批，可由建设单位组织监理、施工等单位协商确定。

1.2.6 室外单位（子单位）工程、分部工程的划分

室外工程可根据专业类别和工程规模按表2-1-2的规定划分子单位工程、分部工程、分项工程。

室外工程的划分 表2-1-2

子单位工程	分部工程	分项工程
室外设施	道路	路基，基层，面层，广场与停车场，人行道，人行地道，挡土墙，附属构筑物
	边坡	土石方，挡土墙，支护
附属建筑及室外环境	附属建筑	车棚，围墙，大门挡土墙
	室外环境	建筑小品，亭台，水景，连廊，花坛，场坪绿化，景观桥

注：本表摘自《建筑工程是个质量验收统一标准》GB 50300—2013附录C。

1.3　分项工程的验收

分项工程一般是由一个或若干个检验批组成的。分项工程的验收必须在所包含检验批全部验收合格的基础上进行。

1.3.1　分项工程质量合格要求

分项工程质量验收合格应符合下列规定：

（1）分项工程所含的检验批的质量均应验收合格。

（2）分项工程所含的检验批的质量验收记录应完整。

分项工程的验收是在检验批合格的基础上进行。一般情况下，两者具有相同或相近的性质，只是批量的大小不同而已。因此，将有关的检验批汇集构成分项工程。分项工程合格质量的条件比较简单，只要构成分项工程的各检验批的验收资料文件完整，并且均已验收合格，则分项工程验收合格。

1.3.2　分项工程质量验收要求

分项工程是由所含性质、内容一样的检验批汇集而成，是在检验批的基础上进行验收的，通常起着归纳整理的作用，一般情况下无新的内容和要求，但有时也有实质性的验收内容。在装饰装修工程分项工程质量验收时应注意：

（1）核对检验批的部位、区段的范围是否全部覆盖整个分项工程的范围，有没有缺漏的部位没有验收到。

（2）检验批验收记录的内容是否完整，签字是否正确、齐全。

1.3.3　检验批和分项工程的质量验收程序和组织

检验批及分项工程应由监理工程师或建设单位项目技术负责人（未委托监理的项目）组织，施工单位项目专业质量（技术）负责人、质量员等共同进行验收。

（1）检验批和分项工程验收突出了监理工程师和施工者负责的原则。

施工过程的每道工序、各个环节、每个检验批的验收工作对整个工程质量起到步步把关的作用，施工单位按照"三检制度"的要求分别进行自检、交接检、专职质量员检验，合格后由施工单位项目技术负责人组织自检评定，符合设计要求和规范规定的合格质量，项目专业质量员和项目专业技术负责人，分别在检验批和分项工程质量检验记录中相关栏目签字，然后检验批或分项工程报审表提交项目监理机构的监理工程师或建设单位项目技术负责人，由项目监理机构的监理工程师或建设单位项目技术负责人组织验收，质量达到设计和验收规范要求时，监理工程师或建设单位项目技术负责人在检验批或分项工程有关质量检验记录栏内填写验收结论并签字。

（2）监理工程师拥有对每道施工工序的施工检查权，并根据检查结果决定是否允许进行下道工序的施工。对于不符合规范和质量标准的验收批，有权并应要求施工单位停工整改、返工处理。

(3) 分项工程施工过程中，应对关键部位随时进行抽查。所有分项工程施工，施工单位应在自检合格后，填写分项工程报检申请表，并附上分项工程评定表。属隐蔽工程的，还应将隐蔽验收记录表报监理单位的项目监理机构，监理工程师或建设单位项目技术负责人（未委托监理的项目）必须组织施工单位的工程项目负责人和有关人员严格按照分项工程验收程序进行检查验收。合格者，签发分项工程验收单。

检验批的验收程序如图 2-1-1 所示：

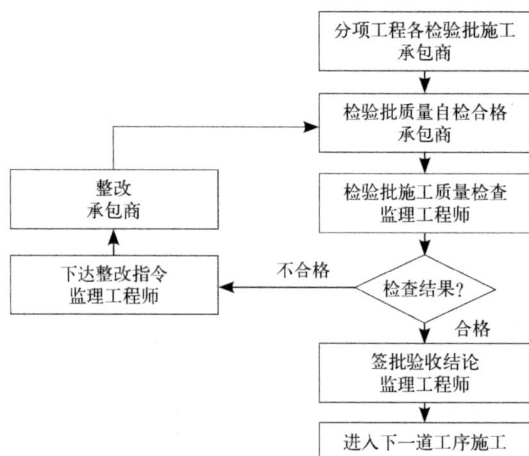

图 2-1-1 分项工程检验批验收程序

(4) 检验批验收合格的要求：

1) 主控项目的质量经抽样检验均应合格；

2) 一般项目的质量经抽样检验合格。当采用计数抽样时，合格率应符合有关专业验收规范的规定，且不得存在严重缺陷。对于计数抽样的一般项目，正常检验一次、二次抽样可按《统一标准》标准附录 D 判定；

3) 具有完整的施工操作依据、质量验收记录。

一般项目正常检验一次、二次抽样判定：

①对于计数抽样的一般项目，正常检验一次抽样可按表 2-1-3 判定，正常检验二次抽样可按表 2-1-4 判定。按照统计学原理要求，抽样方案应在抽样前确定。

②当样本容量在表 2-1-3 或表 2-1-4 给出的数值之间时，合格判定数可通过直线插入值并四舍五入取整确定。

一般项目正常检验一次抽样判定　　　　　　　　　表2-1-3

样本容量	合格判定数	不合格判定数	样本容量	合格判定数	不合格判定数
5	1	2	32	7	8
8	2	3	50	10	11
13	3	4	80	14	15
20	5	6	125	21	22

表2-1-4

一般项目正常检验二次抽样判定　　　　表2-1-4

抽样次数	样本容量	合格判定数	不合格判定数	抽样次数	样本容量	合格判定数	不合格判定数
(1)	3	0	2	(1)	20	3	6
(2)	6	1	2	(2)	40	9	10
(1)	5	0	3	(1)	32	5	9
(2)	10	3	4	(2)	64	12	13
(1)	8	1	3	(1)	50	7	11
(2)	16	4	5	(2)	100	18	19
(1)	13	2	5	(1)	80	11	16
(2)	26	6	7	(2)	160	26	27

1.3.4　分项工程质量验收记录

根据《建筑工程施工质量验收统一标准》GB 50300—2013 的要求，分项工程检验批质量应由监理工程师或建设单位项目专业技术负责人（未委托监理的项目）组织项目专业技术负责人、质量员等进行验收。

(1) 检验批质量验收记录按表 2-1-5 记录。

(2) 分项工程质量验收记录按表 2-1-6 记录。

_____检验批质量验收记录　　　　表2-1-5

单位（子单位）工程名称			分部（子分部）工程名称		分项工程名称	
施工单位			项目负责人		检验批容量	
分包单位			分包单位项目负责人		检验批部位	
施工依据					验收依据	
主控项目		验收项目	设计要求及规范规定	最小/实际抽样数量	检查记录	检查结果
	1					
	2					
	3					
	4					
一般项目	1					
	2					
	3					
	4					
	5					
施工单位检查结果			专业工长： 项目专业质量检查员： 　　　　　年　月　日			
监理单位验收结论			专业监理工程师： 　　　　　年　月　日			

单位（子单位）工程名称		分部（子分部）工程名称			
分项工程数量		检验批数量			
施工单位		项目负责人		项目技术负责人	
分包单位		分包单位项目负责人		分包内容	
序号	检验批名称	检验批容量	部位/区段	施工单位检查结果	监理单位验收结论
1					
2					
3					
4					
5					
6					
7					
8					
9					
10					
说明：					
施工单位检查结果	项目专业技术负责人： 年 月 日				
监理单位验收结论	专业监理工程师： 年 月 日				

1.4 分部（子分部）工程的验收

《统一标准》第6.0.3条规定：分部工程应由总监理工程师组织施工单位项目负责人和项目技术负责人等进行验收。勘察、设计单位项目负责人和施工单位技术、质量部门负责人应参加地基与基础分部工程的验收。设计单位项目负责人和施工单位技术、质量部门负责人应参加主体结构、节能分部工程的验收。

分部工程是由若干个分项工程构成的。分部工程验收是在分项工程验收的基础上进行的，这种关系类似检验批与分项工程的关系，都具有相同或相近的性质。故分项工程验收合格且有完整的质量控制资料，是分部工程合格的前提条件。

1.4.1 由于各分项工程的性质不尽相同，我们就不能像验收分项工程那样，主要靠检验批验收资料的汇集。在进行分部工程质量验收时，要增加两个方面的检查内容：

(1) 对涉及建筑物安全和使用功能的分部（比如装饰分部中的幕墙工程），以及对建筑设备安装分部涉及安全、重要使用功能和保温节能的分部工程，要进行有关见证取样送样试验或抽样试验，合格后再由总监理工程师组织有关责任主体的相关人员进行验收。

(2) 对观感质量的验收。观感质量的验收因受定量检查方法的限制，往往靠观察、触摸或简单量测来进行判断，定性带有主观性，只能综合给出质量评价，不下"合格"与否的结论。

(3) 分部（子分部）工程质量验收合格应符合下列规定：

1) 分部（子分部）工程所含分项工程的质量均应验收合格。

2) 质量控制资料应完整。

3) 装饰分部工程中有关安全及功能的检验和抽样检测结果应符合有关规定。

4) 观感质量验收应符合要求。

1.4.2 分部（子分部）工程观感质量验收

(1) 观感质量验收检查的内容和质量指标已包含在各个分项工程内，对分部工程进行观感质量检查和验收，并不增加新的项目，而是采用一种更直观、便捷、快速的方法，对工程质量从外观上做一次重复的、扩大的、全面的检查，这是由建筑装饰施工特点所决定的。验收人员要按照验收程序和验收方案在现场将分项工程的各个部位全部看到，能操作的应实地操作；能打开观看的应打开观看，全面检查分部（子分部）工程的质量。

(2) 观感质量验收按照验收的准则和要求，不给出"合格"或"不合格"的结论，而是给出"好、一般或差"的总体评价。所谓"一般"，是指经观感质量检验能符合验收规范的要求；所谓"好"，是指在质量符合验收规范的基础上，能达到精致、流畅、匀净、美观的要求，精度控制好；所谓"差"，是指勉强达到验收规范的要求，但质量不够稳定，离散性较大，成品给人以粗疏的印象。

(3) 观感质量验收中若发现有影响安全、功能的缺陷，有超过偏差限值，或明显影响观感效果的缺陷，不能进行观感评价，应处理后再进行观感验收。

1.4.3 观感质量评价

施工企业应先自行检查合格后，对于装饰分部，由监理单位来验收，参加评价的人员应具有相应的资格，由总监理工程师组织，观感质量验收应不少于三位人员监理工程师来检查，在听取其他参加人员的意见后，共同作出评价，但总监理工程师的意见应为主导意见。在作评价时，可分项目逐点评价，也可按项目进行大的方面综合评价，最后对分部（子分部）作出评价。

1.4.4　分部工程质量验收的程序和组织

建筑装饰分部工程应由总监理工程师（建设单位项目负责人）组织施工单位项目负责人和技术、质量负责人等进行验收。

装饰装修工程中的幕墙分部工程由于在单位工程中所处的地位重要，关系到建筑结构安全和重要使用功能，规定这些部分工程的勘察、设计单位工程项目负责人和施工单位的技术、质量部门负责人也应参加相关分部工程质量的验收（图2-1-2）。

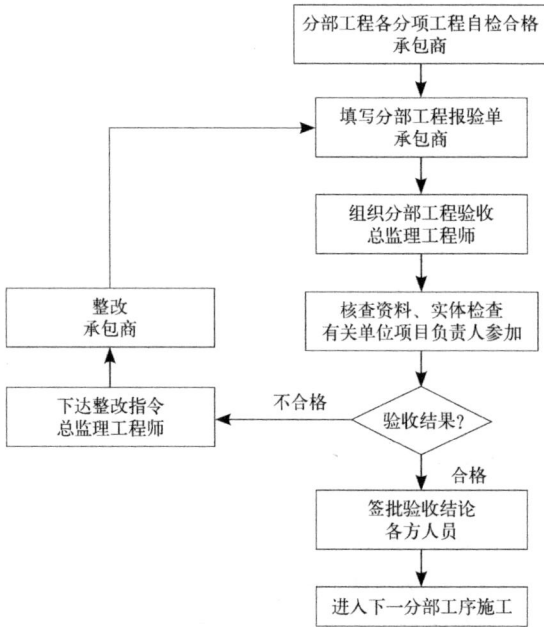

图2-1-2　分部工程验收程序

验收过程：

（1）总监理工程师或建设单位项目负责人（未委托监理的项目）组织并主持分部工程验收。

（2）施工、监理（建设）单位分别汇报在各个环节执行法律、法规和工程建设强制性标准的情况。施工单位汇报内容中应包括工程质量监督机构责令整改问题的完成情况。

（3）验收人员审查监理（建设）、施工单位的分部工程保证资料，并实地查验工程质量。

（4）参与验收人员提出各自对验收过程中所发现的质量问题和疑问，有关单位人员予以解答，需要整改的记录在验收记录表上。

（5）验收人员对主要分部工程的施工质量和各管理环节等方面作出评价，并分别阐明各自的验收结论。当验收意见一致时，验收人员分别在相应的分部（子分部）工程质量验收记录上签字。

（6）当参加验收各方对工程质量验收意见不一致时，应当协商提出解决的办法，也可请建设行政主管部门或工程质量监督机构协调处理。

1.4.5　分部工程质量验收记录

　　根据《建筑工程施工质量验收统一标准》GB 50300—2013 的要求，分部工程质量应由监理工程师（建设单位项目专业技术负责人）组织项目专业技术负责人等进行验收，并按表 2-1-7 记录。

_____分部工程质量验收记录

表2-1-7

单位（子单位）工程名称			子分部工程数量		分项工程数量	
施工单位			项目负责人		技术（质量）负责人	
分包单位			分包单位负责人		分包内容	
序号	子分部工程名称	分项工程名称	检验批数量		施工单位检查结果	监理单位验收结论
1						
2						
3						
	质量控制资料					
	安全和功能检验结果					
	观感质量检验结果					
综合验收结论						
施工单位： 项目负责人： 　　　年 月 日		勘察单位： 项目负责人： 　　　年 月 日	设计单位： 项目负责人： 　　　年 月 日		监理单位： 总监理工程师： 　　　年 月 日	

　　注：1. 分部工程的验收应由施工、建设、设计单位项目负责人和总监理工程师参加并签字。
　　　　2. 节能分部工程的验收应由施工、设计单位项目负责人和总监理工程师参加并签字。

项目2　建筑装饰工程质量验收及相关规定

2.1　建筑装饰工程施工质量验收

　　建筑装饰工程施工质量和建筑工程验收是一致的，一个单项工程最多可划分为六个层次，即：单位工程、子单位工程、分部工程、子分部工程、分项工程、检验批。

　　对于每个验收层次的验收，国家标准只给出了合格的条件，没有给出优良条件，也就是说现行国家质量验收标准作为强制性标准，对于工程质量验收只设合格一个质量等级。对于创优工程，按照评优标准执行。

2.1.1　检验批的验收

检验批是分项工程中的最基本单元，是分项工程质量检验的基础。施工过程中条件相同，并有一定数量的材料、构配件或安装项目，由于质量基本均匀一致，因此可以作为检验的基础单位，并按批验收。通过对检验批的检验，能比较准确地反映出分项工程的质量。检验批质量合格应符合下列规定：

（1）主控项目的质量经抽样检验合格

不同的分项工程检验批主控项目的内容各不相同，但是，由于主控项目是涉及结构安全和施工功能的项目，主要有下面几个方面：

1）建筑材料、构配件的技术性能与进场复验要求，如幕墙、门窗等构配件的质量。

2）涉及结构安全、使用功能的检测项目，如门窗的三项性能试验、保温性能试验等。

3）一些重要的允许有施工偏差的部分项目，必须控制在允许偏差限值之内。

主控项目的条文是必须达到的要求，是保证工程安全和使用功能的重要检验项目，是对安全、卫生、环境保护和公众利益起决定性作用的检验项目，是确定该检验批主要性能的。主控项目中所有子项必须全部符合各专业验收规范规定的质量指标，方能判定该主控项目质量合格。反之，只要其中某一子项甚至某一抽查样本检验后达不到要求，即可判定该检验批质量为不合格，则该检验批拒收。

（2）一般项目的质量经抽样检验合格

一般项目是指除主控项目以外，对检验批质量有影响的检验项目，当其中缺陷（指超过规定质量指标的缺陷）的数量超过规定的比例，或样本的缺陷程度超过规定的限度后，对检验批质量会产生影响。

1）允许有一定偏差的项目，用数据规定的标准，可以有允许偏差范围，并有不到20%的检查点可以超过允许偏差值，同时规范还规定，任何检查点都不能超过允许值的150%。

2）对不能确定偏差值，但规范又允许出现一定缺陷的项目，则以缺陷的数量来区分。

3）其他一些无法定量的而采用定性的项目，如碎拼大理石地面颜色协调。

一般项目也是应该达到检验要求的项目，只不过对少数不影响工程安全和使用功能检验标准的检验项目可以适当放宽一些；有些一般项目虽不像主控项目那样重要，但对工程安全、使用功能以及美观都有较大影响。所以，规定一般项目的合格判定条件：抽查样本的80%及以上（个别项目为90%以上），建筑装饰工程样本的缺陷通常不超过规定允许偏差值的1.5倍。具体应根据各专业验收规范的规定执行。

《建筑地面工程施工质量验收规范》GB 50209—2010 规定：合格范围为80%；允许超偏范围为 150%。

《建筑装饰装修工程质量验收标准》GB 50210—2018 规定：合格范围为80%；允许超偏范围为 150%。

主控项目是对检验批的基本质量起决定性影响的检验项目，因此必须全部符合有关专业工程验收规范的规定。这意味着主控项目不允许有不符合要求的检验结果，即这种项目的检查具有否决权。鉴于主控项目对基本质量的决定性影响，在验收时，必须从严要求。

(3) 具有完整的施工操作依据、质量检查记录

现行的质量验收标准没有施工工艺标准，只要求施工得到的实体质量符合《统一标准》和专业验收规范的要求，如何完成质量，是施工企业的事情，要想获得质量合格，就必须有切实可行的操作依据，这些依据可能是施工工艺标准，也可能是施工工法，执行什么样的标准，企业自己确定。

检验批合格质量的要求，除主控项目和一般项目的质量经抽样检验符合验收规范的要求外，其施工操作依据的技术标准尚应符合设计和验收规范的要求。采用企业标准的不能低于地方、行业和国家的验收标准。检验批的质量控制资料反映了从原材料到最终验收的各施工工序的操作依据、检查情况以及保证质量所必需的管理制度等。对其完整性的检查，实际是对过程控制的确认，这是检验批合格的前提。

只有上述 (1)、(2)、(3) 项均符合要求，该检验批的质量方能判定合格。

2.1.2　检验批验收条件

建筑装饰工程检验批质量验收时，该检验批已经按照施工工艺标准完成施工，施工企业按照质量验收制度验收合格（例如："三检制度"），施工单位资料员填好检验批验收记录，专职质量员签署验收意见，同时填报检验批报验单并报监理机构申请验收。

监理机构的专业监理工程师对施工单位报验的检验批资料进行审查，合格后对检验批的实体质量进行现场抽查和组织验收。

2.1.3　装饰工程检验批验收记录（表 2-2-1）

2.1.4　单位（子单位）工程的验收

单位（子单位）工程质量验收，是工程建设最终的质量验收，也称竣工验收，是全面检验工程建设是否符合设计要求和施工技术标准的终验。

(1)《统一标准》第 6.0.4 条规定：单位工程中的分包工程完工后，分包单位应对所承包的工程项目进行自检，并应按本标准规定的程序进行验收。验收时，总包单位应派人参加。分包单位应将所分包工程的质量控制资料整理完整，并移交给总包单位。

工程名称		检验批部位		施工执行标准名称及编号		
施工单位		项目经理		专业工长		
分包单位		分包项目经理		施工班组长		

序号		GB 50210—2018的规定	施工单位检查评定记录	监理（建设）单位验收记录

主控项目	1	饰面板的品种、规格、颜色和性能应符合设计要求，木龙骨、木饰面板和塑料饰面板的燃烧性能等级应符合设计要求		
	2	饰面板孔、槽的数量、位置和尺寸应符合设计要求		
	3	饰面板安装工程的预埋件（或后置埋件）、连接件的数量、规格、位置、连接方法和防腐处理必须符合设计要求。后置埋件的现场拉拔强度必须符合设计要求。饰面板安装必须牢固		

一般项目	1	饰面板表面应平整、洁净、色泽一致，无裂纹和缺损。石材表面应无泛碱等污染		
	2	饰面板嵌缝应密实、平直，宽度和深度应符合设计要求，嵌填材料色泽应一致		
	3	采用湿作业法施工的饰面板工程，石材应进行防碱背涂处理。饰面板与基体之间的灌注材料应饱满、密实		
	4	饰面板上的孔洞应套割吻合，边缘应整齐		

			允许偏差（mm）														
一般项目			石材			瓷板	木材	塑料	金属								
	项次	项目	光面	剁斧石	蘑菇石												
	5	1	立面垂直度	2	3	3	2	1.5	2	2							
		2	表面平整度	2	3	—	1.5	1	3	3							
		3	阴阳角方正	2	4	4	2	1.5	3	3							
		4	接缝直线线度	2	4	4	2	1	1	1							
		5	墙裙、勒脚上口直线度	2	3	3	2	2	2	2							
		6	接缝高低差	0.5	3	—	0.5	0.5	1	1							
		7	接缝宽度	1	2	2	1	1	1	1							

施工单位检查评定结果	项目专业质量检查员：　　　　　　　　　　　　　　　　　　　　　年　月　日
监理（建设）单位验收结论	监理工程师（建设单位项目专业技术负责人）：　　　　　　　　　　　年　月　日

（2）《统一标准》第 6.0.5 条规定：单位工程完工后，施工单位应组织有关人员进行自检。总监理工程师应组织各专业监理工程师对工程质量进行竣工预验收。存在施工质量问题时，应由施工单位整改。整改完毕后，由施工单位向建设单位提交工程竣工报告，申请工程竣工验收。

（3）单位（子单位）工程是由若干个分部工程构成的。单位（子单位）工程验收合格的前提：资料完整，构成单位工程各分部工程的质量必须达到合格。同时，对涉及安全和使用功能分部工程的检验资料要进行复检、全面检查其完整性，不得有漏检缺项；对分部工程检验时补充进行的见证抽样检验报告也要进行复核；对主要使用功能还要进行抽查；对主要功能的综合检验质量，应由验收的各方人员商定按有关专业工程施工质量验收标准进行；对建筑工程的观感质量的检查，应由参加验收的各方共同参加，最后共同确定是否予以验收通过。

单位（子单位）工程质量验收合格应符合下列规定：

1）单位（子单位）工程所含分部（子分部）工程的质量均应验收合格。

2）质量控制资料应完整。

3）单位（子单位）工程所含分部工程有关安全、节能、环境保护和主要使用功能的检验资料应完整。

4）主要使用功能的抽查结果应符合相关专业质量验收规范的规定。

5）观感质量应符合要求。

2.2 建筑装饰工程质量验收程序和组织

《统一标准》对建筑工程施工质量各层次的验收程序和组织都进行了要求。单位工程完工后，施工单位应自行组织有关人员进行检查评定并向建设单位提交工程验收报告。建设单位收到工程验收报告，应由建设单位（项目）负责人组织施工（含分包单位）、设计、监理等单位负责人进行竣工验收。

2.2.1 单位（子单位）建筑装饰工程质量验收的条件

（1）建筑装饰工程按照设计文件已经全部完成。

（2）施工过程中形成的资料记录完整。

（3）施工记录完整真实。

（4）工程中所含的子分部、分项工程、检验批均验收合格。

（5）工程通过施工单位自检已全部合格，并向监理机构申报质量验收。

（6）监理单位已经组织竣工预验收，且提出的问题已整改完毕。

2.2.2 单位（子单位）工程质量验收的组织

建筑装饰工程的单位（子单位）工程施工质量验收的工作由建设单位组织，施工单位、设计单位、监理单位参加验收。

2.2.3 单位工程质量验收的程序（图2-2-1）

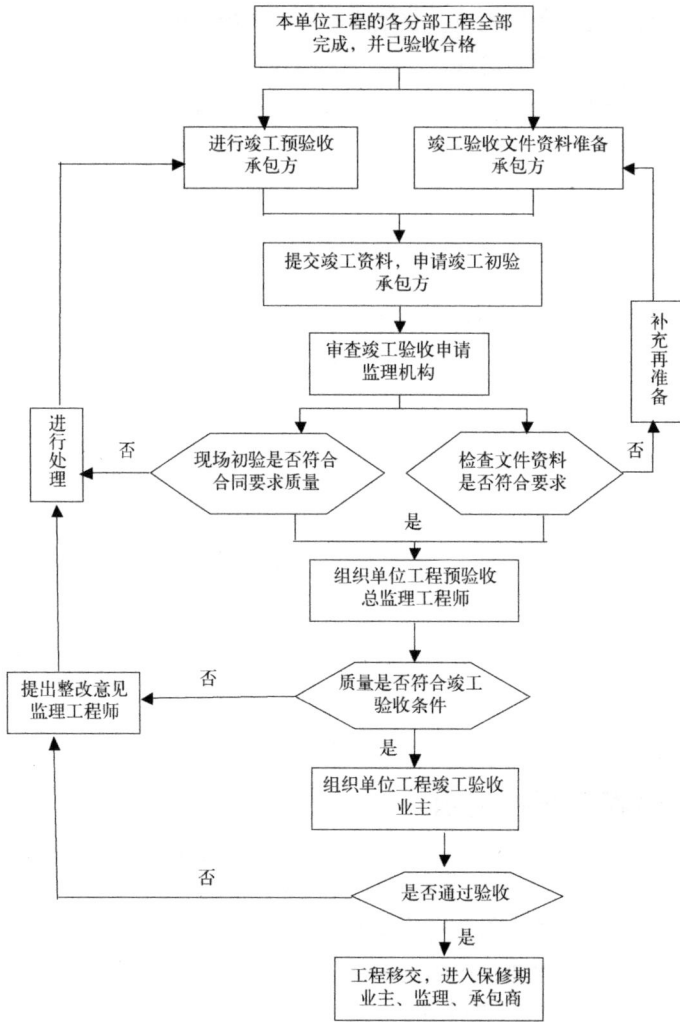

```
          本单位工程的各分部工程全部
             完成，并已验收合格

    进行竣工预验收              竣工验收文件资料准备
      承包方                      承包方

            提交竣工资料，申请竣工初验
                  承包方

            审查竣工验收申请              补充
              监理机构                    再准备

进行                                              否
处理    否    现场初验是否符合        检查文件资料
             合同要求质量          是否符合要求
                        是

             组织单位工程预验收
                总监理工程师

提出整改意见    否    质量是否符合竣工
  监理工程师           验收条件
                        是

             组织单位工程竣工验收
                  业主

        否        是否通过验收
                        是

             工程移交，进入保修期
              业主、监理、承包商
```

图2-2-1 单位工程质量验收的程序

2.2.4 备案的规定

单位工程质量验收合格后，建设单位应在规定时间内将工程竣工验收报告和有关文件，报建设行政管理部门备案。

这是一条程序性的条文，列为强制性条文，是为了提高建设单位的责任心，体现社会主义市场经济下，政府对人民的负责，督促建设单位搞好工程建设、符合国家工程质量验收规范的要求。工程是一个特殊的产品，社会性很强，其质量存在问题，会危及社会安全和安稳。备案也是政府规定建设单位应尽工程质量责任主体的最后一道重要程序，以确保工程的使用安全。备案工作的完成标志着一个工程建设过程的全面完成，是法律、法规规定工程启用的必要条件，也便于对建设单位质量行为的检查。备案是确保工程质量安全的一个重要程序，也是最后一道程序。

2.3 建筑装饰工程质量验收记录的编制和填写要求

建筑装饰工程施工资料是反映建筑装饰工程质量状况和施工企业管理水平的主要依据，是确定工程质量等级、追究工程质量责任的凭证，是交工验收的依据，尤其是施工验收过程中形成的、反映工程质量的各分项工程检验批、分项工程、（子）分部工程和（子）单位工程等验收表格，更是至关重要。本章重点介绍检验批、分项工程、（子）分部工程和（子）单位工程等验收表格的编制和填写要求。

施工现场质量管理检查记录表

《施工现场质量管理检查记录》表是《统一标准》第3.0.1条的附表，具体内容和格式见表2-2-2，是对健全的质量管理体系的具体要求。一般一个

施工现场质量管理检查记录　　　　　　　表2-2-2

开工日期：××××年××月××日

工程名称	××工程		施工许可证（开工证）		××××
建设单位	××集团开发有限公司		项目负责人		×××
设计单位	××建筑设计研究院有限公司		项目负责人		×××
监理单位	××建设监理有限公司		总监理工程师		×××
施工单位	××建设公司	项目经理	×××	项目技术负责人	×××
序号	项目		内容		
1	现场质量管理制度		质量例会制度；月评比及奖罚制度；三检及交接检制度；质量与经济挂钩制度		
2	质量责任制		岗位责任制；设计交底会制度；技术交底制度；挂牌制度		
3	主要专业工种操作上岗证书		测量工、钢筋工、木工、电工、焊工、起重工、架子工等主要专业工种操作上岗证书齐全，符合要求		
4	分包方资质与对分包单位的管理制度		对分包方资质审查，满足施工要求，总包对分包单位制定管理制度可行		
5	施工图审查情况		施工图经设计交底，施工方已确认		
6	地质勘察资料		装饰工程为单位工程时不填		
7	施工组织设计、施工方案及审批		施工组织设计、主要施工方案编制、审批齐全		
8	施工技术标准		企业自定标准4项，其余采用国家、行业标准		
9	工程质量检验制度		有原材料及施工检验制度；抽测项目的检测计划，分项工程质量三检制度		
10	搅拌站及计量设置		装饰工程为单位工程时不填		
11	现场材料、设备存放与管理		按材料、设备性能要求制定了管理措施、制度，其存放按施工组织设计平面图布置		
12					

检查结论：

通过上述项目的检查，项目部施工现场质量管理制度明确到位，质量责任制措施得力，主要专业工种操作上岗证书齐全，施工组织设计、主要施工方案已逐级审批，现场工程质量检验制度齐全，现场材料、设备存放按施工组织设计平面图布置，有材料、设备管理制度。

总监理工程师：×××

（建设单位项目负责人）　　　　　　　　　　　　　　　　　×××× 年 ×× 月 ×× 日

注：1. 该表黑体字部分为原表内容，非黑体字部分为举例填写范例内容，下同。

2. 本表摘自《建筑工程施工质量验收统一标准》GB 50300—2013。

标段或一个单位（子单位）工程检查一次，在开工前检查，由施工单位现场负责人填写，由监理单位的总监理工程师（建设单位项目负责人）验收。

（1）表头部分

填写参与工程建设各方责任主体的概况。由施工单位的现场负责人填写。

工程名称栏。应填写工程名称的全称，与合同或招投标文件中的工程名称一致。

施工许可证（开工证），填写当地建设行政主管部门批准发给的施工许可证（开工证）的编号。

建设单位栏填写合同文件中的甲方，单位名称也应写全称，与合同签章上的单位名称相同。建设单位项目负责人栏，应填写合同书上签字人或签字人以文字形式委托的代表——工程的项目负责人，应与工程完工后竣工验收备案表中的单位项目负责人一致。

设计单位栏填写设计合同中签章单位的名称，其全称应与印章上的名称一致。设计单位的项目负责人栏，应是设计单位任命的该项目负责人，工程完工后竣工验收备案表中的单位项目负责人也应与此一致。

监理单位栏填写单位全称，应与合同或协议书中的名称一致。总监理工程师栏应是合同或协议书中明确的项目监理负责人，也可以是监理单位任命的该项目监理负责人，必须是合同委托监理单位注册的监理工程师，专业要对口。

施工单位栏填写施工合同中签章单位的全称，与签章上的名称一致。项目经理栏、项目技术负责人栏与合同中明确的项目经理、项目技术负责人一致。表头部分可统一填写，不需具体人员签名，只是明确了负责人的地位。

（2）检查项目部分

填写各项检查项目文件的名称或编号，并将文件（复印件或原件）附在表的后面供检查，检查后应将文件归还。

1）现场质量管理制度。现场质量管理制度主要包括图纸会审、设计交底、技术交底、施工组织设计编制审批程序、工序交接、质量检查评定制度，质量好的奖励及达不到质量要求的处罚办法、质量例会制度以及质量问题处理制度等。

2）质量责任栏。质量责任栏主要填写质量负责人的分工、各项质量责任的落实规定，定期检查及有关人员奖惩制度等。

3）主要专业工种操作上岗证书栏。需要持证上岗的专业人员必须持证上岗。

4）分包方资质与对分包单位的管理制度栏。专业承包单位的资质应在其承包业务的范围内承建工程，超出范围的应办理特许证书，否则不能承包工程。在有分包的情况下，总包单位应有管理分包单位的制度，主要是质量、技术的管理制度等。

5）施工图审查情况栏。重点是看建设行政主管部门出具的施工图审查批准书以及审查机构出具的审查报告。

6）地质勘察资料栏。装饰工程作为单位工程时不需要。

7）施工组织设计、施工方案及审批栏。检查编写内容、有针对性的具体措施，编制程序、内容，有编制单位、审核单位、批准单位，并有贯彻执行的措施。

8）施工技术标准栏。施工技术标准是操作的依据和保证工程质量的基础，承建企业应编制不低于国家质量验收规范的操作规程等企业标准。企业标准要按照批准程序批准，有批准日期、执行日期、企业标准编号及标准名称。可作为培训工人、技术交底和施工操作的主要依据，也是质量检查评定的标准。

9）工程质量检验制度栏。包括三个方面的检验，一是原材料、设备进场检验制度；二是施工过程的试验报告；三是竣工后的抽查检测，应专门制订抽测项目、抽测时间、抽测单位等计划，使监理、建设单位等都做到心中有数。可以单独制订一个计划，也可在施工组织设计中作为一项内容。

10）搅拌站及计量设置栏。装饰工程不需要。

11）现场材料、设备存放与管理栏。这是为保持材料、设备质量必须有的措施。要根据材料、设备性能制订管理制度，建立相应的库房等。

（3）检查项目填写内容

1）直接将有关资料的名称写上，资料较多时，也可将有关资料进行编号，将编号填写上，注明份数。

2）填表时间是在开工之前，监理单位的总监理工程师（建设单位项目负责人）应对施工现场进行检查，这是保证开工后施工顺利和保证工程质量的基础，目的是做好施工前的准备。

3）由施工单位负责人填写，填写之后，并将有关文件的原件或复印件附在后边，请总监理工程师（建设单位项目负责人）验收核查，验收核查后，返还施工单位，并签字认可。

4）通常情况下一个工程的一个标段或一个单位工程只查一次，如分段施工、人员更换，或管理工作不到位时，可再次检查。

5）如总监理工程师或建设单位项目负责人检查验收不合格，施工单位必须限期改正，否则不许开工。

2.4 建筑装饰工程基本规定

2.4.1 设计规定

《建筑装饰装修工程质量验收标准》GB 50210—2018 含有设计的规定，所以规范名称中不含"施工"二字。下面均是该验收规范对设计的规定：

（1）建筑装饰装修工程应进行设计，并出具完整的施工图设计文件。

由于建筑装饰工程的特殊性，在实施装饰装修工程之前必须有完整的设计文件并经施工图审查机构审查通过后方能施工。

对于新建建筑物，由于施工图设计文件已经包含了部分装饰装修的设计，一般情况下这一部分装饰装修工作按照原施工设计文件完成就可以了。例如，学校的学生宿舍，完成的是成品工程。还有一部分工程往往牵涉二次装修工作，这部分装饰装修必须要有专业的设计单位进行设计，需要改变结构或在结构上添加附着物均需要经过原设计单位同意。这类建筑物如新建的住宅毛坯房、办公或者展览类建筑物就需要进行二次设计，并出具完整的施工图设计文件。

（2）建筑装饰装修设计应符合城市规划、防火、环保、节能、减排等有关规定。建筑装饰装修耐久性应满足使用要求。

建筑装饰装修设计文件，必须符合城市规划要求，协调周围环境，保证设计所用材料符合国家消防、环保、节能的有关规定和要求。设计文件符合现行设计规范的要求，特别是采用"四新"产品和节能保温产品，必须是经过国家认定和批准的材料。

（3）承担建筑装饰装修工程设计的单位应对建筑物进行了解和实地勘察，设计深度应满足施工要求。由施工单位完成的深化设计应经建筑装饰装修设计单位确认。

对于二次装饰装修设计的设计单位，必须了解既有建筑的结构形式、建设年限、抗震设防情况、原设计的施工图文件档案和建设施工档案，了解周围环境。必须要进行实地考察，切实掌握既有建筑的真实情况，确保设计质量和设计深度能够满足施工需要。

深化设计也可以由施工单位完成，但是深化设计的成果文件必须经建筑装饰装修设计单位确认才有效。否则，不能作为施工的依据。

（4）既有建筑装饰装修工程设计涉及主体和承重结构变动时，必须在施工前委托原结构设计单位或者具有相应资质条件的设计单位提出设计方案，或由检测鉴定单位对建筑结构的安全性进行鉴定。

承担建筑装饰装修的工程设计单位，在进行二次设计时，必须保证既有建筑物的结构安全和主要使用功能的正常运转。需要对既有建筑物的承重结构进行改动或者增加荷载和添加附着物时，必须经过原结构设计单位或者是具备相应设计资质的设计单位对其设计进行核查，并根据原始的设计资料对既有建筑物的结构安全性能进行核验，确保既有建筑能够安全运转。

这一条是强制性条文，是必须遵守的准则，任何单位和个人都必须遵守，不得盲目施工、野蛮施工，随意破坏既有建筑的承重结构，设计和施工单位必须有安全意识，切实做好装饰装修设计工作。

（5）建筑装饰装修工程的防火、防雷和抗震设计应符合现行国家标准的规定。

建筑装饰装修工程的防火设计必须符合防火设计规范的要求，选用的材料应符合耐火极限的要求，施工时也要选用合格产品。

防雷设计是减灾的重要组成部分，装饰装修设计附着物和装饰装修设计中的金属用品都必须按照防雷接地的要求与原设计的避雷系统可靠连接，室内的金属装饰材料和用品按照防雷接地的要求设置等电位连接箱，并与防雷系统可靠连接。

抗震设计关系到人民的生命和财产的安全，装饰装修设计时不能破坏原有的抗震设计，并且装饰装修设计增加的附着物必须符合抗震设计规范的要求，必须按照新的设防烈度要求对装饰设计进行抗震设防，必须符合国家现行的设计规范和《建筑装饰装修工程质量验收标准》GB 50210—2018 的要求。

(6) 当墙体或吊顶内的管线可能产生冰冻或结露时，应进行防冻或防结露设计。

建筑装饰装修工程牵涉施工功能，对于装饰装修隐蔽或敷设在墙体或吊顶内的管线，必须考虑在使用过程中是否会产生冰冻或结露，根据现场环境，采取保温或其他防冻、防结露措施，保证在使用过程中不会因冰冻或结露而无法使用的现象。

2.4.2　关于施工图设计审查的规定

我们国家实行建筑施工图设计审查制度是对人民生命财产的尊重，是党和政府关心人民生命的一个督查程序，施工图纸审查的目的是避免不符合现行设计规范和《建筑装饰装修工程质量验收标准》GB 50210—2018 的强制性条文要求的设计用于施工，是质量监督的最后一道屏障。

按照施工图设计文件审查规定，承担装饰装修设计的单位，在完成施工图设计文件后，根据设计单位的审图制度，首先进行自查和专业间互查，再由专业负责人审查，最后由技术负责人审核，院长签批出图。之后送往市审图机构或有资质的审图公司进行施工图审查。审查过程中设计单位应对审图机构提出的问题进行答复或修改，合格后加盖施工图审查机构的印章，同设计单位的答复或修改意见一并作为设计文件按照规定交付实施。

2.5　建筑装饰装修材料的规定

2.5.1　关于建筑装饰装修材料的有关规定

(1) 建筑装饰装修工程所用材料的品种、规格和质量应符合设计要求和国家现行标准的规定。当设计无要求时应符合国家现行标准的规定。严禁使用国家明令淘汰的材料。

建筑装饰装修使用的材料直接影响装饰装修的效果，因此，对材料的品种、规格和质量有严格的要求，必须满足设计要求，同时还要满足国家有关现行规范的要求，对消耗资源比较多、落后明令淘汰的材料严禁使用，对新型、节能、可持续的材料推广应用。

(2) 建筑装饰装修工程所用材料的燃烧性能应符合国家标准《建筑内部装修设计防火规范》GB 50222—2017 和《建筑设计防火规范》GB 50016—2014 的要求。

材料的燃烧性能直接影响装饰装修的防火要求，对于大量的装饰材料，防火工作非常重要，因此在设计时就严格要求，施工用材料必须符合要求。

（3）建筑装饰装修工程所用材料应符合国家有关建筑装饰装修材料有害物质限量标准中的规定要求。

有害物质直接影响人民的身体健康，对于装饰装修材料中有害物质的含量有明确规定，必须选用符合健康、安全、含量符合要求的环保材料。

（4）建筑装饰装修工程采用的材料、构配件应按进场批次进行检验。属于同一工程项目且同期施工的多个单位工程，对同一生产厂家生产同批材料、构配件、器具及半成品，可统一划分检验批对品种、规格、外观和尺寸进行验收。材料包装应完好，应有产品合格证书、中文说明书及相关性能的检测报告；进口产品应按规定进行商品检验。

所有材料进场时，按规范要求划分检验批，同时应对品种、规格、外观和尺寸进行验收。确保施工使用的材料符合设计和规范要求，对于进口的材料按照商检的要求进行商检。

（5）进场后需要进行复验的材料种类及项目应符合《建筑装饰装修工程质量验收标准》GB 50210—2018 各章的规定，同一厂家生产的同一品种、同一类型的进场材料应至少抽取一组样品进行复验，当合同另有更高要求时应按合同执行。抽样样本随机抽取，满足分布均匀、具有代表性的要求，获得认证的产品或来源稳定且连续三批均一次检验合格的产品，进场验收时检验批的容量可扩大一倍，且仅可扩大一次。扩大检验批后的检验中，出现不合格情况时，应按扩大前的检验批容量重新验收，且该产品不得再次扩大检验批容量。

进场后需要进行复验的材料种类及项目应符合相关检测的规定，检验合格才能使用，复验不合格的材料不能用于工程中。现行规范对同一厂家生产的同一品种、同一类型的进场材料应至少抽取一组样品进行复验，当合同另有约定时应按合同进行取样复验。对质量稳定，连续三批均一次检验合格的产品，规范规定可以扩大检验批的容量，仅可扩大一次。对扩大容量后检验出现不合格的情况也做了明确的规定。

（6）当国家规定或合同约定应对材料进行见证检验时，或对材料的质量发生争议时，应进行见证检验。

见证检验是第三方人员在取样现场对取样过程进行见证，确保取样符合取样规则，以保证材料试验的样品真实有效，杜绝弄虚作假，从而保证材料的安全。

（7）建筑装饰装修工程所使用的材料在运输、储存和施工过程中，必须采取有效措施防止损坏、变质和污染环境。

装饰装修材料由于装饰装修的需要，对材料的外观质量要求很高，运输过程中如果不做好保护措施，容易造成材料的损坏、变质和污染环境，也容易造成浪费，影响使用，有效的保护措施能避免不必要的浪费。

（8）建筑装饰装修工程所使用的材料应按设计要求进行防火、防腐和防虫处理。

装饰装修材料往往是木材、卷材等易燃、易霉变和虫害的材料，如果在使用时不做好防火、防腐和防虫处理，极易产生火灾、发霉变质和出现虫害，影响装饰效果及装饰效果的持久性。

从《建筑装饰装修工程质量验收标准》GB 50210—2018 对材料的基本规定的条文可以看出，对材料的控制是一个系统的过程。对材料的品质、运输、进场、储存、见证检验和复验、处理、配制等都做了约束。明确的限定，是为了保证装饰装修工程质量，同时也明确了对材料质量控制，施工单位应该履行的责任。

要做好装饰装修工作，必须对进场的材料进行严格的验收、检验和保管工作，这是施工单位在施工现场必须严格按要求完成的工作。

1. 进场验收

建筑装饰装修工程所用各种材料进场时都应按设计要求采购，并对材料的品种、规格、外观和尺寸进行验收，设计无要求时应按国家现行标准进行验收。所有建筑装饰装修材料在进场时应有产品合格证书、中文说明书及相关性能的检测报告。材料供应商有义务提供真实的质量检测报告。检测报告是材料供应商对采购方的一种承诺，应存档备查，一般应提供厂家的型式检验报告原件，采用复印件或抄件的要加盖供应商的印章，并注明原件存放处。进口产品按国家质量监督检验检疫总局的有关规定进行商品检验，规定必须进行商检的进口产品，如玻璃幕墙用硅酮结构密封胶，供货方应提供商检合格证。

2. 见证检验

见证检验已成为工程质量管理中通行的一种方式。在下述三种情况下应进行见证检验：

1）国家规定应进行见证检验时；

2）合同约定应进行见证检验时；

3）对材料的质量发生争议需要进行仲裁时。

3. 复验是阻止不合格材料进场的关键

复验是对建筑装饰装修工程质量的一种确认。一般需要复验的材料及项目，主要在考虑保证安全和主要使用功能的同时，尽量减少复验费用，尽量选择检测周期较短的。抽样数量的规定为满足验收规范的最低要求，对有疑问的样品应首先选取。

在目前建筑材料市场假冒伪劣现象较多的情况下，进行复验有助于避免不合格材料进入施工现场，用于装饰装修工程，也有助于解决提供样品与供货质量不一致的问题。

2.5.2　建筑装饰装修材料的验收程序

材料进场使用必须按照验收程序进行验收，合格后方能使用到工程中去，由于装饰材料的特殊性，进场的材料在验收工作中更应该特别注意（图 2-2-2）。

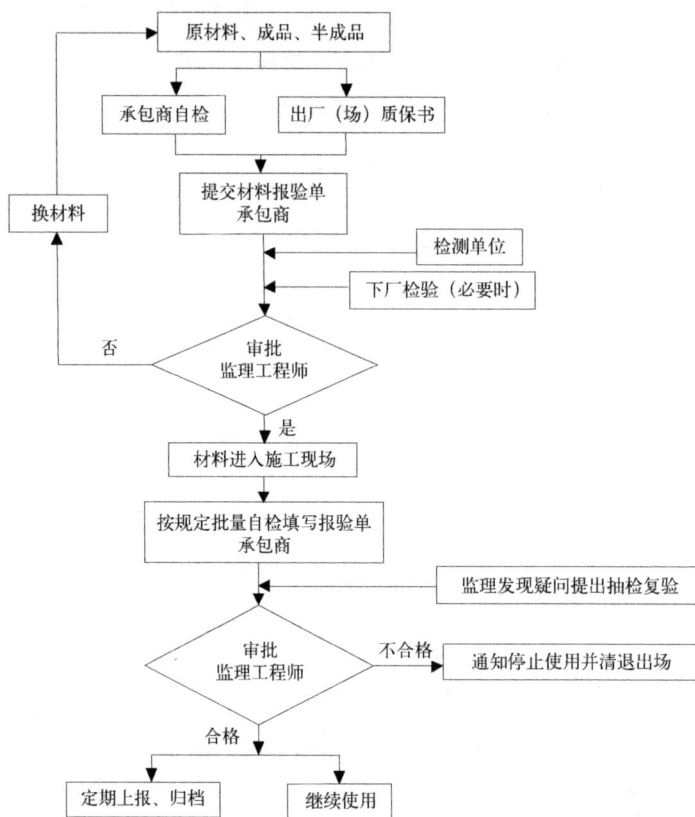

图 2-2-2　材料进场
验收程序

按照验收程序要求，装饰材料在进场使用前，必须提供进场材料的质量保证材料、产品合格证、质保书以及进场材料样品等实物和资料，对于装饰材料选用，必须有产地、生产厂家、生产批号，对装饰起关键作用的材料必须与样品的色彩一致，天然材料在使用前必须进行选择和预拼装。

材料在进场前，施工单位按照验收程序规定先进行进场报验，需要取样复验的材料必须采用见证取样进行复验，合格后方能进场使用。对于不需要复验的材料，施工单位也必须进行报验，经监理工程师或建设单位专业负责人同意，需要设计确认的还必须征得设计人员同意，方能进场使用。

在使用过程中，监理人员如果发现使用的材料与批准的不一致，或对其产品怀疑时，可以选择见证取样复验的方法进行重新检测，合格的继续使用，不合格的退场。对于非实验选用的装饰材料，可以邀请建设单位专业人员和设计人员进行现场协商，共同对其材料进行选择。

2.6　建筑装饰装修施工的规定

（1）施工单位应编制施工组织设计并应经过审查批准。施工单位应按有关的施工工艺标准或经审定的施工技术方案施工，并应对施工全过程实行质量控制。

（2）在承担建筑装饰装修工程施工的人员中，国家要求需要持证上岗的工种应有相应岗位的资格证书。

（3）建筑装饰装修工程的施工质量应符合设计要求和《建筑装饰装修工程质量验收标准》GB 50210—2018 的规定，由于违反设计文件和《建筑装饰装修工程质量验收标准》的规定施工造成质量问题的应由施工单位负责。

（4）在建筑装饰装修工程施工中，严禁违反设计文件擅自改动建筑主体、承重结构或主要使用功能；严禁未经设计确认和有关部门批准擅自拆改水、暖、电、燃气、通信等配套设施。

建筑装饰装修工程本身，即使出现质量缺陷，也不会造成建筑结构安全度的降低和失去建筑物主要的使用功能，如在建筑装饰装修活动中，随意拆改承重墙，拆改供水、供电、采暖、通风等配套设施，就会影响到安全和主要使用功能，故对施工单位从业活动做出了强制性规定，必须严格执行。

（5）施工单位应遵守有关环境保护的法律法规，并应采取有效措施控制施工现场的各种粉尘、废气、废弃物、噪声、振动等对周围环境造成的污染和危害。

在建筑装饰装修工程在施工过程中，由于其特殊的施工环境和物化的劳动对象不尽相同，容易形成环境污染源，故对施工单位的行为做出强制性规定，必须严格执行。

（6）施工单位应遵守有关施工安全、劳动保护、防火和防毒的法律法规，应建立相应的管理制度，并应配备必要的设备、器具和标识。

（7）建筑装饰装修工程应在基体或基层的质量验收合格后施工。对既有建筑进行装饰装修前，应对基层进行处理并达到本标准的要求。

（8）建筑装饰装修工程施工前应有主要材料的样板或做样板间（件），并应经有关各方确认。

（9）墙面采用保温材料的建筑装饰装修工程，所用保温材料的类型、品种、规格及施工工艺应符合设计要求。

（10）管道、设备等的安装及调试应在建筑装饰装修工程施工前完成，当必须同步进行时，应在饰面层施工前完成。装饰装修工程不得影响管道、设备等的使用和维修。涉及燃气管道的建筑装饰装修工程必须符合有关安全管理的规定。

（11）建筑装饰装修工程的电气安装应符合设计要求和国家现行标准的规定。严禁不经穿管直接埋设电线。

（12）室内外装饰装修工程施工的环境条件应满足施工工艺的要求。施工环境温度不应低于5℃。当必须在低于5℃气温下施工时，应采取保证工程质量的有效措施。

（13）建筑装饰装修工程施工过程中应做好半成品、成品的保护，防止污染和损坏。

（14）建筑装饰装修工程验收前应将施工现场清理干净。

施工的基本规定，明确了对建筑装饰装修施工单位资质的要求和质量管理体系的建立，强调了施工从业人员的技能素质。在整个施工"过程"中，规定了施工单位行为必须合法，应该怎样做，为什么要这样做，都做出严格的界定。施工的基本规定的实质，就是对影响建筑装饰装修工程质量"4M1E"（人、材料、机械、方法和环境）五大因素进行了控制。

一般来说，建筑装饰装修工程的装饰装修效果很难用语言准确、完整地表述出来，有时，某些施工质量问题也需要有一个更直观的评判依据。因此，在施工前，通常应根据工程情况确定制作样板间、样板件或封存材料样板。样板间适用于宾馆客房、住宅、写字楼办公室等工程；样板件适用于外墙饰面或室内公共活动场所，主要材料样板是指建筑装饰装修工程中采用的壁纸、涂料、石材等涉及颜色、光泽、图案花纹等评判指标的材料。不管采用哪种方式，都应由建设（监理）方、施工方、供货方等有关各方确认。

【思考题和习题】

1. 建筑装饰工程作为单位（子单位）工程时，如何进行分部（子分部）验收？需要哪些责任主体参加？

2. 检验批的合格验收需要哪些条件？

3. 单位（子单位）工程验收的条件有哪些？

3

模块 3　建筑装饰工程测量和检测

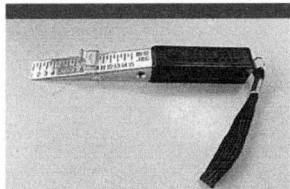

知识点

水准测量的原理；DS₃水准仪的构造及使用；水准测量的施测方法及成果整理；水平角和垂直角的测量原理；经纬仪的等级、有关参数，经纬仪的构造。

学习目标

学习测量学的概念，熟悉建筑工程测量的主要任务；了解地球的形状与大小，掌握地面点位的确定方法；掌握用水平面代替水准面的限度；了解测量的基本工作，熟悉测量的基本原则，熟悉测量工作的基本要求，熟悉常用的测量元素和单位。

项目 1 建筑工程测量概述

1.1 建筑工程测量的任务

1.1.1 测量学的概念

测量学是研究地球的形状和大小以及确定地面点位的科学。它的内容包括测定和测设两部分（测量的基本知识见二维码 3-1）。

(1) 测定是指得到一系列测量数据，或将地球表面的地物和地貌缩绘成地形图。

(2) 测设是指将设计图纸上规划设计好的建筑物位置，在实地标定出来，作为施工的依据。

二维码 3-1 测量的基本知识

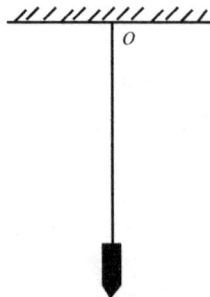

1.1.2 建筑工程测量的任务

建筑工程测量是测量学的一个组成部分。它是研究建筑工程在勘测设计、施工和运营管理阶段所进行的各种测量工作的理论、技术和方法的学科。它的主要任务是：

(1) 测绘大比例尺地形图。

(2) 建筑物的施工测量。

(3) 建筑物的变形观测。

测量工作贯穿于工程建设的整个过程，测量工作的质量直接关系到工程建设的速度和质量。所以，每一位从事工程建设的人员，都必须掌握必要的测量知识和技能。

1.2 地面点位的确定

1.2.1 地球的形状和大小

1. 水准面和水平面

人们设想以一个静止不动的海水面延伸穿越陆地，形成一个闭合的曲面包围了整个地球，这个闭合曲面称为水准面。

水准面的特点是水准面上任意一点的铅垂线都垂直于该点的曲面。

与水准面相切的平面，称为水平面。

2. 大地水准面

水准面有无数个，其中与平均海水面相吻合的水准面称为大地水准面，它是测量工作的基准面。

由大地水准面所包围的形体，称为大地体。

3. 铅垂线

重力的方向线称为铅垂线，它是测量工作的基准线。在测量工作中，取得铅垂线的方法如图 3-1-1 所示。

图 3-1-1 铅垂线

4.地球椭球体

由于地球内部质量分布不均匀，致使大地水准面成为一个有微小起伏的复杂曲面，如图 3-1-2（a）所示。选用地球椭球体来代替地球总的形状。地球椭球体是由椭圆 NWSE 绕其短轴 NS 旋转而成的，又称旋转椭球体，如图 3-1-2（b）所示。

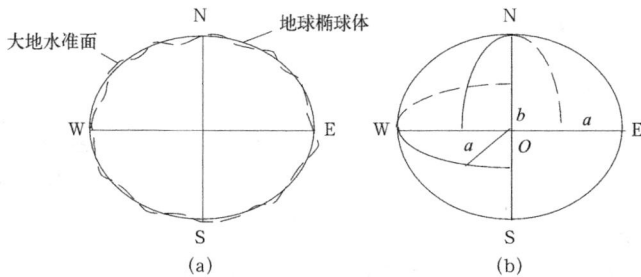

图 3-1-2　大地水准面
　　　与地球椭球体

（a）大地水准面；
（b）地球椭球体

决定地球椭球体形状和大小的参数：椭圆的长半径 a，短半径 b，扁率 α。其关系式为式（3-1）：

$$\alpha = \frac{a-b}{a} \tag{3-1}$$

我国目前采用的地球椭球体的参数值为：

$$a = 6378140\text{m}，$$

$$b = 6356755\text{m}，$$

$$\alpha = 1 : 298.257。$$

由于地球椭球体的扁率 α 很小，当测量的区域不大时，在普通测量中又近似地把大地体视作圆球体，半径采用与参考椭球体同体积的圆球半径，其值为 $R = 6371\text{km}$。

在小范围内进行测量工作时，又可以把该部分球面当成平面看待，可以用水平面代替大地水准面，称之为水平面。

1.2.2　确定地面点位的方法

地面点的空间位置须由三个参数来确定，即该点在大地水准面上的投影位置（两个参数）和该点的高程。

1.地面点在大地水准面上的投影位置

地面点在大地水准面上的投影位置，可用地理坐标和平面直角坐标表示。

（1）地理坐标是用经度 λ 和纬度 φ 表示地面点在大地水准面上的投影位置，由于地理坐标是球面坐标，不便于直接进行各种计算。

（2）高斯平面直角坐标。利用高斯投影法建立的平面直角坐标系，称为高斯平面直角坐标系。在广大区域内确定点的平面位置，一般采用高斯平面直角坐标（图 3-1-3）。

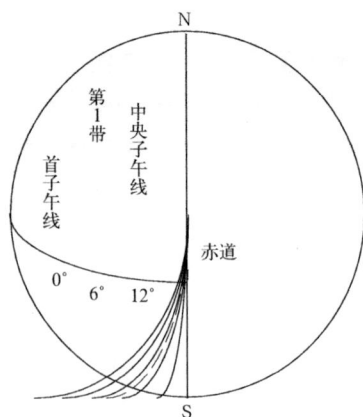

图 3-1-3 高斯平面直角坐标的分带

高斯投影法是将地球划分成若干带，然后将每带投影到平面上。

如图 3-1-3 所示，投影带是从首子午线起，每隔经度 6° 划分一带，称为 6° 带，将整个地球划分成 60 个带。带号从首子午线起自西向东编，0° ~ 6° 为第 1 号带，6° ~ 12° 为第 2 号带，……。位于各带中央的子午线，称为中央子午线，第 1 号带中央子午线的经度为 3°，任意号带中央子午线的经度 λ_0，可按式（3-2）计算。

$$\lambda_0 = 6°N - 3° \tag{3-2}$$

式中 N——6° 带的带号。

我们把地球看作圆球，并设想把投影面卷成圆柱面套在地球上，如图 3-1-4 所示，使圆柱的轴心通过圆球的中心，并与某 6° 带的中央子午线相切。将该 6° 带上的图形投影到圆柱面上。然后，将圆柱面沿过南、北极的母线 KK'、LL' 剪开，并展开成平面，这个平面称为高斯投影平面。中央子午线和赤道的投影是两条互相垂直的直线。

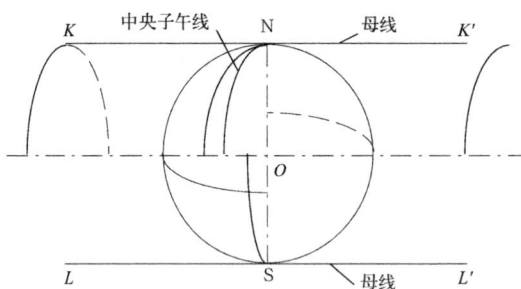

图 3-1-4 高斯平面直角坐标的投影

规定：中央子午线的投影为高斯平面直角坐标系的纵轴 x，向北为正；赤道的投影为高斯平面直角坐标系的横轴 y，向东为正；两坐标轴的交点为坐标原点 O。由此建立了高斯平面直角坐标系，如图 3-1-5 所示。

地面点的平面位置，可用高斯平面直角坐标 x、y 来表示。由于我国位于北半球，x 坐标均为正值，y 坐标则有正有负，如图 3-1-5（a）所示，$y_A = +136780\text{m}$，$y_B = -272440\text{m}$。为了避免 y 坐标出现负值，将每带的坐标原点向西移 500km，如图 3-1-5（b）所示，纵轴西移后：

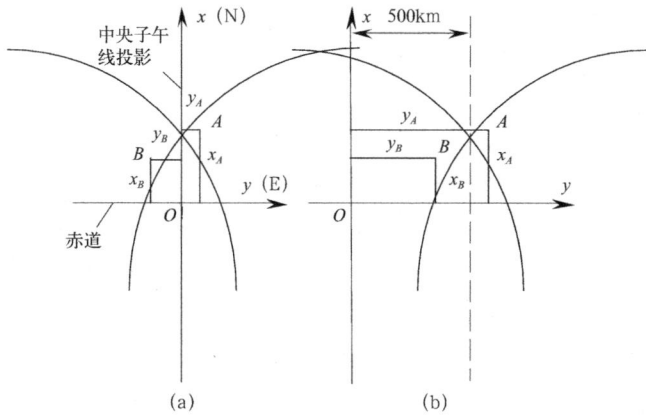

图 3-1-5 高斯平面直角坐标

(a) 坐标原点西移前的高斯平面直角坐标；
(b) 坐标原点西移后的高斯平面直角坐标

$$y_A=500000+136780=636780\text{m}$$

$$y_B=500000-272440=227560\text{m}$$

规定在横坐标值前冠以投影带带号。如 A、B 两点均位于第 20 号带，则：

$$y_A=20636780\text{m}, \quad y_B=20227560\text{m}$$

当要求投影变形更小时，可采用 3°带投影。如图 3-1-6 所示，3°带是从东经 1°30′开始，每隔经度 3°划分一带，将整个地球划分成 120 个带。每一带按前面所叙方法，建立各自的高斯平面直角坐标系。各带中央子午线的经度 λ'_0，可按式（3-3）计算。

$$\lambda'_0=3°n \tag{3-3}$$

式中 n——3°带的带号。

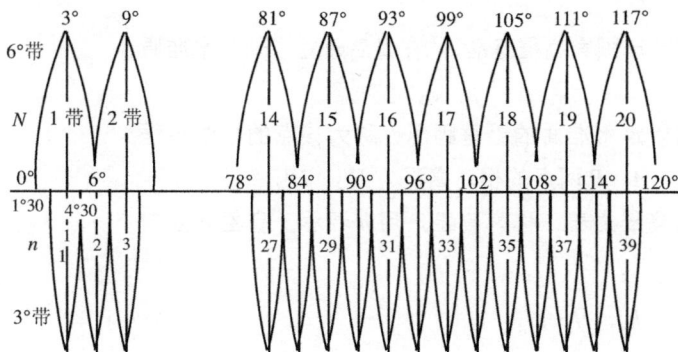

图 3-1-6 高斯平面直角坐标系 6°带投影与 3°带投影的关系

2. 独立平面直角坐标

当测区范围较小时，可以用测区中心点 a 的水平面来代替大地水准面，如图 3-1-7 所示。在这个平面上建立的测区平面直角坐标系，称为独立平面直角坐标系。在局部区域内确定点的平面位置，可以采用独立平面直角坐标。

如图 3-1-7 所示，在独立平面直角坐标系中，规定南北方向为纵坐标轴，记作 x 轴，x 轴向北为正，向南为负；以东西方向为横坐标轴，记作 y 轴，y

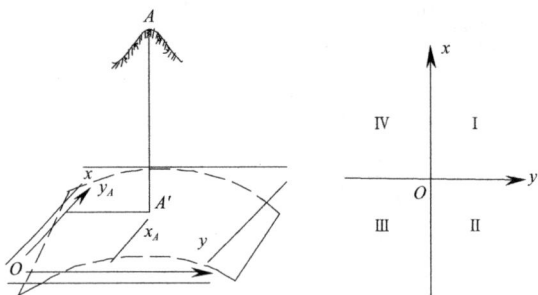

图 3-1-7　独 立 平 面
直角坐标系（左）
图 3-1-8　坐 标 象 限
（右）

轴向东为正，向西为负；坐标原点 O 一般选在测区的西南角，使测区内各点的 x、y 坐标均为正值；坐标象限按顺时针方向编号，如图 3-1-8 所示，其目的是便于将数学中的公式直接应用到测量计算中，而不需作任何变更。

3. 地面点的高程

（1）绝对高程　地面点到大地水准面的铅垂距离，称为该点的绝对高程，简称高程，用 H 表示。如图 3-1-9 所示，地面点 A、B 的高程分别为 H_A、H_B。

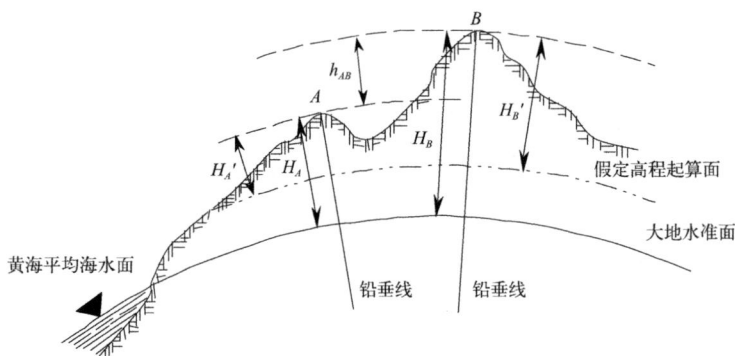

图 3-1-9　高程和高差

目前，我国采用的是"1985 年国家高程基准"，在青岛建立了国家水准原点，其高程为 72.260m。

（2）相对高程　地面点到假定水准面的铅垂距离，称为该点的相对高程或假定高程。如图 3-1-9 所示，A、B 两点的相对高程为 H'_A、H'_B。

（3）高差　地面两点间的高程之差，称为高差，用 h 表示。高差有方向和正负。A、B 两点的高差为：

$$h_{AB}=H_B-H_A \qquad (3-4)$$

当 h_{AB} 为正时，B 点高于 A 点；当 h_{AB} 为负时，B 点低于 A 点。B、A 两点的高差为：

$$h_{BA}=H_A-H_B \qquad (3-5)$$

A、B 两点的高差与 B、A 两点的高差，绝对值相等，符号相反，即：

$$h_{AB}=-h_{BA} \qquad (3-6)$$

根据地面点的三个参数 x、y、H，地面点的空间位置就可以确定了。

1.3 用水平面代替水准面的限度

当测区范围较小时，可以把水准面看作水平面。探讨用水平面代替水准面对距离、角度和高差的影响，以便给出限制水平面代替水准面的限度。

1.3.1 对距离的影响

如图 3-1-10 所示，地面上 A、B 两点在大地水准面上的投影点是 a、b，用过 a 点的水平面代替大地水准面，则 B 点在水平面上的投影为 b'。

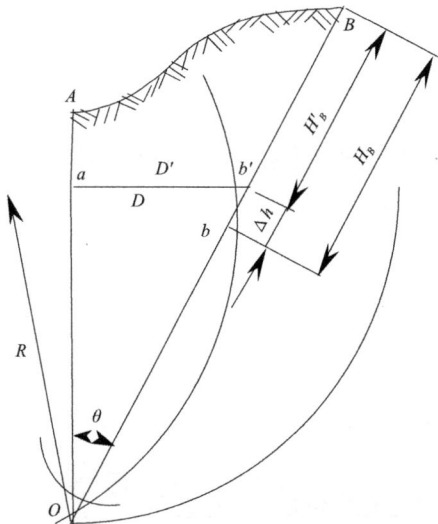

图 3-1-10　用水平面
代替水准面对距离和
高程的影响

设 ab 的弧长为 D，ab' 的长度为 D'，球面半径为 R，D 所对圆心角为 θ，则以水平长度 D' 代替弧长 D 所产生的误差 ΔD 为：

$$\Delta D=D'-D=R\tan\theta-R\theta=R\ (\tan\theta-\theta) \tag{3-7}$$

将 $\tan\theta$ 用级数展开为：

$$\tan\theta=\theta+\frac{1}{3}\theta^3+\frac{5}{12}\theta^5+\cdots \tag{3-8}$$

因为 θ 角很小，所以只取前两项代入式（3-7）得：

$$\Delta D=R\ (\theta+\frac{1}{3}\theta^3-\theta)\ =\frac{1}{3}R\theta^3 \tag{3-9}$$

又因 $\theta=\dfrac{D}{R}$，则

$$\Delta D=\frac{D^3}{3R^2} \tag{3-10}$$

$$\frac{\Delta D}{D}=\frac{D^3}{3R^2} \tag{3-11}$$

取地球半径 $R=6371\text{km}$，并以不同的距离 D 值代入式（3-10）和式（3-11），则可求出距离误差 ΔD 和相对误差 $\Delta D/D$，见表 3-1-1。

距离（D/km）	距离误差（ΔD/mm）	相对误差（$\Delta D/D$）
10	8	1 : 1220000
20	128	1 : 200000
50	1026	1 : 49000
100	8212	1 : 12000

结论：在半径为 10km 的范围内，进行距离测量时，可以用水平面代替水准面，而不必考虑地球曲率对距离的影响。

1.3.2　对水平角的影响

从球面三角学可知，同一空间多边形在球面上投影的各内角和，比在平面上投影的各内角和大一个球面角超值 ε。

$$\varepsilon = \rho \frac{P}{R^2} \qquad (3-12)$$

式中　　ε——球面角超值（″）；

　　　　P——球面多边形的面积（km²）；

　　　　R——地球半径（km）；

　　　　ρ——一弧度的秒值，$\rho = 206265″$。

以不同的面积 P 代入式（3-12），可求出球面角超值，见表 3-1-2。

球面多边形面积P（km²）	球面角超值ε（″）
10	0.05
50	0.25
100	0.51
300	1.52

结论：当面积 P 为 100km² 时，进行水平角测量时，可以用水平面代替水准面，而不必考虑地球曲率对距离的影响。

1.3.3　对高程的影响

如图 3-1-10 所示，地面点 B 的绝对高程为 H_B，用水平面代替水准面后，B 点的高程为 H_B'，H_B 与 H_B' 的差值，即为水平面代替水准面产生的高程误差，用 Δh 表示，则：

$$(R + \Delta h)^2 = R^2 + D'^2 \qquad (3-13)$$

$$\Delta h = \frac{D'^2}{2R + \Delta h} \qquad (3-14)$$

式（3-14）中，可以用 D 代替 D'，相对于 $2R$ 很小，可略去不计，则：

$$\Delta h = \frac{D^2}{2R} \tag{3-15}$$

以不同的距离 D 值代入式（3-15），可求出相应的高程误差 Δh，见表 3-1-3。

水平面代替水准面的高程误差   表3-1-3

距离 D（km）	0.1	0.2	0.3	0.4	0.5	1	2	5	10
Δh（mm）	0.8	3	7	13	20	78	314	1962	7848

结论：用水平面代替水准面，对高程的影响是很大的，因此，在进行高程测量时，即使距离很短，也应顾及地球曲率对高程的影响。

1.4 测量工作概述

1.4.1 测量的基本工作

1. 平面直角坐标的测定

如图 3-1-11 所示，设 A、B 为已知坐标点，P 为待定点。首先测出了水平角 β 和水平距离 D_{AP}，再根据 A、B 的坐标，即可推算出 P 点的坐标。

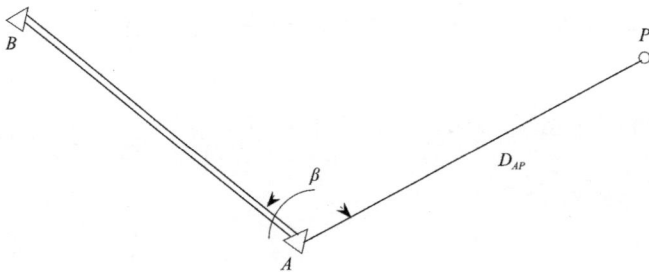

图 3-1-11 平面直角坐标的测定

测定地面点平面直角坐标的主要测量工作是测量水平角和水平距离。

2. 高程的测定

如图 3-1-12 所示，设 A 为已知高程点，P 为待定点。根据式（3-4）得：

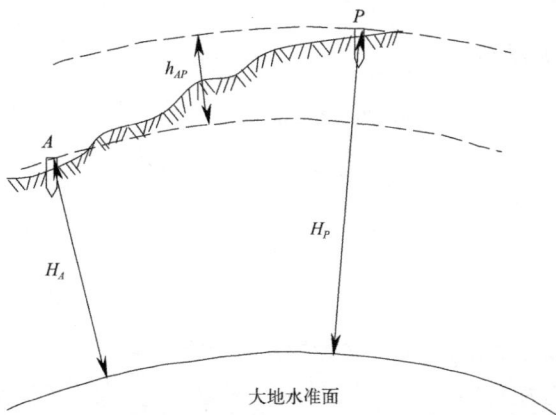

图 3-1-12 高程的测定

$$H_P = H_A + h_{AP} \qquad\qquad (3-16)$$

只要测出 A、P 之间的高差 h_{AP}，利用式（3—16），即可算出 P 点的高程。测定地面点高程的主要测量工作是测量高差。

3. 测量的基本工作是：高差测量、水平角测量、水平距离测量。

1.4.2　测量工作的基本原则

"从整体到局部""先控制后碎部"的原则，"前一步工作未作检核不进行下一步工作"的原则。

1.4.3　测量工作的基本要求

"质量第一"的观点，严肃认真的工作态度，保持测量成果的真实、客观和原始性，要爱护测量仪器与工具。

1.4.4　测量的计量单位

1. 长度单位

$$1km=1000m，\ 1m=10dm=100cm=1000mm$$

2. 面积单位

面积单位是 m^2，大面积则用公顷或 km^2 表示，在农业上常用市亩作为面积单位。

1 公顷 $=10000m^2=15$ 市亩，$1km^2=100$ 公顷 $=1500$ 市亩，1 市亩 $=666.67m^2$。

3. 体积单位

体积单位为 m^3。

4. 角度单位

测量上常用的角度单位有度分秒制和弧度制两种。

（1）度分秒制。1 圆周角 $=360°$，$1°=60′$，$1′=60″$。

（2）弧度制。弧长等于圆半径的圆弧所对的圆心角，称为一个弧度，用 ρ 表示。

$$1 \text{ 圆周} = 2\pi \text{ 弧度}$$

$$1 \text{ 弧度} = 180°/\pi = 57.29577951° = \rho°$$

$$= 3438′ = \rho′$$

$$= 206265″ = \rho″$$

5. 测量数据修约规则

按四舍六入，五前单进双舍（或称奇进偶不进）的取数规则进行计算。

如数据 1.1235 和 1.1245 进位均为 1.124。

项目 2　水准测量

2.1　水准测量原理

2.1.1　水准测量原理

水准测量是利用水准仪提供的水平视线，借助于带有分划的水准尺，直接测定地面上两点间的高差，然后根据已知点高程和测得的高差，推算出未知点高程（水准测量扩展知识见二维码 3-2）。

如图 3-2-1 所示，A、B 两点间高差 h_{AB} 为

$$h_{AB}=a-b \tag{3-17}$$

二维码 3-2　水准测量

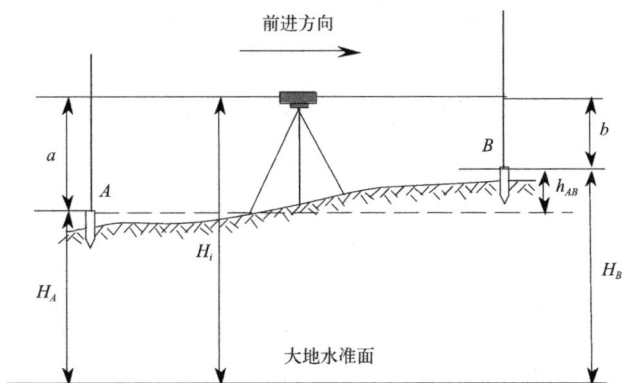

图 3-2-1　水准测量原理

设水准测量是由 A 向 B 进行的，则 A 点为后视点，A 点尺上的读数 a 称为后视读数；B 点为前视点，B 点尺上的读数 b 称为前视读数。因此，高差等于后视读数减去前视读数。

2.1.2　计算未知点高程

1. 高差法

测得 A、B 两点间高差 h_{AB} 后，如果已知 A 点的高程 H_A，则 B 点的高程 H_B 为：

$$H_B=H_A+h_{AB} \tag{3-18}$$

这种直接利用高差计算未知点 B 高程的方法，称为高差法。

2. 视线高法

如图 3-2-1 所示，B 点高程也可以通过水准仪的视线高程 H_i 来计算，即

$$\left.\begin{array}{l} H_i=H_A+a \\ H_B=H_i-b \end{array}\right\} \tag{3-19}$$

这种利用仪器视线高程 H_i 计算未知点 B 点高程的方法，称为视线高法。在施工测量中，有时安置一次仪器，需测定多个地面点的高程，采用视线高法就比较方便。

2.2　水准测量的仪器和工具

水准测量所使用的仪器为水准仪，工具有水准尺和尺垫。

国产水准仪按其精度分，有 DS_{05}，DS_1，DS_3 及 DS_{10} 等几种型号。05、1、3 和 10 表示水准仪精度等级。

2.2.1　DS_3 微倾式水准仪的构造

DS_3 主要由望远镜、水准器及基座三部分组成。

1. 望远镜

望远镜是用来精确瞄准远处目标并对水准尺进行读数的。它主要由物镜、目镜、对光透镜和十字丝分划板组成。

（1）十字丝分划板。十字丝分划板是为了瞄准目标和读数用的（图3-2-2）。

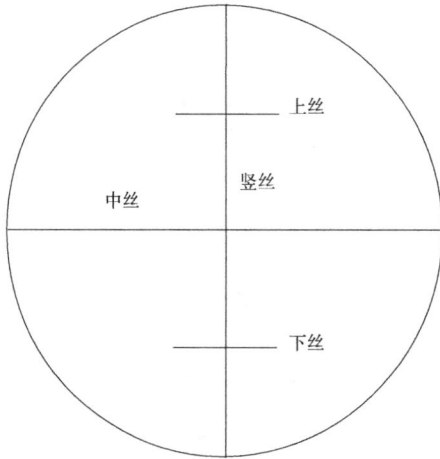

图3-2-2　十字丝分划板

上丝、下丝又称为视距丝。

$$视距 = （上丝读书 - 下丝读数）\times K \qquad (3-20)$$

式中　K——视距常数，其值为100。

竖丝用来标定水准尺是否垂直，中丝读取水准尺上读数，用来计算高差。

（2）物镜和目镜。物镜和目镜多采用复合透镜组，目标 AB 经过物镜成像后形成一个倒立而缩小的实像 ab，移动对光透镜，可使不同距离的目标均能清晰地成像在十字丝平面上。再通过目镜的作用，便可看清同时放大了的十字丝和目标影像 $a'b'$。

（3）视准轴。十字丝交点与物镜光心的连线，称为视准轴 CC。视准轴的延长线即为视线，水准测量就是在视准轴水平时，用十字丝的中丝在水准尺上截取读数的。

2. 水准器

（1）管水准器。管水准器（亦称水准管）用于精确整平仪器。如图3-2-3

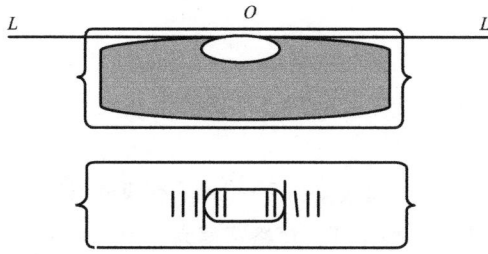

图 3-2-3　管水准器

所示，它是一玻璃管，其纵剖面方向的内壁研磨成一定半径的圆弧形，水准管上一般刻有间隔为 2mm 的分划线，分划线的中点 O 称为水准管零点，通过零点与圆弧相切的纵向切线 LL 称为水准管轴。水准管轴平行于视准轴。

　　水准管上 2mm 圆弧所对的圆心角 τ，称为水准管的分划值，水准管分划愈小，水准管灵敏度愈高，用其整平仪器的精度也愈高（图 3-2-4）。DS$_3$ 型水准仪的水准管分划值为 20″，记作 20″/2mm。

　　为了提高水准管气泡居中的精度，采用符合水准器（图 3-2-5）。

　　（2）圆水准器。圆水准器装在水准仪基座上，用于粗略整平。圆水准器顶面的玻璃内表面研磨成球面，球面的正中刻有圆圈，其圆心称为圆水准器的零点。过零点的球面法线 $L'L'$，称为圆水准器轴。圆水准器轴 $L'L'$ 平行于仪器竖轴 VV（图 3-2-6）。

　　气泡中心偏离零点 2mm 时竖轴所倾斜的角值，称为圆水准器的分划值，一般为 8′～10′，精度较低。

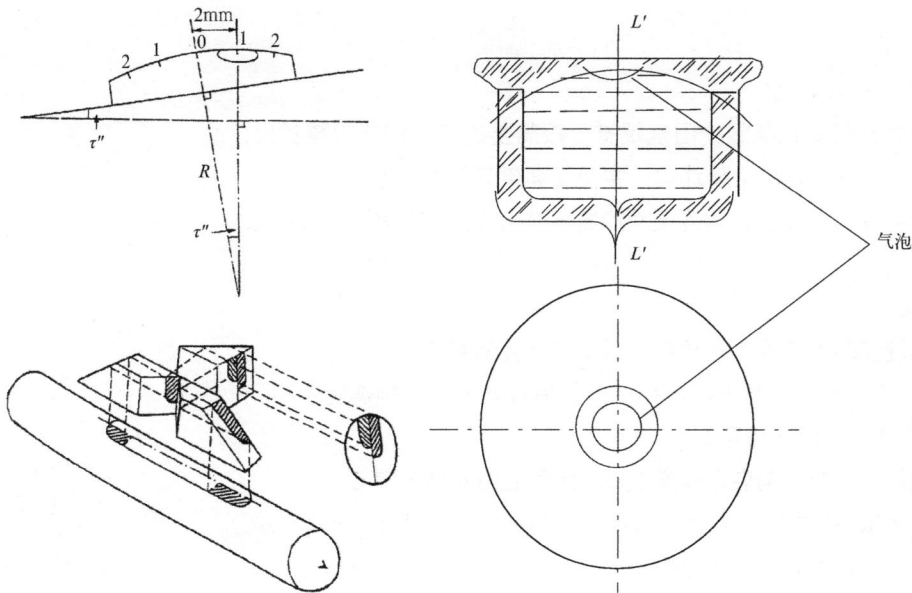

图 3-2-4　管水准器
　　　　分划值（左上）
图 3-2-5　符合水准
　　　　器（左下）
图 3-2-6　圆水准器
　　　　（右）

3. 基座

　　基座的作用是支承仪器的上部，并通过连接螺旋与三脚架连接。它主要由轴座、脚螺旋、底板和三脚压板构成。转动脚螺旋，可使圆水准气泡居中。

2.2.2 水准尺和尺垫

1. 水准尺

水准尺是进行水准测量时与水准仪配合使用的标尺。常用的水准尺有塔尺和双面尺两种。

(1) 塔尺。塔尺是一种逐节缩小的组合尺，其长度为 2 ~ 5m，有两节到五节连接在一起，尺的底部为零点，尺面上黑白格相间，每格宽度为 1cm，另一面为 0.5cm 分隔，在米和分米处有数字注记，一般 1cm 分隔的，边上有 mm 分隔。

(2) 双面尺。双面尺尺长为 3m，两根尺为一对。尺的双面均有刻划，一面为黑白相间，称为黑面尺 (也称主尺)；另一面为红白相间，称为红面尺 (也称辅尺)。两面的刻划均为 1cm，在分米处注有数字。两根尺的黑面尺尺底均从零开始，而红面尺尺底，一根从 4.687m 开始，另一根从 4.787m 开始。在视线高度不变的情况下，同一根水准尺的红面和黑面读数之差应等于常数 4.687m 或 4.787m，这个常数称为尺常数，用 K 来表示，以此可以检核读数是否正确。

2. 尺垫

尺垫是由生铁铸成。一般为三角形板座，其下方有三个脚，可以踏入土中。尺垫上方有一突起的半球体，水准尺立于半球顶面。尺垫用于转点处。

2.3 水准仪的使用

微倾式水准仪的基本操作程序为：安置仪器、粗略整平、瞄准水准尺、精确整平和读数。

2.3.1 安置仪器

(1) 在测站上松开三脚架架腿的固定螺旋，按需要的高度调整架腿长度，再拧紧固定螺旋，张开三脚架将架腿踩实，并使三脚架架头大致水平。

(2) 从仪器箱中取出水准仪，用连接螺旋将水准仪固定在三脚架架头上。

2.3.2 粗略整平

通过调节脚螺旋使圆水准器气泡居中。具体操作步骤如下。

(1) 如图 3-2-7 所示，用两手按箭头所指的相对方向转动脚螺旋 1 和 2，使气泡沿着 1、2 连线方向由 a 移至 b。

(2) 用左手按箭头所指方向转动脚螺旋 3，使气泡由 b 移至中心。

整平时，气泡移动的方向与左手大拇指旋转脚螺旋时的移动方向一致，与右手大拇指旋转脚螺旋时的移动方向相反。

2.3.3 瞄准水准尺

(1) 目镜调焦。松开制动螺旋，将望远镜转向明亮的背景，转动目镜对光螺旋，使十字丝成像清晰。

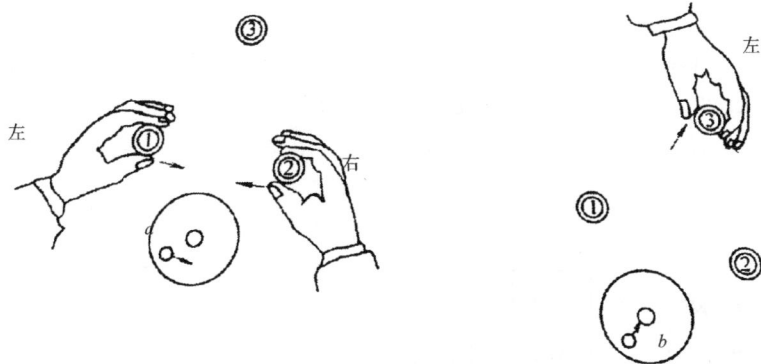

图 3-2-7 圆水准器整平

(2) 初步瞄准。通过望远镜筒上方的照门和准星瞄准水准尺，旋紧制动螺旋。

(3) 物镜调焦。转动物镜对光螺旋，使水准尺的成像清晰。

(4) 精确瞄准。转动微动螺旋，使十字丝的竖丝瞄准水准尺边缘或中央，如图 3-2-8 所示。

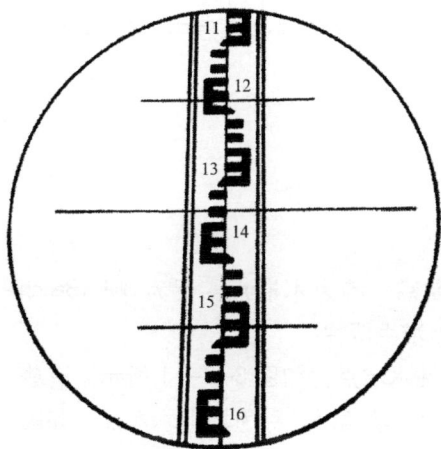

图 3-2-8 精确瞄准与读数

(5) 消除视差。眼睛在目镜端上下移动，有时可看见十字丝的中丝与水准尺影像之间相对移动，这种现象叫视差。产生视差的原因是水准尺的尺像与十字丝平面不重合，如图 3-2-9 (a) 所示。视差的存在将影响读数的正确性，应予消除。消除视差的方法是仔细地转动物镜对光螺旋，直至尺像与十字丝平面重合，如图 3-2-9 (b) 所示。

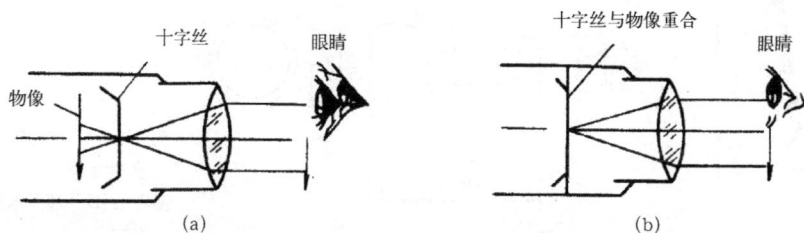

图 3-2-9 视差现象
(a) 存在视差；
(b) 没有视差

2.3.4　精确整平

精确整平简称精平。眼睛观察水准气泡观察窗内的气泡影像，用右手缓慢地转动微倾螺旋，使气泡两端的影像严密吻合。此时视线即为水平视线。微倾螺旋的转动方向与左侧半气泡影像的移动方向一致，如图 3-2-10 所示。

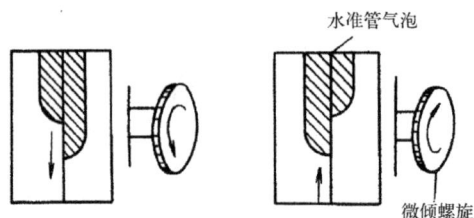

图 3-2-10　精确整平

2.3.5　读数

符合水准器气泡居中后，应立即用十字丝中丝在水准尺上读数。读数时应从小数向大数读，如果从望远镜中看到的水准尺影像是倒像，在尺上应从上到下读取。直接读取米、分米和厘米，并估读出毫米，共四位数。如图 3-2-8 所示，读数是 1.336m。读数后再检查符合水准器气泡是否居中，若不居中，应再次精平，重新读数。

2.4　水准测量的方法

2.4.1　水准点

用水准测量的方法测定的高程控制点，称为水准点，记为 BM（Bench Mark）。水准点有永久性水准点和临时性水准点两种。

（1）永久性水准点。国家等级永久性水准点，如图 3-2-11 所示。有些永久性水准点的金属标志也可镶嵌在稳定的墙角上，称为墙上水准点，如图 3-2-12 所示。建筑工地上的永久性水准点，其形式如图 3-2-13（a）所示。

（2）临时性水准点。临时性的水准点可用地面上突出的坚硬岩石或用大木桩打入地下，桩顶钉以半球状铁钉，作为水准点的标志，如图 3-2-13（b）所示。

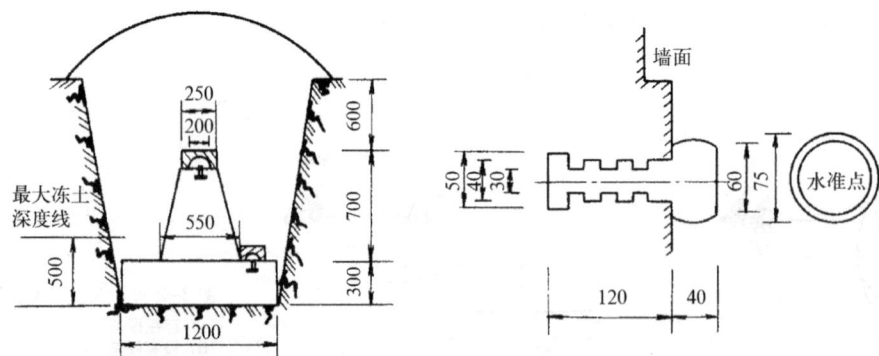

图 3-2-11　国家等级永久性水准点（左）

图 3-2-12　墙上水准点（右）

2.4.2 水准路线及成果检核

在水准点间进行水准测量所经过的路线，称为水准路线。相邻两水准点间的路线称为测段。

在一般的工程测量中，水准路线布设形式主要有以下三种形式。

1. 附合水准路线

（1）附合水准路线的布设方法。如图 3-2-14 所示，从已知高程的水准点 BM.A 出发，沿待定高程的水准点 1、2、3 进行水准测量，最后附合到另一已知高程的水准点 BM.B 所构成的水准路线，称为附合水准路线。

（2）成果检核。从理论上讲，附合水准路线各测段高差代数和应等于两个已知高程的水准点之间的高差，即：

$$\Sigma h_{th} = H_B - H_A \tag{3-21}$$

各测段高差代数和 Σh_m 与其理论值 Σh_{th} 的差值，称为高差闭合差 W_h，即

$$W_h = \Sigma h_m - \Sigma h_{th} = \Sigma h_m - (H_B - H_A) \tag{3-22}$$

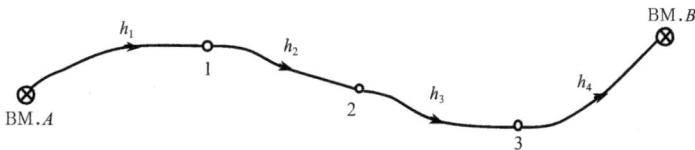

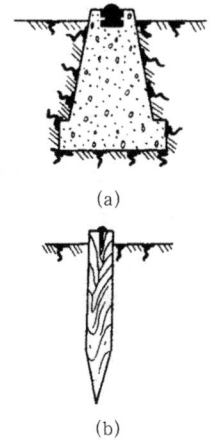

图 3-2-13 建筑工程水准点
(a) 永久性水准点；
(b) 临时性水准点

图 3-2-14 附合水准路线

2. 闭合水准路线

（1）闭合水准路线的布设方法。如图 3-2-15 所示，从已知高程的水准点 BM.A 出发，沿各待定高程的水准点 1、2、3、4 进行水准测量，最后又回到原出发点 BM.A 的环形路线，称为闭合水准路线。

（2）成果检核。从理论上讲，闭合水准路线各测段高差代数和应等于零，即：

$$\Sigma h_{th} = 0 \tag{3-23}$$

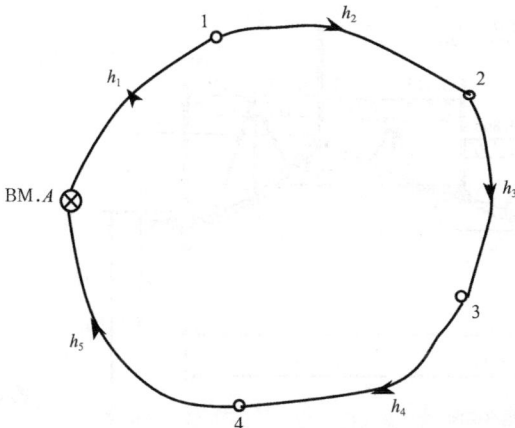

图 3-2-15 闭合水准路线

如果不等于零，则高差闭合差为：

$$W_h = \Sigma h_m \qquad (3-24)$$

3. 支水准路线

（1）支水准路线的布设方法。如图 3-2-16 所示，从已知高程的水准点 BM.A 出发，沿待定高程的水准点 1 进行水准测量，这种既不闭合又不附合的水准路线，称为支水准路线。支水准路线要进行往返测量，以资检核。

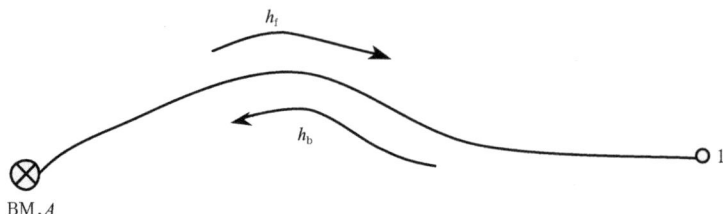

图 3-2-16　支水准路线

（2）成果检核。从理论上讲，支水准路线往测高差与返测高差的代数和应等于零。

$$\Sigma h_f + \Sigma h_b = 0 \qquad (3-25)$$

如果不等于零，则高差闭合差为：

$$W_h = \Sigma h_f + \Sigma h_b \qquad (3-26)$$

各种路线形式的水准测量，其高差闭合差均不应超过容许值，否则即认为观测结果不符合要求。

2.4.3　水准测量的施测方法

转点用 TP（Turning Point）表示，在水准测量中它们起传递高程的作用。

如图 3-2-17 所示，已知水准点 BM.A 的高程为 H_A，现欲测定 B 点的高程 H_B。

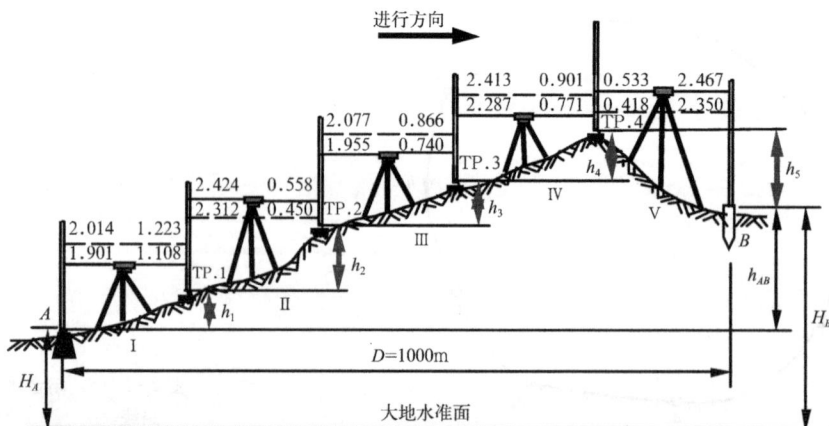

图 3-2-17　水准测量的施测

1. 观测与记录（表 3-2-1）

水准测量手簿

表3-2-1

测站	测点	水准尺读数/m		高差/m		高程/m	备注
		后视读数	前视读数	+	-		
1	2	3	4	5		6	7
1	BM.A	1.453		0.580		132.815	
	TP.1		0.873				
2	TP.1	2.532		0.770			
	TP.2		1.762				
3	TP.2	1.372		1.337			
	TP.3		0.035				
4	TP.3	0.874			0.929		
	TP.4		1.803				
5	TP.4	1.020			0.564		
	BM.B		1.584			134.009	
计算检核	Σ	7.251	6.057	2.687	1.493		
	$\sum a-\sum b=+1.194$			$\sum h=+1.194$		$h_{AB}=H_B-H_A=+1.194$	

2. 计算与计算检核

（1）计算。每一测站都可测得前、后视两点的高差，即

$$h_1=a_1-b_1 \tag{3-27}$$

$$h_2=a_2-b_2 \tag{3-28}$$

$$\vdots$$

$$h_5=a_5-b_5 \tag{3-29}$$

将上述各式相加，得

$$h_{AB}=\sum h=\sum a-\sum b \tag{3-30}$$

则 B 点高程为：

$$H_B=H_A+h_{AB}=H_A+\sum h \tag{3-31}$$

（2）计算检核。为了保证记录表中数据的正确，应对后视读数总和减前视读数总和、高差总和、B 点高程与 A 点高程之差进行检核，这三个数字应相等。

$$\sum a-\sum b=7.251\text{m}-6.057\text{m}=+1.194\text{m}$$

$$\sum h=2.687\text{m}-1.493\text{m}=+1.194\text{m}$$

$$H_B-H_A=134.009\text{m}-132.815\text{m}=+1.194\text{m}$$

3.水准测量的测站检核

（1）变动仪器高法（双仪高）。变动仪器高法是在同一个测站上用两次不同的仪器高度，测得两次高差进行检核。要求：改变仪器高度应大于10cm，两次所测高差之差不超过容许值（例如等外水准测量容许值为±6mm），取其平均值作为该测站最后结果，否则须要重测。

（2）双面尺法。双面尺法分别对双面水准尺的黑面和红面进行观测。利用前、后视的黑面和红面读数，分别算出两个高差。如果不符值不超过规定的限差（例如四等水准测量容许值为±5mm），取其平均值作为该测站最后结果，否则须要重测。

2.4.4 水准测量的等级及主要技术要求

在工程上常用的水准测量有：三、四等水准测量和等外水准测量。

1.三、四等水准测量

三、四等水准测量，常作为小地区测绘大比例尺地形图和施工测量的高程基本控制。三、四等水准测量的主要技术要求见表3-2-2。

三、四等水准测量的主要技术要求　　　　表3-2-2

等级	路线长度/km	水准仪	水准尺	观测次数		往返较差、附合或环线闭合差	
				与已知点联测	符合或环线	平地/mm	山地/mm
三	≤50	DS$_1$	因瓦	往返各一次	往一次	±12$\sqrt{L}$	±4$\sqrt{n}$
		DS$_3$	双面		往返各一次		
四	≤16	DS$_3$	双面	往返各一次	往一次	±20$\sqrt{L}$	±6$\sqrt{n}$

注：L为水准路线长度（km）；n为测站数。

2.等外水准测量

等外水准测量又称为图根水准测量或普通水准测量，主要用于测定图根点的高程及用于工程水准测量。等外水准测量的主要技术要求见表3-2-3。

等外水准测量的主要技术要求　　　　表3-2-3

等级	路线长度/km	水准仪	水准尺	视线长度/m	观测次数		往返较差、附合或环线闭合差	
					与已知点联测	符合或环线	平地/mm	山地/mm
等外	≤5	DS$_3$	单面	100	往返各一次	往一次	±40$\sqrt{L}$	±12$\sqrt{n}$

注：L为水准路线长度（km）；n为测站数。

2.5 水准测量的成果计算

2.5.1 附合水准路线的计算

【例3-1】图3-2-18是一附合水准路线等外水准测量示意图，A、B为已知高程的水准点，1、2、3为待定高程的水准点，h_1、h_2、h_3和h_4为各测段观测高差，n_1、n_2、n_3和n_4为各测段测站数，L_1、L_2、L_3和L_4为各测段长度。现已

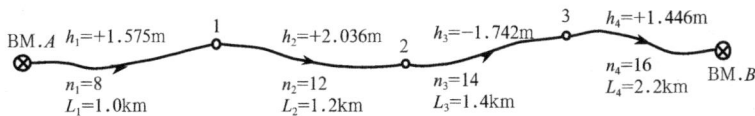

图 3-2-18　附合水准路线示意图

知 H_A=65.376m，H_B=68.623m，各测段站数、长度及高差均注于图 3-2-18 中。

1. 填写观测数据和已知数据

将点号、测段长度、测站数、观测高差及已知水准点 A、B 的高程填入附合水准路线成果计算表 3-2-4 中有关各栏内。

附合水准路线成果计算表　　　　　　　　　　表3-2-4

点号	距离/km	测站数	实测高差/m	改正数/mm	改正后高差/m	高程/m	点号	备注
1	2	3	4	5	6	7	8	9
BM.A	1.0	8	+1.575	-12	+1.563	65.376	BM.A	
1	1.2	12	+2.036	-14	+2.022	66.939	1	
2	1.4	14	-1.742	-16	-1.758	68.961	2	
3	2.2	16	+1.446	-26	+1.420	67.203	3	
BM.B						68.623	BM.B	
Σ	5.8	50	+3.315	-68	+3.247			
辅助计算	$W_h=\sum h_m-(H_B-H_A)=3.315\text{m}-(68.623\text{m}-65.376\text{m})=+0.068\text{m}=+68\text{mm}$ $W_{hp}=\pm40\sqrt{L}=\pm40\sqrt{5.8}=\pm96\text{mm}$ $\|W_h\|<\|W_{hp}\|$							

2. 计算高差闭合差

$W_h=\sum h_m-(H_B-H_A)=3.315\text{m}-(68.623\text{m}-65.376\text{m})=+0.068\text{m}=+68\text{mm}$

根据附合水准路线的测站数及路线长度计算每公里测站数：

$$\frac{\sum n}{\sum L}=\frac{50 \text{站}}{5.8\text{km}}=8.6 \quad （站/km）< 16 （站/km）$$

故高差闭合差容许值采用平地公式计算。等外水准测量平地高差闭合差容许值 W_{hp} 的计算公式为：

$$W_{hp}=\pm40\sqrt{L}=\pm40\sqrt{5.8}=\pm96\text{mm}$$

因 $\|f_h\|<\|f_{hp}\|$，说明观测成果精度符合要求，可对高差闭合差进行调整。如果 $\|f_h\|>\|f_{hp}\|$，说明观测成果不符合要求，必须重新测量。

3. 调整高差闭合差

高差闭合差调整的原则和方法，是按与测站数或测段长度成正比例的原则，将高差闭合差反号分配到各相应测段的高差上，得改正后高差，即：

$$v_i=-\frac{W_h}{\sum n}n_i \quad \text{或} \quad v_i=-\frac{W_h}{\sum L}L_i \tag{3-32}$$

式中　v_i——第 i 测段的高差改正数（mm）；

$\sum n$、$\sum L$——水准路线总测站数与总长度；

n_i、L_i——第 i 测段的测站数与测段长度。

本例中，各测段改正数为：

$$v_1 = -\frac{W_h}{\sum L}L_1 = -\frac{68mm}{5.8km} \times 1.0km = -12mm$$

$$v_2 = -\frac{W_h}{\sum L}L_2 = -\frac{68mm}{5.8km} \times 1.2km = -14mm$$

$$v_3 = -\frac{W_h}{\sum L}L_3 = -\frac{68mm}{5.8km} \times 1.4km = -16mm$$

$$v_4 = -\frac{W_h}{\sum L}L_4 = -\frac{68mm}{5.8km} \times 2.2km = -26mm$$

计算检核： $$\sum v_i = -W_h \qquad\qquad (3-33)$$

将各测段高差改正数填入表 3-2-4 中第 5 栏内。

4. 计算各测段改正后高差

各测段改正后高差等于各测段观测高差加上相应的改正数，即：

$$\bar{h}_i = h_{im} + v_i \qquad\qquad (3-34)$$

式中 $\bar{h}_i$——第 i 段的改正后高差（m）。

本例中，各测段改正后高差为：

$$\bar{h}_1 = h_1 + v_i = +1.575m + (-0.012m) = +1.563m$$

$$\bar{h}_2 = h_2 + v_2 = +2.036m + (-0.014m) = +2.022m$$

$$\bar{h}_3 = h_3 + v_3 = -1.742m + (-0.016m) = -1.758m$$

$$\bar{h}_4 = h_4 + v_4 = +1.446m + (-0.026m) = +1.420m$$

计算检核： $$\sum \bar{h}_i = H_B - H_A \qquad\qquad (3-35)$$

将各测段改正后高差填入表 3-2-4 中第 6 栏内。

5. 计算待定点高程

根据已知水准点 A 的高程和各测段改正后高差，即可依次推算出各待定点的高程，即：

$$H_1 = H_A + \bar{h}_1 = 65.376m + 1.563m = 66.939m$$

$$H_2 = H_1 + \bar{h}_2 = 66.939m + 2.022m = 68.961m$$

$$H_3 = H_2 + \bar{h}_3 = 68.961m + (-1.758m) = 67.203m$$

计算检核：

$$H_{B(推算)} = H_3 + \bar{h}_4 = 67.203m + 1.420m = 68.623m = H_{B(已知)}$$

最后推算出的 B 点高程应与已知的 B 点高程相等，以此作为计算检核。将推算出各待定点的高程填入表 3-2-4 中第 7 栏内。

2.5.2　闭合水准路线成果计算

闭合水准路线成果计算的步骤与附合水准路线相同。

2.5.3　支线水准路线的计算

【例 3-2】图 3-2-19 是一支线水准路线等外水准测量示意图，A 为已知高程的水准点，其高程 H_A 为 45.276m，1 点为待定高程的水准点，h_f 和 h_b 为往返测量的观测高差。h_f 和 h_b 为往、返测的测站数共 16 站，则 1 点的高程计算如下。

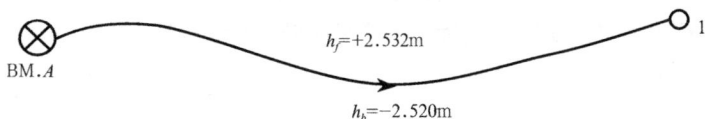

图 3-2-19　支线水准
路线示意图

1. 计算高差闭合

$$W_h = h_f + h_b = +2.532\text{m} + (-2.520\text{m}) = +0.012\text{m} = +12\text{mm}$$

2. 计算高差容许闭合差

$$n = \frac{1}{2}(n_f + n_b) = \frac{1}{2} \times 16 \text{ 站} = 8 \text{ 站}$$

测站数：

$$W_{h_p} = \pm 12\sqrt{n} = \pm 12\sqrt{8} = \pm 34\text{mm}$$

因 $|f| < |f_h|$，故精确度符合要求。

3. 计算改正后高差

取往测和返测的高差绝对值的平均值作为 A 和 1 两点间的高差，其符号和往测高差符号相同，即：

$$h_{A1} = \frac{+2.532\text{m} + 2.520\text{m}}{2} = +2.526\text{m}$$

4. 计算待定点高程

$$H_1 = H_A + h_{A1} = 45.276\text{m} + 2.526\text{m} = 47.802\text{m}$$

2.6　水准测量误差与注意事项

2.6.1　仪器误差

1. 水准管轴与视准轴不平行误差

水准管轴与视准轴不平行，虽然经过校正，仍然可存在少量的残余误差。

这种误差的影响与距离成正比，只要观测时注意使前、后视距离相等，便可消除此项误差对测量结果的影响。

2. 水准尺误差

由于水准尺刻划不准确、尺长变化、弯曲等原因，会影响水准测量的精度。因此，水准尺要经过检核才能使用。

2.6.2 观测误差

1. 水准管气泡的居中误差

由于气泡居中存在误差，致使视线偏离水平位置，从而带来读数误差。为减小此误差的影响，每次读数时，都要使水准管气泡严格居中。

2. 估读水准尺的误差

水准尺估读毫米数的误差大小与望远镜的放大倍率以及视线长度有关。在测量作业中，应遵循不同等级的水准测量对望远镜放大倍率和最大视线长度的规定，以保证估读精度。

3. 视差的影响误差

当存在视差时，由于十字丝平面与水准尺影像不重合，若眼睛的位置不同，便读出不同的读数，而产生读数误差。因此，观测时要仔细调焦，严格消除视差。

4. 水准尺倾斜的影响误差

水准尺倾斜，将使尺上读数增大，从而带来误差。如水准尺倾斜 3°30′，在水准尺上 1m 处读数时，将产生 2mm 的误差。为了减少这种误差的影响，水准尺必须扶直。

2.6.3 外界条件的影响误差

1. 水准仪下沉误差

由于水准仪下沉，使视线降低，而引起高差误差。如采用"后、前、前、后"的观测程序，可减弱其影响。

2. 尺垫下沉误差

如果在转点发生尺垫下沉，将使下一站的后视读数增加，也将引起高差的误差。采用往返观测的方法，取成果的中数，可减弱其影响。

为了防止水准仪和尺垫下沉，测站和转点应选在土质实处，并踩实三脚架和尺垫，使其稳定。

3. 地球曲率及大气折光的影响

如图 3-2-20 所示，A、B 为地面上两点，大地水准面是一个曲面，如果水准仪的视线 $a'b'$ 平行于大地水准面，则 A、B 两点的正确高差为：

$$h_{AB}=a'-b' \tag{3-36}$$

但是，水平视线在水准尺上的读数分别为 a''、b''。a'、a'' 之差与 b'、b'' 之差，就是地球曲率对读数的影响，用 c 表示。由式（3-37）知：

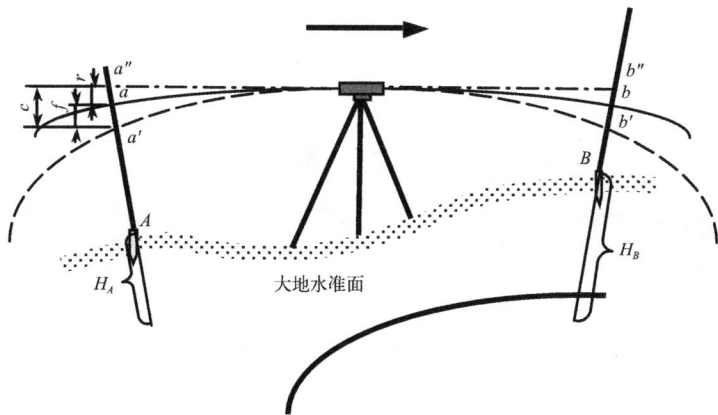

图 3-2-20 地球曲率
及大气折光的影响

$$c = \frac{D^2}{2R} \qquad (3-37)$$

式中 D——水准仪到水准尺的距离（km）；

　　 R——地球的平均半径，$R=6371$km。

由于大气折光的影响，视线是一条曲线，在水准尺上的读数分别为 a、b。a、a'' 之差与 b、b'' 之差，就是大气折光对读数的影响，用 r 表示。在稳定的气象条件下，r 约为 c 的 $1/7$，即：

$$r = \frac{1}{7}c = 0.07\frac{D^2}{R} \qquad (3-38)$$

地球曲率和大气折光的共同影响为：

$$f = c - r = 0.43\frac{D^2}{R} \qquad (3-39)$$

地球曲率和大气折光的影响，可采用使前、后视距离相等的方法来消除。

4. 温度的影响误差

温度的变化不仅会引起大气折光的变化，而且当烈日照射水准管时，由于水准管本身和管内液体温度的升高，气泡向着温度高的方向移动，从而影响了水准管轴的水平，产生了气泡居中误差。所以，测量中应随时注意为仪器打伞遮阳。

2.7 高程放样

2.7.1 已知高程的测设

已知高程的测设，是利用水准测量的方法，根据已知水准点，将设计高程测设到现场作业面上。

1. 在地面上测设已知高程

如图 3-2-21 所示，某建筑物的室内地坪设计高程为 45.000m，附近有一水准点 BM.3，其高程为 $H_3=44.680$m。现在要求把该建筑物的室内地坪高程测设到木桩 A 上，作为施工时控制高程的依据。测设方法如下：

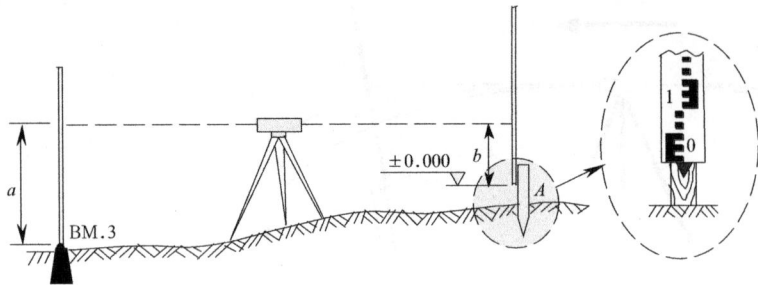

图 3-2-21　已知高程的测设

(1) 在水准点 BM.3 和木桩 A 之间安置水准仪,在 BM.3 上立水准尺,用水准仪的水平视线测得后视读数为 1.556m,此时视线高程为:

$$44.680 + 1.556 = 46.236m$$

(2) 计算 A 点水准尺尺底为室内地坪高程时的前视读数:

$$b = 46.236 - 45.000 = 1.236m$$

(3) 上下移动竖立在木桩 A 侧面的水准尺,直至水准仪的水平视线在尺上截取的读数为 1.236m 时,紧靠尺底在木桩上画一水平线,其高程即为 45.000m。

2. 高程传递

当向较深的基坑或较高的建筑物上测设已知高程点时,如水准尺长度不够,可利用钢尺向下或向上引测。

如图 3-2-22 所示,欲在深基坑内设置一点 B,使其高程为 $H_设$。地面附近有一水准点 R,其高程为 H_R。测设方法如下:

(1) 在基坑一边架设吊杆,杆上吊一根零点向下的钢尺,尺的下端挂上 10kg 的重锤,放入油桶中。

(2) 在地面安置一台水准仪,设水准仪在 R 点所立水准尺上读数为 a_1,在钢尺上读数为 b_1。

(3) 在坑底安置另一台水准仪,设水准仪在钢尺上读数为 a_2。

(4) 计算 B 点水准尺底高程为 $H_设$时,B 点处水准尺的读数应为:

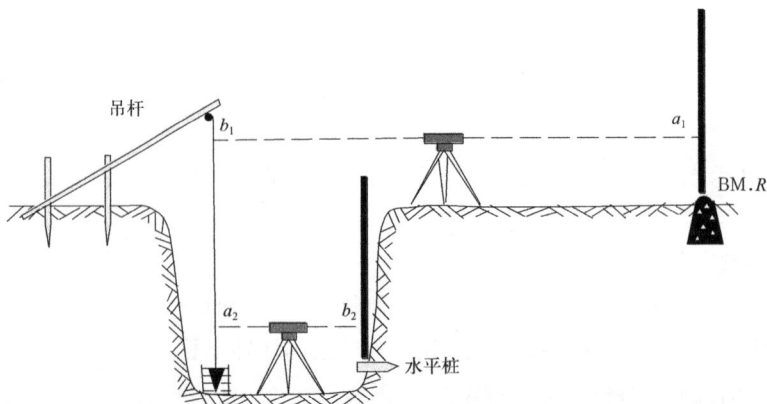

图 3-2-22　高程传递

$$b_{应} = (H_R + a_1) - (b_1 - a_2) - H_{设} \tag{3-40}$$

用同样的方法，亦可从低处向高处测设已知高程的点。

2.7.2　500mm 线的测设（视线高法）

500mm 线的测设，是利用水准测量的方法，根据已知水准点，量取出 500mm 高，将水准尺置于该点之上，读取水准尺上的读数 a，转动水准仪，在墙面上置水准尺读数至 a，在下部划点。

直到墙面上所有点位都如图 3-2-23 完成测设，弹出水平线，这些水平线就是要测设的 500mm 线。也可以利用激光投线仪进行投线，完成 500mm 线的测设。

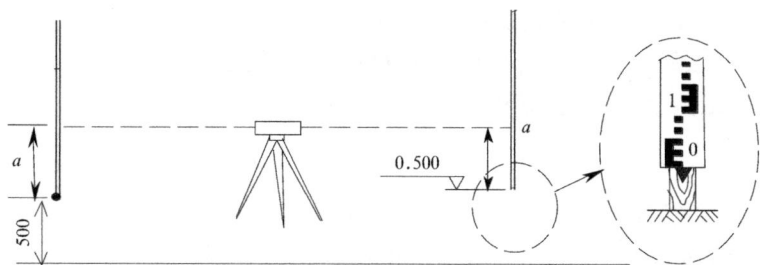

图 3-2-23　已知高程的测设

2.7.3　500mm 线的测设（投线仪法）

对于装饰工程，在施工时室内工作比较多，对于短距离放 500mm 线，投线仪法比较方便，目前市场上激光投线仪种类繁多，一般常用的有二线、三线、五线多种，该仪器操作简便，自动安平，主要用于室内装修标高控制线、竖直控制线，以及地板分隔线划线等。

在使用投线仪进行 500mm 线放线时，先用水准仪标定 ±0.000，在用钢尺或水准仪标定一个 500mm 点，利用激光投线仪支架调整到水平投射线至 500mm 高度，转动投线仪在相应墙面位置标定出 500mm 点，弹出水平线作为施工控制线。

项目3　角度测量

3.1　水平角测量原理

3.1.1　水平角的概念

相交于一点的两方向线在水平面上的垂直投影所形成的夹角，称为水平角。水平角一般用 β 表示，角值范围为 $0° \sim 360°$（角度测量扩展知识见二维码 3-3）。

如图 3-3-1 所示，A、O、B 是地面上任意三个点，OA 和 OB 两条方向线所夹的水平角，即为 OA 和 OB 垂直投影在水平面 H 上的投影 O_1-A_1 和 O_1-B_1 所构成的夹角 β。

二维码 3-3　角度测量

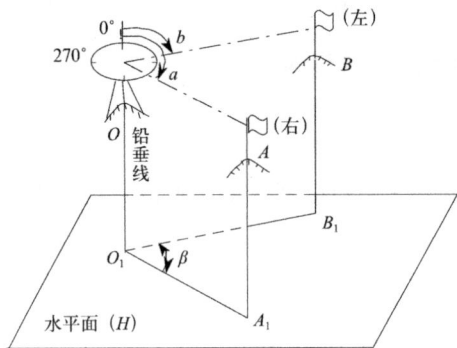

图 3-3-1　水平角测量
原理

3.1.2　水平角测角原理

如图 3-3-1 所示，可在 O 点的上方任意高度处，水平安置一个带有刻度的圆盘，并使圆盘中心在过 O 点的铅垂线上；通过 OA 和 OB 各作一铅垂面，设这两个铅垂面在刻度盘上截取的读数分别为 a 和 b，则水平角 β 的角值为：

$$\beta = b - a \tag{3-41}$$

用于测量水平角的仪器，必须具备一个能置于水平位置水平度盘，且水平度盘的中心位于水平角顶点的铅垂线上。仪器上的望远镜不仅可以在水平面内转动，而且还能在竖直面内转动。经纬仪就是根据上述基本要求设计制造的测角仪器。

3.2　光学经纬仪的构造

光学经纬仪按测角精度，分为 DJ_{07}、DJ_1、DJ_2、DJ_6 和 DJ_{15} 等不同级别。其中"DJ"分别为"大地测量"和"经纬仪"的汉字拼音第一个字母，下标数字 07、1、2、6、15 表示仪器的精度等级，即"一测回方向观测中误差的秒数"。

3.2.1　DJ_6 型光学经纬仪的构造

DJ_6 型光学经纬仪主要由照准部、水平度盘和基座三部分组成。

1. 照准部

照准部是指经纬仪水平度盘之上，能绕其旋转轴旋转部分的总称。照准部主要由竖轴、望远镜、竖直度盘、读数设备、照准部水准管和光学对中器等组成。

（1）竖轴。照准部的旋转轴称为仪器的竖轴。通过调节照准部制动螺旋和微动螺旋，可以控制照准部在水平方向上的转动。

（2）望远镜。望远镜用于瞄准目标。另外为了便于精确瞄准目标，经纬仪的十字丝分划板与水准仪的稍有不同，如图 3-3-2 所示。

望远镜的旋转轴称为横轴。通过调节望远镜制动螺旋和微动螺旋，可以控制望远镜的上下转动。

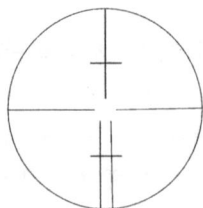

图 3-3-2　经纬仪的十
字丝分划板

望远镜的视准轴垂直于横轴，横轴垂直于仪器竖轴。因此，在仪器竖轴铅直时，望远镜绕横轴转动扫出一个铅垂面。

（3）竖直度盘。竖直度盘用于测量垂直角，竖直度盘固定在横轴的一端，随望远镜一起转动。

（4）读数设备。读数设备用于读取水平度盘和竖直度盘的读数。

（5）照准部水准管。照准部水准管用于精确整平仪器。

水准管轴垂直于仪器竖轴，当照准部水准管气泡居中时，经纬仪的竖轴铅直，水平度盘处于水平位置。

（6）光学对中器。光学对中器用于使水平度盘中心位于测站点的铅垂线上。

2. 水平度盘

水平度盘是用于测量水平角的。它是由光学玻璃制成的圆环，环上刻有 $0°\sim360°$ 的分划线，在整度分划线上标有注记，并按顺时针方向注记，其度盘分划值，为 $1°$ 或 $30'$。

水平度盘与照准部是分离的，当照准部转动时，水平度盘并不随之转动。如果需要改变水平度盘的位置，可通过照准部上的水平度盘变换手轮，将度盘变换到所需要的位置。

3. 基座

基座用于支承整个仪器，并通过中心连接螺旋将经纬仪固定在三脚架上。基座上有三个脚螺旋，用于整平仪器。在基座上还有一个轴座固定螺旋，用于控制照准部和基座之间的衔接。

3.2.2　读数设备及读数方法

度盘上小于度盘分划值的读数要利用测微器读出，DJ_6 型光学经纬仪一般采用分微尺测微器。如图 3-3-3 所示，在读数显微镜内可以看到两个读数窗：注有"水平"或"H"的是水平度盘读数窗；注有"竖直"或"V"的是竖直读数窗。每个读数窗上有一分微尺。

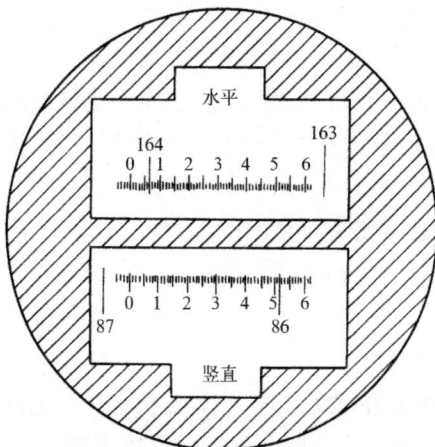

图 3-3-3　分微尺测微器读数

分微尺的长度等于度盘上 1°影像的宽度，即分微尺全长代表 1°。将分微尺分成 60 小格，每 1 小格代表 1′，可估读到 0.1′，即 6″。每 10 小格注有数字，表示 10′ 的倍数。

读数时，先调节读数显微镜目镜对光螺旋，使读数窗内度盘影像清晰，然后，读出位于分微尺中的度盘分划线上的注记度数，最后，以度盘分划线为指标，在分微尺上读取不足 1° 的分数，并估读秒数。如图 3-3-3 所示，其水平度盘读数为 164° 06′36″，竖直度盘读数为 86° 51′36″。

3.2.3 DJ$_2$ 型光学经纬仪构造简介

1. DJ$_2$ 型光学经纬仪的特点

与 DJ$_6$ 型光学经纬仪相比主要有以下特点：

（1）轴系间结构稳定，望远镜的放大倍数较大，照准部水准管的灵敏度较高。

（2）在 DJ$_2$ 型光学经纬仪读数显微镜中，只能看到水平度盘和竖直度盘中的一种影像，读数时，通过转动换像手轮，使读数显微镜中出现需要读数的度盘影像。

（3）DJ$_2$ 型光学经纬仪采用对径符合读数装置，相当于取度盘对径相差 180° 处的两个读数的平均值，以可消除偏心误差的影响，提高读数精度。

2. DJ$_2$ 型光学经纬仪的读数方法

用对径符合读数装置是通过一系列棱镜和透镜的作用，将度盘相对 180° 的分划线同时反映到读数显微镜中，并分别位于一条横线的上、下方，如图 3-3-4 所示，右下方为分划线重合窗，右上方读数窗中上面的数字为整度值，中间凸出的小方框中的数字为整 10′ 数，左下方为测微尺读数窗。

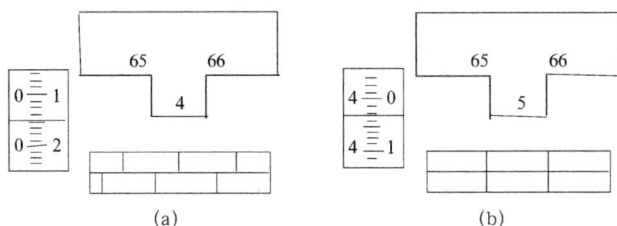

（a）　　　　　　　　　（b）

图 3-3-4 DJ$_2$ 型光学经纬仪读数

测微尺刻划有 600 小格，最小分划为 1″，可估读到 0.1″，全程测微范围为 10′。测微尺的读数窗中左边注记数字为分，右边注记数字为整 10″ 数。读数方法如下：

（1）转动测微轮，使分划线重合窗中上、下分划线精确重合，如图 3-3-4（b）所示。

（2）在读数窗中读出度数。

（3）在中间凸出的小方框中读出整 10′ 数。

（4）在测微尺读数窗中，根据单指标线的位置，直接读出不足 10′ 的分数和秒数，并估读到 0.1″。

(5) 将度数、整10′数及测微尺上读数相加,即为度盘读数。在图 3-3-4 (b)
中所示读数为 : 65°+5×10′+4′08.2″=65°54′08.2″。

3.3 经纬仪的使用

3.3.1 安置仪器

安置仪器是将经纬仪安置在测站点上,包括对中和整平两项内容。对中
的目的是使仪器中心与测站点标志中心位于同一铅垂线上;整平的目的是使仪
器竖轴处于铅垂位置,水平度盘处于水平位置。

1. 初步对中整平

(1) 使架头大致对中和水平,连接经纬仪;调节光学对中器的目镜和物
镜对光螺旋,使光学对中器的分划板小圆圈和测站点标志的影像清晰。

(2) 转动脚螺旋,使光学对中器对准测站标志中心,此时圆水准器气泡
偏离,伸缩三脚架架腿,使圆水准器气泡居中,注意脚架尖位置不得移动。

2. 精确对中和整平

(1) 整平。先转动照准部,使水准管平行于任意一对脚螺旋的连线,如
图 3-3-5 (a) 所示,两手同时向内或向外转动这两个脚螺旋,使气泡居中,
注意气泡移动方向始终与左手大拇指移动方向一致;然后将照准部转动 90°,
如图 3-3-5 (b) 所示,转动第三个脚螺旋,使水准管气泡居中。再将照准部
转回原位置,检查气泡是否居中,若不居中,按上述步骤反复进行,直到水准
管在任何位置,气泡偏离零点不超过一格为止。

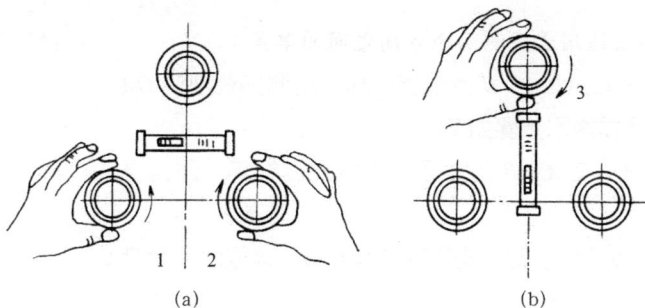

(a)   (b)   图 3-3-5 经纬仪的整平

(2) 对中。先旋松连接螺旋,在架头上轻轻移动经纬仪,使锤球尖精确
对中测站点标志中心,或使对中器分划板的刻划中心与测站点标志影像重合;
然后旋紧连接螺旋。锤球对中误差一般可控制在 3mm 以内,光学对中器对中
误差一般可控制在 1mm 以内。

对中和整平,一般都需要经过几次″整平—对中—整平″的循环过程,
直至整平和对中均符合要求。

3.3.2 瞄准目标

(1) 松开望远镜制动螺旋和照准部制动螺旋,将望远镜朝向明亮背景,

调节目镜对光螺旋，使十字丝清晰。

（2）利用望远镜上的照门和准星粗略对准目标，拧紧照准部及望远镜制动螺旋；调节物镜对光螺旋，使目标影像清晰，并注意消除视差。

（3）转动照准部和望远镜微动螺旋，精确瞄准目标。测量水平角时，应用十字丝交点附近的竖丝瞄准目标底部，如图 3-3-6 所示。

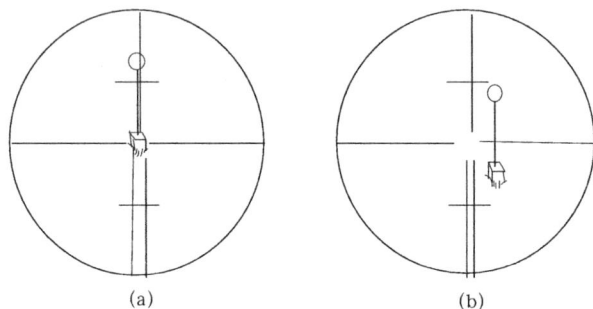

(a)　　　　　　　　(b)　　　　　　　图 3-3-6　瞄准目标

3.3.3　读数

（1）打开反光镜，调节反光镜镜面位置，使读数窗亮度适中。

（2）转动读数显微镜目镜对光螺旋，使度盘、测微尺及指标线的影像清晰。

（3）根据仪器的读数设备，按前述的经纬仪读数方法进行读数。

3.4　水平角的测量方法

3.4.1　测回法

1. 测回法的观测方法（测回法适用于观测两个方向之间的单角）

如图 3-3-7 所示，设 O 为测站点，A、B 为观测目标，用测回法观测 OA 与 OB 两方向之间的水平角 β，具体施测步骤如下：

（1）在测站点 O 安置经纬仪，在 A、B 两点竖立测杆或测钎等，作为目标标志。

（2）将仪器置于盘左位置，转动照准部，先瞄准左目标 A，读取水平度盘

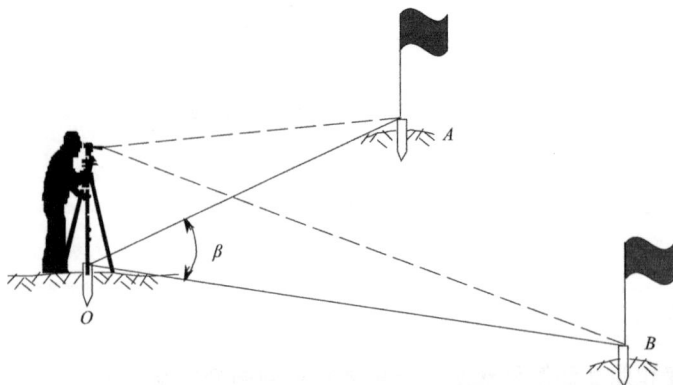

图 3-3-7　水平角测量
（测回法）

读数 a_L，设读数为 0°01′30″，记入测四法观测手簿表 3-3-1 相应栏内。松开照准部制动螺旋，顺时针转动照准部，瞄准右目标 B，读取水平度盘读数 b_L，设读数为 98°20′48″，记入表 3-3-1 相应栏内。

以上称为上半测回，盘左位置的水平角角值（也称上半测回角值）β_L 为：

$$\beta_L=b_L-a_L=98°20′48″-0°01′30″=98°19′18″$$

（3）松开照准部制动螺旋，倒转望远镜成盘右位置，先瞄准右目标 B，读取水平度盘读数 b_R，设读数为 278°21′12″，记入表 3-3-1 相应栏内。松开照准部制动螺旋，逆时针转动照准部，瞄准左目标 A，读取水平度盘读数 a_R，设读数为 180°01′42″，记入表 3-3-1 相应栏内。

以上称为下半测回，盘右位置的水平角角值（也称下半测回角值）β_R 为：

$$\beta_R=b_R-a_R=278°21′12″-180°01′42″=98°19′30″$$

上半测回和下半测回构成一测回。

测回法观测手簿   表3-3-1

测站	竖盘位置	目标	水平度盘读数 ° ′ ″	半测回角值 ° ′ ″	一测回角值 ° ′ ″	各测回平均值 ° ′ ″	备注
第一测回 O	左	A	0 01 30	98 19 18	98 19 24	98 19 30	
		B	98 20 48				
	右	A	180 01 42	98 19 30			
		B	278 21 12				
第二测回 O	左	A	90 01 06	98 19 30	98 19 36		
		B	188 20 36				
	右	A	270 00 54	98 19 42			
		B	8 20 36				

（4）对于 DJ$_6$ 型光学经纬仪，如果上、下两半测回角值之差不大于 ±40″，认为观测合格。此时，可取上、下两半测回角值的平均值作为一测回角值 β。

在本例中，上、下两半测回角值之差为：

$$\Delta\beta=\beta_L-\beta_R=98°19′18″-98°19′30″=-12″$$

一测回角值为：

$$\beta=\frac{1}{2}(\beta_L+\beta_R)=\frac{1}{2}(98°19′18″+98°19′30″)=98°19′24″$$

将结果记入表 3-3-1 相应栏内。

注意：由于水平度盘是顺时针刻划和注记的，所以在计算水平角时，总是用右目标的读数减去左目标的读数，如果不够减，则应在右目标的读数上加上 360°，再减去左目标的读数，决不可以倒过来减。

当测角精度要求较高时，需对一个角度观测多个测回，应根据测回数 n，以 180°/n 的差值，安置水平度盘读数。例如，当测回数 n=2 时，第一测回的起始方向读数可安置在略大于 0°处；第二测回的起始方向读数可安置在略大于（180°/2）=90°处。各测回角值互差如果不超过 ±40″（对于 DJ_6 型），取各测回角值的平均值作为最后角值，记入表 3-3-1 相应栏内。

2. 安置水平度盘读数的方法

先转动照准部瞄准起始目标；然后，按下度盘变换手轮下的保险手柄，将手轮推压进去，并转动手轮，直至从读数窗看到所需读数；最后，将手松开，手轮退出，把保险手柄倒回。

3.4.2 方向观测法

方向观测法简称方向法，适用于在一个测站上观测两个以上的方向。

1. 方向观测法的观测方法

如图 3-3-8 所示，设 O 为测站点，A、B、C、D 为观测目标，用方向观测法观测各方向间的水平角，具体施测步骤如下：

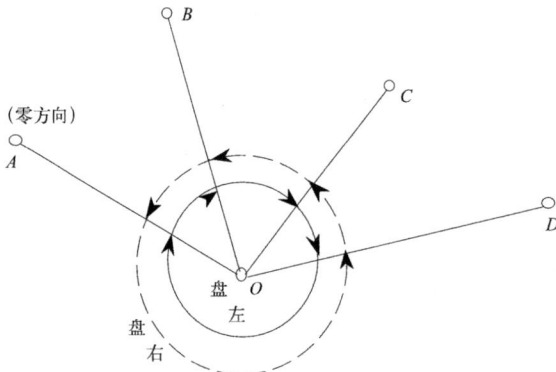

图 3-3-8　水平角测量
（方向观测法）

（1）在测站点 O 安置经纬仪，在 A、B、C、D 观测目标处竖立观测标志。

（2）盘左位置。选择一个明显目标 A 作为起始方向，瞄准零方向 A，将水平度盘读数安置在稍大于 0°处，读取水平度盘读数，记入表 3-3-2 方向观测法观测手簿第 4 栏。

松开照准部制动螺旋，顺时针方向旋转照准部，依次瞄准 B、C、D 各目标，分别读取水平度盘读数，记入表 3-3-2 第 4 栏，为了校核，再次瞄准零方向 A，称为上半测回归零，读取水平度盘读数，记入表 3-3-2 第 4 栏。

零方向 A 的两次读数之差的绝对值，称为半测回归零差，归零差不应超过表 3-3-3 中的规定，如果归零差超限，应重新观测。以上称为上半测回。

（3）盘右位置。逆时针方向依次照准目标 A、D、C、B、A，并将水平度盘读数由下向上记入表 3-3-2 第 5 栏，此为下半测回。

上、下两个半测回合称一测回。为了提高精度，有时需要观测 n 个测回，则各测回起始方向仍按 180°/n 的差值，安置水平度盘读数。

测站	测回数	目标	水平度盘读数		2c	平均读数	归零后方向值	各测回归零后方向平均值	略图及角值
			盘左	盘右					
			° ′ ″	° ′ ″	″	° ′ ″	° ′ ″	° ′ ″	
1	2	3	4	5	6	7	8	9	10
O	1	A	0　2　12	180　02　00	+12	(0　02　10) 0　02　06	0　00　00	0　00　00	
		B	37　44　15	217　44　05	+10	37　44　10	37　42　00	37　42　01	
		C	110　29　04	290　28　52	+12	110　28　58	110　26　48	110　26　52	
		D	150　14　51	330　14　43	+8	150　14　47	150　12　37	150　12　33	
		A	0　02　18	180　02　08	+10	0　02　13			
	2	A	90　03　30	270　03　22	+8	(90　03　24) 90　03　26	0　00　00		
		B	127　45　34	307　45　28	+6	127　45　31	37　42　07		
		C	200　30　24	20　30　18	+6	200　30　21	110　26　57		
		D	240　15　57	60　15　49	+8	240　15　53	150　12　29		
		A	90　03　25	270　03　18	+7	90　03　22			

略图（第10栏）：
A　37°42′01″
B
O　72°44′51″
C
39°45′41″
D

2. 方向观测法的计算方法

（1）计算两倍视准轴误差 $2c$ 值

$$2c = 盘左读数 - （盘右读数 \pm 180°）\tag{3-42}$$

上式中，盘右读数大于 180° 时取 "−" 号，盘右读数小于 180° 时取 "+" 号。计算各方向的 $2c$ 值，填入表 3-3-2 第 6 栏。一测回内各方向 $2c$ 值互差不应超过表 3-3-3 中的规定。如果超限，应在原度盘位置重测。

（2）计算各方向的平均读数　平均读数又称为各方向的方向值。

$$平均读数 = \frac{1}{2}[盘左读数 + （盘右读数 \pm 180°）]\tag{3-43}$$

计算时，以盘左读数为准，将盘右读数加或减 180° 后，和盘左读数取平均值。计算各方向的平均读数，填入表 3-3-2 第 7 栏。起始方向有两个平均读数，故应再取其平均值，填入表 3-3-2 第 7 栏上方小括号内。

（3）计算归零后的方向值　将各方向的平均读数减去起始方向的平均读数（括号内数值），即得各方向的 "归零后方向值"，填入表 3-3-2 第 8 栏。起始方向归零后的方向值为零。

（4）计算各测回归零后方向值的平均值　多测回观测时，同一方向值各测回互差，符合表 3-3-3 中的规定，则取各测回归零后方向值的平均值，作为该方向的最后结果，填入表 3-3-2 第 9 栏。

（5）计算各目标间水平角角值　将第 9 栏相邻两方向值相减即可求得，注于第 10 栏略图的相应位置上。

当需要观测的方向为三个时，除不做归零观测外，其他均与三个以上方向的观测方法相同。

3. 方向观测法的技术要求（表3-3-3）

方向观测法的技术要求			表3-3-3
经纬仪型号	半测回归零差	一测回内2c互差	同一方向值各测回互差
DJ$_2$	12″	18″	12″
DJ$_6$	18″	—	24″

3.5 竖直角的测量方法

3.5.1 竖直角测量原理

1. 竖直角的概念

在同一铅垂面内，观测视线与水平线之间的夹角，称为竖直角，又称倾角，用 α 表示，其角值范围为 0°～ ±90°。如图 3-3-9 所示，视线在水平线的上方，垂直角为仰角，符号为正（+α）；视线在水平线的下方，垂直角为俯角，符号为负（-α）。

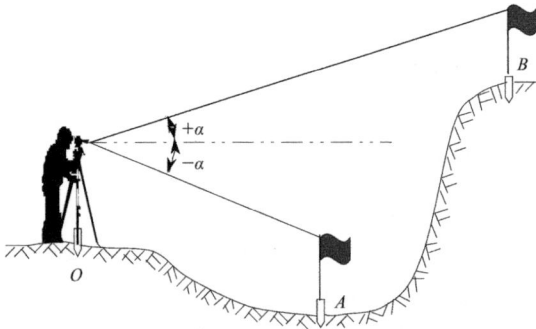

图 3-3-9　垂直角测量原理

2. 竖直角测量原理

同水平角一样，垂直角的角值也是度盘上两个方向的读数之差。如图 3-3-9 所示，望远镜瞄准目标的视线与水平线分别在竖直度盘上有对应读数，两读数之差即为垂直角的角值。所不同的是，垂直角的两方向中的一个方向是水平方向。无论对哪一种经纬仪来说，视线水平时的竖盘读数都应为 90° 的倍数。所以，测量垂直角时，只要瞄准目标读出竖盘读数，即可计算出垂直角。

3.5.2 竖直度盘构造

如图 3-3-10 所示，光学经纬仪竖直度盘的构造包括竖直度盘、竖盘指标、竖盘指标水准管和竖盘指标水准管微动螺旋。

竖直度盘固定在横轴的一端，当望远镜在竖直面内转动时，竖直度盘也随之转动，而用于读数的竖盘指标则不动。

当竖盘指标水准管气泡居中时，竖盘指标所处的位置称为正确位置。

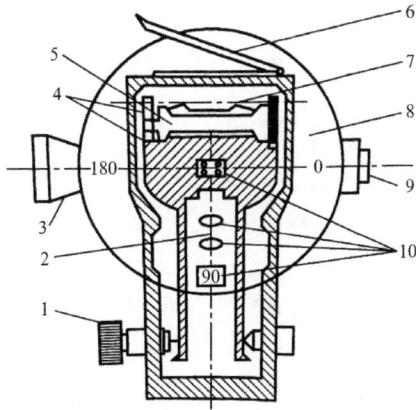

图 3-3-10 竖直度盘
的构造

1—指标水准管微动螺旋；
2—光具组光轴；3—望远
镜；4—水准管矫正螺丝；
5—指标水准管；6—指标
水准管反光镜；7—指标
水准管轴；8—竖直度盘；
9—目镜；10—光具组（透
镜和棱镜）

光学经纬仪的竖直度盘也是一个玻璃圆环，分划与水平度盘相似，度盘刻度 0°～360° 的注记有顺时针方向和逆时针方向两种。如图 3-3-11 (a) 所示为顺时针方向注记，如图 3-3-11 (b) 所示为逆时针方向注记。

竖直度盘构造的特点是：当望远镜视线水平，竖盘指标水准管气泡居中时，盘左位置的竖盘读数为 90°，盘右位置的竖盘读数为 270°。

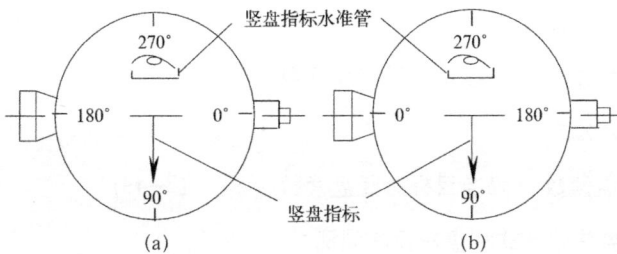

图 3-3-11 竖直度盘
刻度注记（盘左位置）

3.5.3 竖直角计算公式

由于竖盘注记形式不同，垂直角计算的公式也不一样。现在以顺时针注记的竖盘为例，推导垂直角计算的公式。

如图 3-3-12 所示，盘左位置：视线水平时，竖盘读数为 90°。当瞄准一目标时，竖盘读数为 L，则盘左垂直角 α_L 为：

$$\alpha_L = 90° - L \tag{3-44}$$

如图 3-3-12 所示，盘右位置：视线水平时，竖盘读数为 270°。当瞄准原目标时，竖盘读数为 R，则盘右垂直角 α_R 为：

$$\alpha_R = R - 270° \tag{3-45}$$

将盘左、盘右位置的两个垂直角取平均值，即得垂直角 α 计算公式为：

$$\alpha = \frac{1}{2}(\alpha_L + \alpha_R) \tag{3-46}$$

对于逆时针注记的竖盘，用类似的方法推得垂直角的计算公式为：

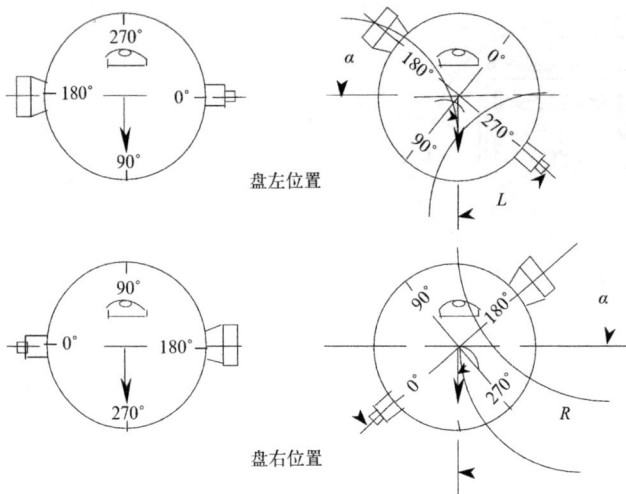

盘左位置

盘右位置

图 3-3-12 竖盘读数
与垂直角计算

$$\left.\begin{array}{l} \alpha_L = L - 90° \\ \alpha_R = 270° - R \end{array}\right\} \tag{3-47}$$

在观测垂直角之前，将望远镜大致放置水平，观察竖盘读数，首先确定视线水平时的读数；然后上仰望远镜，观测竖盘读数是增加还是减少：

若读数增加，则垂直角的计算公式为：

$$\alpha = 瞄准目标时竖盘读数 - 视线水平时竖盘读数 \tag{3-48}$$

若读数减少，则垂直角的计算公式为：

$$\alpha = 视线水平时竖盘读数 - 瞄准目标时竖盘读数 \tag{3-49}$$

以上规定，适合任何竖直度盘注记形式和盘左盘右观测。

3.5.4 竖盘指标差

在垂直角计算公式中，认为当视准轴水平、竖盘指标水准管气泡居中时，竖盘读数应是 90° 的整数倍。但是实际上这个条件往往不能满足，竖盘指标常常偏离正确位置，这个偏离的差值 x 角，称为竖盘指标差。竖盘指标差 x 本身有正负号，一般规定当竖盘指标偏移方向与竖盘注记方向一致时，x 取正号，反之 x 取负号。

如图 3-3-13 所示盘左位置，由于存在指标差，其正确的垂直角计算公式为：

$$\alpha = 90° - L + x = \alpha_L + x \tag{3-50}$$

同样如图 3-3-13 所示盘右位置，其正确的垂直角计算公式为：

$$\alpha = R - 270° - x = \alpha_R - x \tag{3-51}$$

将式（3-50）式（3-51）相加并除以 2，得

$$\alpha = \frac{1}{2}(\alpha_L + \alpha_R) = \frac{1}{2}(R - L - 180°) \tag{3-52}$$

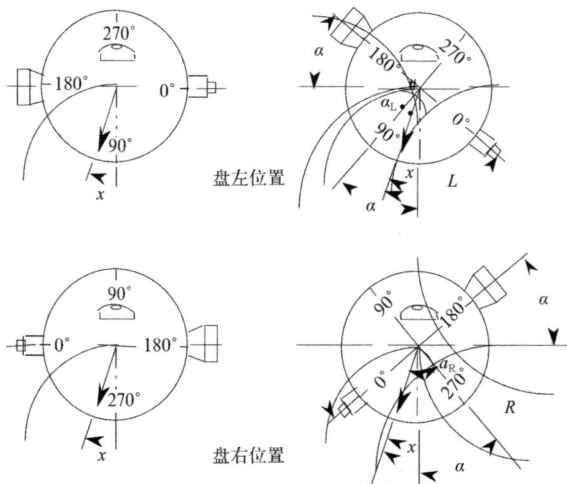

图 3-3-13 竖直度盘
指标

由此可见，在垂直角测量时，用盘左、盘右观测，取平均值作为垂直角的观测结果，可以消除竖盘指标差的影响。

将式（3-50）和式（3-51）相减并除以2，得

$$x=\frac{1}{2}(\alpha_R-\alpha_L)=\frac{1}{2}(L+R-360°) \tag{3-53}$$

式（3-53）为竖盘指标差的计算公式。指标差互差（即所求指标差之间的差值）可以反映观测成果的精度。有关规范规定：垂直角观测时，指标差互差的限差，DJ_2 型仪器不得超过 $±15″$；DJ_6 型仪器不得超过 $±25″$。

3.5.5 竖直角观测

竖直角的观测、记录和计算步骤如下：

（1）在测站点 O 安置经纬仪，在目标点 A 竖立观测标志，按前述方法确定该仪器垂直角计算公式，为方便应用，可将公式记录于垂直角观测手簿表 3-3-4 备注栏中。

（2）盘左位置：瞄准目标 A，使十字丝横丝精确地切于目标顶端，如图 3-3-14 所示。转动竖盘指标水准管微动螺旋，使水准管气泡严格居中，然后读取竖盘读数 L，设为 $95°22′00″$，记入垂直角观测手簿表 3-3-4 相应栏内。

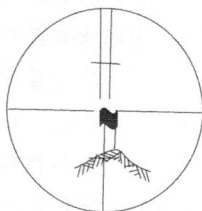

图 3-3-14 垂直角测
量瞄准

垂直角观测手簿　　　　　　　　　　表3-3-4

测站	目标	竖盘位置	竖盘读数 ° ′ ″	半测回垂直角 ° ′ ″	指标差 ″	一测回垂直角 ° ′ ″	备注
1	2	3	4	5	6	7	8
O	A	左	95　22　00	−5　22　00	−36	−5　22　36	
		右	264　36　48	−5　23　12			
O	B	左	81　12　36	+8　47　24	−45	+8　46　39	
		右	278　45　54	+8　45　54			

（3）盘右位置：重复步骤2，设其读数 R 为 264° 36′ 48″，记入表 3-3-4 相应栏内。

（4）根据垂直角计算公式计算，得

$$\alpha_L=90°-L=90°-95°\,22′00″=-5°\,22′00″$$

$$\alpha_R=R-270°=264°\,36′48″-270°=-5°\,23′12″$$

那么一测回垂直角为：

$$\alpha=\frac{1}{2}\,(\alpha_L+\alpha_R)\,=\frac{1}{2}\,(-5°\,22′00″-5°\,23′12″)=-5°\,22′36″$$

竖盘指标差为：

$$x=\frac{1}{2}\,(\alpha_R-\alpha_L)\,=\frac{1}{2}\,(-5°\,23′12″+5°\,22′00″)=-36″$$

将计算结果分别填入表 3-3-4 相应栏内。

有些经纬仪，采用了竖盘指标自动归零装置，其原理与自动安平水准仪补偿器基本相同。当经纬仪整平后，瞄准目标，打开自动补偿器，竖盘指标即居于正确位置，从而明显提高了垂直角观测的速度和精度。

3.6 角度测量误差与注意事项

3.6.1 仪器误差

仪器误差是指仪器不能满足设计理论要求而产生的误差。

（1）由于仪器制造和加工不完善而引起的误差。

（2）由于仪器检校不完善而引起的误差。

消除或减弱上述误差的具体方法如下：

（1）采用盘左、盘右观测取平均值的方法，可以消除视准轴不垂直于水平轴、水平轴不垂直于竖轴和水平度盘偏心差的影响；

（2）采用在各测回间变换度盘位置观测，取各测回平均值的方法，可以减弱由于水平度盘刻划不均匀给测角带来的影响；

（3）仪器竖轴倾斜引起的水平角测量误差，无法采用一定的观测方法来消除。因此，在经纬仪使用之前应严格检校，确保水准管轴垂直于竖轴;同时，在观测过程中，应特别注意仪器的严格整平。

3.6.2 观测误差

1.仪器对中误差

在安置仪器时，由于对中不准确，使仪器中心与测站点不在同一铅垂线上，称为对中误差。如图 3-3-15 所示，A、B 为两目标点，O 为测站点，O' 为仪器中心，OO' 的长度称为测站偏心距，用 e 表示，其方向与 OA 之间的夹角 θ 称为偏心角。β 为正确角值，β' 为观测角值，由对中误差引起的角度

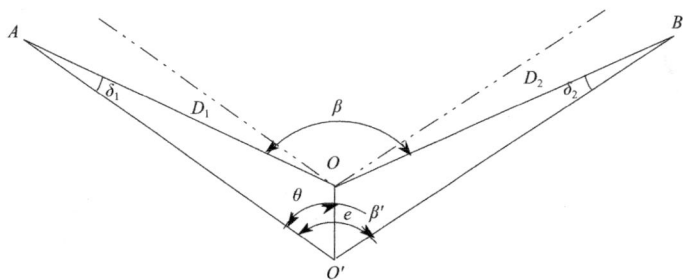

图 3-3-15 仪器对中误差

误差 $\Delta\beta$ 为:

$$\Delta\beta=\beta-\beta'=\delta_1+\delta_2 \qquad (3-54)$$

因 δ_1 和 δ_2 很小,故

$$\delta_1 \approx \frac{e\sin\theta}{D_1}\rho \qquad (3-55)$$

$$\delta_2 \approx \frac{e\sin\theta}{D_1}\rho \qquad (3-56)$$

$$\Delta\beta=\delta_1+\delta_2=e\rho\left[\frac{\sin\theta}{D_1}+\frac{\sin(\beta'-\theta)}{D_2}\right] \qquad (3-57)$$

分析上式可知,对中误差对水平角的影响有以下特点:

(1) $\Delta\beta$ 与偏心距 e 成正比,e 愈大,$\Delta\beta$ 愈大;

(2) $\Delta\beta$ 与测站点到目标的距离 D 成反比,距离愈短,误差愈大;

(3) $\Delta\beta$ 与水平角 β' 和偏心角 θ 的大小有关,当 $\beta'=180°$,$\theta=90°$ 时,$\Delta\beta$ 最大。

$$\Delta\beta=e\rho\left(\frac{1}{D_1}+\frac{1}{D_2}\right) \qquad (3-58)$$

例如,当 $\beta'=180°$,$\theta=90°$,$e=0.003\text{m}$,$D_1=D_2=100\text{m}$ 时

$$\Delta\beta=0.003\text{m}\times206265''\times\left(\frac{1}{100\text{m}}+\frac{1}{100\text{m}}\right)=12.4''$$

对中误差引起的角度误差不能通过观测方法消除,所以观测水平角时应仔细对中,当边长较短或两目标与仪器接近在一条直线上时,要特别注意仪器的对中,避免引起较大的误差。一般规定对中误差不超过 3mm。

2. 目标偏心误差

在水平角观测时,常用测钎、测杆或觇牌等立于目标点上作为观测标志,当观测标志倾斜或没有立在目标点的中心时,将产生目标偏心误差。如图 3-3-16 所示,O 为测站,A 为地面目标点,AA' 为测杆,测杆长度为 L,倾斜角度为 α,则目标偏心距 e 为:

$$e=L\sin\alpha \qquad (3-59)$$

目标偏心对观测方向影响为:

$$\delta=\frac{e}{D}\rho=\frac{L\sin\alpha}{D}\rho \qquad (3-60)$$

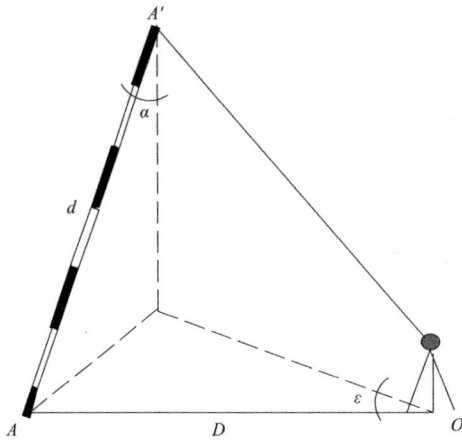

图 3-3-16 目标偏心误差

目标偏心误差对水平角观测的影响与偏心距 e 成正比，与距离成反比。为了减小目标偏心差，在瞄准测杆时，测杆应立直，并尽可能瞄准测杆的底部。当目标较近，又不能瞄准目标的底部时，可采用悬吊垂线或选用专用觇牌作为目标。

3. 整平误差

整平误差是指安置仪器时竖轴不竖直的误差。倾角越大，影响也越大。一般规定在观测过程中，水准管偏离零点不得超过一格。

4. 瞄准误差

瞄准误差主要与人眼的分辨能力和望远镜的放大倍率有关，人眼分辨两点的最小视角一般为 $60''$。设经纬仪望远镜的放大倍率为 V，则用该仪器观测时，其瞄准误差为：

$$m_V = \pm \frac{60''}{V} \tag{3-61}$$

一般 DJ_6 型光学经纬仪望远镜的放大倍率 V 为 $25 \sim 30$ 倍，因此瞄准误差 m_V 一般为 $2.0'' \sim 2.4''$。

另外，瞄准误差与目标的大小、形状、颜色和大气的透明度等也有关。因此，在观测中我们应尽量消除视差，选择适宜的照准标志，熟练操作仪器，掌握瞄准方法，并仔细瞄准以减小误差。

5. 读数误差

读数误差主要取决于仪器的读数设备，同时也与照明情况和观测者的经验有关。对于 DJ_6 型光学经纬仪，用分微尺测微器读数，一般估读误差不超过分微尺最小分划的十分之一，即不超过 $\pm 6''$，对于 DJ_2 型光学经纬仪一般不超过 $\pm 1''$。如果反光镜进光情况不佳，读数显微镜调焦不好，以及观测者的操作不熟练，则估读的误差可能会超过上述数值。因此，读数时必须仔细调节读数显微镜，使度盘与测微尺影像清晰，也要仔细调整反光镜，使影像亮度适中，然后再仔细读数。使用测微轮时，一定要使度盘分划线位于双指标线正中央。

3.6.3 外界条件的影响

外界条件的影响很多，如大风、松软的土质会影响仪器的稳定，地面的辐射热会引起物象的跳动，观测时大气透明度和光线的不足会影响瞄准精度，温度变化影响仪器的正常状态等，这些因素都直接影响测角的精度。因此，要选择有利的观测时间和避开不利的观测条件，使这些外界条件的影响降低到较小的程度。

项目4 装饰工程测量

4.1 建筑装饰工程质量检验的常用工具

建筑装饰工程施工质量检查的工具较多，不同的分项工程有不同的检查验收内容，也采用不同的检查方法，所使用的检查工具也不同。建筑装饰工程施工验收系列规范在具体的检查项目中，对检查的项目和所采用的工具均有要求。钢尺、水准仪、经纬仪等常用仪器和工具不再逐一介绍，但要说明的是，用于检验的各工具必须是经过标定计量合格的工具（常用工具扩展知识见二维码3-4）。

二维码3-4 常用工具

4.1.1 工地较常使用的 JZC-D 型多功能建筑工程检测器。

（1）使用范围

多功能建筑工程检测器，由垂直检测尺、内外直角检测尺等9件组成，主要用于工程建筑、装修装潢、设备安装等工程的施工及竣工质量检测。

（2）技术参数

建筑工程检测器的技术参数见表3-4-1。

（3）使用方法

1）垂直平整检测尺（靠尺）（图3-4-1）

建筑工程检测器的技术参数（mm）　　　　表3-4-1

序号	器具名称	规格	测量范围	精度误差
1	垂直平整检测尺	2000×55×25	±14/2000	0.5
2	对角检测尺	970×22×13	1000~2420	（标尺）0.5
3	内外直角检测尺	200×130	±7/130	0.5
4	楔形塞尺	150×15×17	1~15	0.5
5	百格网	240×115×53	标准砖	0.5%
6	检测镜	105×65×10	—	—
7	卷线器	65×65×20	线长15m	—
8	响鼓锤、钢针小锤	25g、50g、10g	—	—
9	多功能磁力线坠	0.1~0.4kg 0.4~0.7kg 0.7~1.0kg	—	—

图 3-4-1　垂直平整检测尺

检测物体平面的垂直度、平整度及水平度的偏差（楔形塞尺配合检查）。

①垂直度检测：检测尺为可展式结构，合拢长 1m，展开长 2m。用于 1m 检测时，推下仪表盖，活动销推键向上推，将检测尺左侧面靠紧被测面（注意：握尺要垂直，观察红色活动销外露 3 ~ 5mm，摆动灵活即可），待指针自行摆动停止时，直读指针所指下行刻度数值，此数值即被测面 1m 垂直度偏差，每格为 1mm。用于 2m 检测时，将检测尺展开后锁紧连接扣，检测方法同上，直读指针所指上行刻度数值，此数值即被测面 2m 垂直度偏差，每格为 1mm。如被测面不平整，可用右侧上下靠脚（中间靠脚不要旋出）检测。

②平整度检测：检测尺侧面靠紧被测面，其缝隙大小用楔形塞尺检测，其数值即平整度偏差。

③水平度检测：检测尺侧面装有水准管，可检测水平度（楔形塞尺配合检查）。

④校正方法：垂直检测时，如发现仪表指针数值偏差，应将检测尺放在标准器上进行校对调正，标准器可自制，将一根长约 2.1m 平直方木或铝型材，竖直安装在墙上，由线坠调正垂直，将检测尺靠在标准器上，用十字螺丝刀调节检测尺上的″指针调节″螺丝，使指针对″0″为止。水准管调正，可将检测尺放在标准水平物体上。用十字螺丝刀调节水准管″S″螺丝，使气泡居中。

⑤注意事项：检测尺在出厂前均经严格检验，符合″Q／WNJY02—2002 标准″才允许出厂，但在运输途中，经过长时间的颠簸或装卸中过大的碰撞等因素，可能会造成少部分仪器数值误差，用户在购买后使用前，都应在标准器上进行校对调正。经过调正校对后的仪器，检测数值照样正确，丝毫不会影响使用性能。

2）对角检测尺（图 3-4-2）

①检测尺为 3 节伸缩式结构。中节尺设 3 档刻度线。检测时，大节尺推键应锁定在中节尺上某档刻度线″0″位，将检测尺两端尖角顶紧被测对角顶点，固紧小节尺。检测另一对角线时，松开大节尺推键，检测后再固紧，目测推键在刻度线上所指的数值，此数值就是该物体上两对角线长度对比的偏差值（单位：mm）。

②检测尺小节尺顶端备有 M6 螺丝，可装楔形塞尺、检测镜、活动锤头，便于高处检测使用。

3）内外直角检测尺（图 3-4-3）

①内外直角检测：将推键向左推检测时主尺及活动尺都应紧靠被测面，

图 3-4-2 对角检测尺（左）

图 3-4-3 内外直角检测尺（右）

长度的直角度偏差，每格为 1mm。拉出活动尺，旋转 270° 即可检测。

②该尺在检测后离开被测物体时，指针所指数值不会变动（活动尺不会自行滑动），检测后可将检测尺拿到明亮处看清数值，克服了过去在检测中遇到高处、暗处，墙角处等不易看清数值的缺陷，扩大了使用范围。

③垂直度及水平度检测：该检测尺装有水准管，可检测一般垂直度及水平度偏差。垂直度可用主尺侧面垂直靠在被测面上检测。检测水平度应把活动尺拉出旋转 270°，使指针对准"0"位，主尺垂直朝上，将活动尺平放在被测物体上检测。

4）楔形塞尺（图 3-4-4）

①缝隙检测：游码推到尺顶部，手握塑料炳，将顶部插入被测缝隙中，插紧后退出，直读游码刻度（单位：mm）。

②平整度检测：取一平直长尺紧靠被测面，缝隙大小用楔形塞尺去检测，游码所指数值即被侧面的平整度偏差。

③楔形塞尺侧面有 M6 螺孔，可将塞尺装在伸缩杆或对角检测尺顶部，便于高处检测。

5）百格网

百格网采用高透明度工业塑料制成，展开后检测面积等同于标准砖，其上均布 100 小格，专用于检测砌体砖面砂浆涂覆的饱满度，即覆盖率（单位%），如图 3-4-5 所示。

6）检测镜

检验建筑物体的门窗上、下冒头，背面，弯曲面等肉眼不易直接看到的地方，手柄处有 M6 螺孔，可装在伸缩杆或对角检测尺上，以便于高处检测，如图 3-4-6 所示。

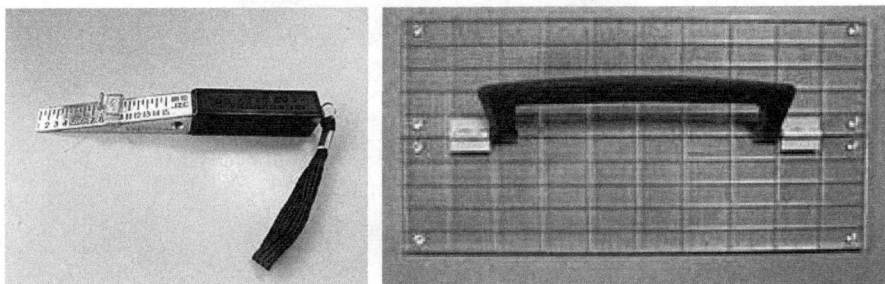

图 3-4-4　楔形塞尺（左）

图 3-4-5　百格网（右）

7）卷线器

塑料盒式结构，内有尼龙丝线，拉出全长 15m，可检测建筑物体的平直度，如砖墙砌体灰缝、踢脚线等（用其他检测工具不易检测物体的平直部位）。检测时，拉紧两端丝线，放在被测处，目测观察对比，检测完毕后，用卷线手柄顺时针旋转，将丝线收入盒内，然后锁上方扣，如图 3-4-7 所示。

图 3-4-6　检测镜（左）
图 3-4-7　卷线器（右）

8）响鼓锤（锤头重 25g、50g）

轻轻敲打抹灰后的墙面，可以判断墙面的空鼓程度及砂灰与砖水泥冻结的粘合质量。使用时先垫上报纸或薄塑料布，防止敲击造成锤痕，如图 3-4-8 所示。

9）钢针小锤（锤头重 10g）

①小锤轻轻敲打玻璃、马赛克、瓷砖，可以判断空鼓程度及粘合质量。

②拔出塑料手柄，里面是尖头钢针，钢针向被检物上戳几下，可探查出多孔板缝隙、砖缝等砂浆是否饱满，如图 3-4-9 所示。

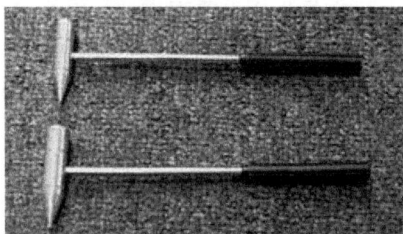

10）伸缩响鼓锤

伸缩响鼓锤根据使用要求，可以将锤头部分拉出，长度约 950mm，使用伸缩响鼓锤，轻轻敲打抹灰后的墙面，可以判断墙面的空鼓程度及砂灰与砖水泥冻结的粘合质量。也可轻轻敲击玻璃、马赛克、瓷砖，可以判断空鼓程度及粘合质量，如图 3-4-10 所示。

图 3-4-8　响鼓锤

图 3-4-9　钢针小锤

图 3-4-10　伸缩响鼓锤

11）多功能磁力线坠（常用 5m 线长，铅坠 0.1～0.4kg）

主要检测安装以及建筑物模板的垂直度。在木材上使用时将线盒靠紧材面，推出顶针嵌入木材上，下拉线坠，上部尺寸一般为固定尺寸 50mm（或 60mm），待线坠稳定后，用钢尺测量下部尺寸，取得数据来判断垂直度误差，如图 3-4-11 所示。

4.1.2　水平检测尺

日常使用的水平尺分为普通水平尺和电子激光水平尺。

（1）普通水平尺

普通水平尺上安置管水准器，依靠管水准器进行抄平。通常情况下管水准器处于水平于地面或与墙面水平。一般情况在施工楼地面或墙面镶贴工作，也用于地面水平度或墙面垂直度的检查和验收工作，如图3-4-12所示。

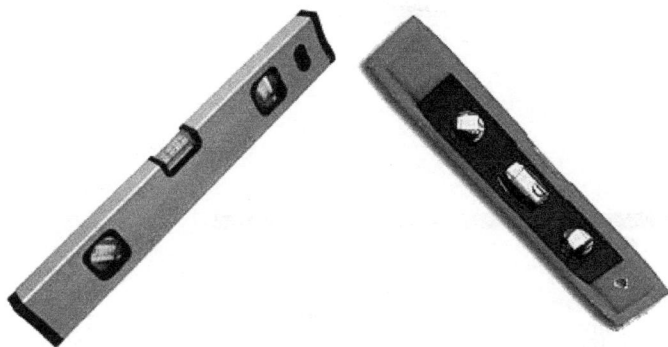

图3-4-11　多功能磁力线坠

图3-4-12　普通水平尺

（2）电子激光水平尺

电子激光水平尺是近年来吸收国外先进技术制造的测量仪器，通常尺长600mm，配备有常规管水准器和读数显示屏，可以直接读取坡度和垂直度，激光射线配备三角架，可以进行水平放线工作，如图3-4-13所示。

图3-4-13　电子激光水平尺

4.1.3　激光扫平仪（投线仪）

激光扫平仪分为单线、二线、三线、五线多种，如图3-4-14所示。

激光扫平仪主要是通过激光管发射线性激光束，进行对地面、吊顶、阴阳角等部位的检查和水平放线工作。激光扫平仪具有光束不变形、不散射等优点，检查验收直观，便于量测，目前，已经在施工单位广泛采用。

4.1.4　激光测距仪（手持）

手持激光测距仪是近年来引进的便捷测量工具，携带方便、测量精度高，是用于丈量和测定边长、高度的有效工具。随着工程建设分户验收的开展，目前已经普及使用，如图3-4-15所示。

图3-4-14　激光扫平仪（左）

图3-4-15　激光测距仪（右）

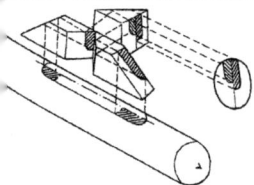

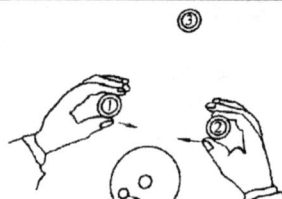

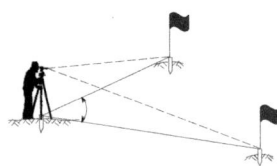

4

模块 4　装饰工程的质量检验

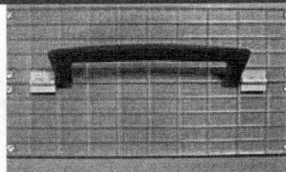

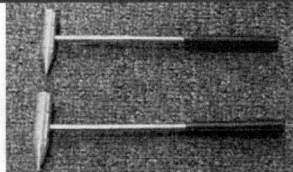

知识点

建筑装饰工程质量验收；楼地面工程质量控制验收；墙柱面装饰工程质量控制与验收；天棚装饰工程质量检验与检测。

学习目标

通过建筑装饰工程质量检验的学习，使学生能够依据建筑装饰工程的特点，会正确划分分项工程、检验批，会编制验收方案，会使用验收工具和检测仪器，会组织验收，能独立完成检验批的检查与验收。

项目1　楼地面工程质量检验与检测

建筑工程楼地面工程是建筑装饰工程的重要组成部分，根据使用材料不同、施工工艺不同进行子分部工程、分项工程的划分，根据《建筑工程施工质量验收统一标准》GB 50300—2013 的规定，地面工程为建筑装饰装修分项工程中的一个子分部工程，但该子分部工程和其他子分部工程不一样，有其特殊性和重要性，所以国家专门制定了《建筑地面工程施工质量验收规范》GB 50209—2010。

建筑地面工程包括基层和面层两部分，基层下面为结构层，不属于地面工程。故建筑地面工程的检验就是对构成其基层和面层两部分分别进行的检查与验收。

1.1　学习目标

通过建筑装饰楼地面工程质量检验的学习，使学生能够依据建筑装饰楼地面工程的特点，会正确划分分项工程、检验批，会编制验收方案，会使用验收工具和检测仪器，会组织验收，能独立完成检验批的检查与验收。

1.2　相关知识

建筑地面工程子分部和分项工程划分和建筑装饰工程的其他分部的子分部工程、分项工程的划分是一致的，都是根据施工工艺、使用材料来划分的，都是在建筑的主体结构上进行施工的，都存在基层和面层，建筑地面工程根据面层材料的形式不同划分为整体面层、板块面层和木、竹面层三类。

1.2.1　基本规定

主要是对其整体面层，板块面层，木、竹面层子分部工程及各属的分项工程施工质量验收作出了共同性要求。基本规定对建筑地面子分部工程、分项工程的划分，材料的质量，施工工序、施工工艺、施工环境温度、施工质量的检验及检验方法诸方面做出了明确的要求。

建筑地面工程子分部工程、分项工程的划分，按表4-1-1执行。

1.2.1.1　材料要求

（1）建筑地面工程采用的材料应按设计要求和规范的规定选用，并应符合国家标准的规定；进场材料应有中文质量合格证明文件，规格、型号及性能检测报告，对重要材料应有复验报告。

（2）厕浴间和有防滑要求的建筑地面的板块材料应符合设计要求。

（3）建筑地面采用的大理石、花岗石等天然石材必须符合国家行业标准《建筑材料放射性核素限量》GB 6566—2010 中有关材料有害物质的限量规定。

建筑地面子分部工程、分项工程划分表　　　　　　表4-1-1

子分部工程		分项工程
地面	整体面层	基层：基土、灰土垫层、砂垫层和砂石垫层、碎石垫层和碎砖垫层、三合土及四合土垫层、炉渣垫层、水泥混凝土垫层和陶粒混凝土垫层、找平层、隔离层、填充层、绝热层
		面层：水泥混凝土面层、水泥砂浆面层、水磨石面层、硬化耐磨面层、防油渗面层、不发火（防爆的）面层、自流平面层、涂料面层、塑胶面层、地面辐射供暖的整体面层
	板块面层	基层：基土、灰土垫层、砂垫层和砂石垫层、碎石垫层和碎砖垫层、三合土及四合土垫层、炉渣垫层、水泥混凝土垫层和陶粒混凝土垫层、找平层、隔离层、填充层、绝热层
		面层：砖面层（陶瓷锦砖、缸砖、陶瓷地砖和水泥花砖面层）、大理石面层和花岗石面层、预制板块面层（水泥混凝土板块、水磨石板块面层、人造石板块面层）、料石面层（条石、块石面层）、塑料板面层、活动地板面层、金属板面层、地毯面层、地面辐射供暖板块面层
	木、竹面层	基层：基土、灰土垫层、砂垫层和砂石垫层、碎石垫层和碎砖垫层、三合土及四合土垫层、炉渣垫层、水泥混凝土垫层和陶粒混凝土垫层、找平层、隔离层、填充层、绝热层
		面层：实木地板、实木集成地板、竹地板面层（条材、块材面层）、实木复合地板面层（条材、块材面层）、浸渍纸层压木质地板面层（条材、块材面层）、软木类地板面层（条材、块材面层）、地面辐射供暖的木板面层

注：本表摘自《建筑地面工程施工质量验收规范》GB 50209—2010。

进场应具有型式检测报告，进场后应进行取样复试。

（4）胶粘剂、沥青胶结料和涂料等材料应按设计要求选用，并应符合国家标准《民用建筑工程室内环境污染控制标准》GB 50325—2020 的规定。

1.2.1.2　施工工序

（1）建筑地面下的沟槽、暗管等工程完工后，经检验合格并做隐蔽记录，方可进行建筑地面工程的施工。

（2）建筑地面工程基层（各构造层）和面层的铺设，均应待其下一层检验合格后方可施工上一层。建筑地面工程各层铺设前与相关专业的分部（子分部）工程、分项工程以及设备管道安装工程之间，应进行交接检验。

建筑地面各构造层施工时，不仅是本工程上、下层的施工顺序，有时还涉及与其他各分部工程之间交叉进行。为保证相关土建和安装之间的施工质量，避免完工后发生质量问题的纠纷，中间交接质量检验极其必要。

（3）各类面层的铺设宜在室内装饰工程基本完工后进行。木、竹面层以及活动地板、塑料板、地毯面层的铺设，应待抹灰工程或管道试压等施工完工后进行。

（4）建筑地面坡度的控制及附属工程的施工

1）铺设有坡度的地面应采用基土高差达到设计要求的坡度；铺设有坡度的楼面（或架空地面）应采用在钢筋混凝土板上变更填充层（或找平层）铺设的厚度或以结构起坡达到设计要求的坡度。

2）室外散水、明沟、踏步、台阶和坡道等附属工程，其面层和基层（各构造层）均应符合设计要求。施工时应按规范基层铺设中基土和相应垫层以及面层的规定执行。

3）水泥混凝土散水、明沟，应设置伸缩缝，其延米间距不得大于10m；房屋转角处应做45°的缝。水泥混凝土散水、明沟和台阶等与建筑物连接处应设缝处理。上述缝宽度为15～20mm，缝内填嵌柔性密封材料。

（5）建筑地面变形缝

建筑地面的变形缝应按设计要求设置，并应符合下列规定：

1）建筑地面的沉降缝、伸缩缝和防震缝，应与结构相应缝的位置一致，且应贯通建筑地面的各构造层；

2）沉降缝和防震缝的宽度应符合设计要求，缝内清理干净，以柔性密封材料填嵌后用板封盖，并应与面层齐平。

（6）建筑地面镶边

建筑地面镶边，当设计无要求时，应符合下列规定：

1）有强烈机械作用下的水泥类整体面层与其他类型的面层邻接处，应设置金属镶边构件；

2）采用水磨石整体面层时，应用同类材料以分格条设置镶边；

3）条石面层和砖面层与其他面层邻接处，应用顶铺的同类材料镶边；

4）采用木、竹面层和塑料板面层时，应用同类材料镶边；

5）地面面层与管沟、孔洞、检查井等邻接处，均应设置镶边；

6）管沟、变形缝等处的建筑地面面层的镶边构件，应在面层铺设前装设。

（7）对有防水排水的建筑地面的质量要求

厕浴间、厨房和有排水（或其他液体）要求的建筑地面面层与相连接各类面层的标高差应符合设计要求。

（8）建筑地面施工环境温度的控制

建筑地面工程施工时，各层环境温度的控制应符合下列规定：

1）采用掺有水泥、石灰的拌和料铺设以及用石油沥青胶结料铺贴时，不应低于5℃；

2）采用有机胶粘剂粘贴时，不应低于10℃；

3）采用砂、石材料铺设时，不应低于0℃。

（9）检验水泥混凝土和水泥砂浆试块组数的确定

检验水泥混凝土和水泥砂浆强度试块的组数，按每一层（或检验批）建筑地面工程不应少于1组，当每一层（或检验批）建筑地面面积大于1000m²时，每增加1000m²应增做1组试块（小于1000m²按1000m²计算）。如改变配合比时，应相应制作试块组数。

（10）检验批的划分及检验数量

1）基层（各构造层）和各类面层的分项工程的施工质量验收应按每一层或每层施工段（或变形缝）划分检验批，高层建筑的标准层可按每三层（不足三层按三层计）为一检验批。

2）每检验批应以各子分部工程的基层（各构造层）和各类面层所划分的分项工程按自然间（或标准间）检验，抽查数量应随机检验不应少于3间；不足3间，应全数检查；其中走廊（过道）应以10延长米为一间，工业厂房（按单跨计）、礼堂、门厅应以两个轴线为1间。

3）有防水要求的建筑地面子分部工程的分项工程施工质量，每检验批抽查数量应按其房间总数随机检验不应少于4间，不足4间应全数检查。

（11）检验工具及检验方法的规定

1）检查允许偏差的项目，应采用钢尺、2m靠尺、楔形塞尺、坡度尺和水准仪。

2）检查空鼓应采用响鼓槌敲击的方法。

3）检查有防水要求建筑地面的基层（各构造层）和面层，应采用泼水或蓄水方法，蓄水时间不得少于24小时。

4）检查各类面层（含不需铺设部分或局部面层）表面的裂纹、脱皮、麻面和起砂等质量缺陷，应采用观感的方法。

（12）建筑地面工程质量合格的标准

1）质量检验的主控项目必须达到规范规定的质量标准。

2）一般项目80%以上的检查点（处）符合规范规定的质量要求，其他检查点（处）不得明显影响使用，并不得大于允许偏差值的50%。

3）凡达不到质量标准，应按《建筑工程施工质量验收统一标准》GB 50300—2013有关规定处理。

（13）施工质量验收组织程序

建筑地面工程完工后，施工单位应组织自检，如自检合格，由监理单位（建设单位）组织对分项工程、子分部工程进行检验。

建筑地面工程完工后，施工单位应对面层采取保护措施。

1.2.2 整体面层楼地面基层的质量检验

1.2.2.1 基层铺设分项工程

基层是指面层下的各构造层，基层铺设是指基土、垫层、找平层、隔离层和填充层等层次的铺设施工。

一般规定

1）适用于基土、垫层、找平层、隔离层和填充层等基层分项工程的施工质量检验。

2）基层铺设的材料质量、密实度和强度等级（或配合比）等应符合设计要求和规范的规定。

3）基层铺设前，其下一层表面应干净、无积水。

4）当垫层、找平层内埋设暗管时，管道应按设计要求予以稳固。

5）基层的标高、坡度、厚度等应符合设计要求。基层表面平整，其允许偏差应符合表4-1-2的规定。

1.2.2.2　几个概念

（1）基土：是指底层地面的地基土层，是对软弱土层按设计要求进行的加固土层。

（2）垫层：是承受并传递地面荷载于基土上的构造层。

（3）找平层：是指在垫层、楼板层或填充层上起整平、找坡或加强作用的构造层。

（4）隔离层：是指防止建筑地面上各种液体或地下水、潮气渗漏地面等作用的构造层；仅防止地下潮气透过地面，也称为防潮层。

（5）填充层：是指在建筑地面上起隔声、保温、找坡和暗敷管线等作用的构造层。

1.2.2.3　基层构造

建筑楼地面工程俗称地面工程，其包括地面工程和楼面工程两部分。建筑楼地面的做法较多，常见的地面工程做法有：基土＋碎石垫层＋水泥混凝土垫层＋面层；基土＋碎石垫层＋水泥混凝土垫层＋水泥砂浆找平层＋面层。常见的楼面工程做法主要有：结构楼板层＋水泥混凝土垫层＋面层；结构楼板层＋水泥混凝土垫层＋水泥砂浆找平层＋面层。

下面主要介绍基土、碎石垫层和碎砖垫层、水泥混凝土垫层、水泥砂浆找平层等5个基层分项工程的质量检查与验收，灰土垫层、砂垫层和砂石垫层、三合土垫层、炉渣垫层、隔离层、填充层等基层分项工程从略。

1.2.2.4　基层铺设分项工程的质量检验

基层铺设各分项工程检验批的划分见前一节基本规定部分有关的内容，下面介绍常见的各分项工程检验批的检验标准和检验方法。

基土铺设分项工程检验批的质量检验标准和检验方法见表4-1-3。

1.2.2.5　关于基土铺设分项工程检验批质量验收的说明

（1）主控项目第一项

在淤泥、淤泥质土及杂填土、冲填土等软弱土层上施工时，应按设计要求对基土进行更换或加固。淤泥、腐殖土、冻土、耕植土和有机物含量大于8%的土，均不得用作填土，是否大于8%应对回填土的土质进行检查。膨胀土作为填土时，应进行技术处理。

填土的质量尚应符合《民用建筑工程室内环境污染控制标准》GB 50325—2020。

（2）主控项目第二项

填土的施工应采用机械或人工方法分层压（夯）实，土块的粒径不应大于50mm。填土施工时分层厚度及压实遍数应符合表4-1-4的规定。每层压（夯）实后土的压实系数应符合设计要求，但不应小于0.9，压实系数通过土工试验确定。

填土时宜控制在最优含水量的情况下施工；过干的土在压实前应加以湿润，过湿的土应予以晾干。

表4-1-2

基层表面的允许偏差和检验方法

项次	项目	允许偏差 (mm)														检验方法
		基土	垫层			整层地板			找平层			填充层			隔离层	绝热层	
		土	砂、砂石、碎石、碎砖	灰土、三合土、四合土、炉渣、水泥混凝土、陶粒混凝土	木格栅	拼花实木地板、拼花实木复合地板、软木类地板面层	用胶结料做结合层铺设板块面层	其他种类面层	用胶结料做结合层铺设板块面层	用水泥砂浆做结合层块面层	用胶粘剂做结合层铺设拼花木板、浸渍纸层压木质地板、实木地板、复合地板、竹地板、软木地板面层	金属板面层	松散材料	板、块材料	防水、防潮、防油渗	板块材料、浇筑材料、喷涂材料	
1	表面平整度	15	15	10	3	3	5	5	3	2	3	3	7	5	3	4	用2m靠尺和楔形塞尺检查
2	标高	0 −50	±20	±10	±5	±5	±8	±8	±5	±4	±5	±4	±4	±4	±4	±4	用水准仪检查
3	坡度	不大于房间相应尺寸的2/1000，且不大于30															用坡度尺检查
4	厚度	在个别地方不大于设计厚度的1/10，且不大于20															用钢尺检查

注：本表摘自《建筑地面工程施工质量验收规范》GB 50209—2010。

表4-1-3

基土铺设分项工程检验批的质量检验标准和检验方法

项目	序号	项目	合格质量标准	检验方法	检查数量
主控项目	1	基土土料	基土严禁用淤泥、腐殖土、冻土、耕植土、膨胀土和含有机物质大于8%的土作为填土	观察检查和检查土质记录	随机检验应不少于3间，不足3间应全数检验；其中走廊（过道）应以10延长米为1间，工业厂房（按单跨计）、礼堂、门厅，应以每个轴线为1间计算。有防水要求的房间随机检验应不少于4间，不足4间，应全数检查。
	2	基土压实	基土应均匀密实，压实系数应符合设计要求，设计无要求时，应不小于0.90	观察检查和检查土质试验记录	
一般项目	1	基表面允许偏差	基土表面的允许偏差应符合以下规定： 表面平整度不大于15mm 标高 0，−50mm 坡度 不大于房间相应尺寸的2/1000，且不大于30mm 厚度 在个别地方不大于设计厚度的1/10	表面平整度：用2m靠尺和楔形塞尺检查 标高：用水准仪检查 坡度：用坡度尺检查 厚度：用钢尺检查	

注：
1. 对软弱土层应按设计要求进行处理。
2. 填土应分层压（夯）实，填土的质量应符合国家标准《建筑地基基础工程施工质量验收标准》GB 50202—2018的有关规定。
3. 填土时应优先选用基土，重要工程或大面积的地面填土前，应取土样，按击实试验确定最优含水量与相应的最大干密度。

填土时的分层厚度及压实遍数　　　　　　　　　　表4-1-4

压实机具	分层厚度（mm）	每层压实遍数
平碾	250～300	6～8
振动压实机	250～350	3～4
柴油打夯机	200～250	3～4
人工打夯	＜200	3～4

（3）碎石垫层和碎砖垫层分项工程检验批

碎石垫层和碎砖垫层分项工程检验批的质量检验标准和检验方法见表4-1-5。

碎石垫层和碎砖垫层分项工程检验批的质量检验标准和检验方法　　　　　　表4-1-5

项	序号	项目	合格质量标准	检验方法	检查数量
主控项目	1	材料质量	碎石的强度应均匀，最大粒径应不大于垫层厚度的2/3；碎砖不应采用风化、疏松、夹有有机杂质的砖料，颗粒粒径应不大于60mm	观察检查和检查材质合格证明文件及检测报告	（1）抽查数量应随机检验应不少于3间；不足3间，应全数检查；其中走廊（过道）应以10延长米为1间，工业厂房（按单跨计）、礼堂、门厅应以两个轴线为1间计算 （2）有防水要求的建筑地面子分部工程的分项工程施工质量每检验批抽查数量应按其房间总数随机检验，应不少于4间，不足4间，应全数检查
	2	垫层密实度	碎石、碎砖垫层的密实度应符合设计要求	观察检查和检查试验记录	
一般项目	1	碎石、碎砖垫层表面允许偏差	碎石、碎砖垫层的表面允许偏差应符合以下规定： 表面平整度：15mm 标高：±20mm 坡度：不大于房间相应尺寸的2/1000，且不大于30mm 厚度：在个别地方不大于设计厚度的1/10	表面平整度：用2m靠尺和楔形塞尺检查 标高：用水准仪检查 坡度：用坡度尺检查 厚度：用钢尺检查	

注：1. 碎石垫层和碎砖垫层厚度应不小于100mm。
　　2. 垫层应分层压（夯）实，达到表面坚实、平整。

关于碎石垫层和碎砖垫层分项工程检验批质量验收的说明：

1）主控项目第一项

碎石垫层应摊铺均匀，表面空隙应以粒径为5～25mm的细石子填补，碎石应级配良好。压实前应洒水使砂石表面保持湿润，采用机械碾压或人工夯实时，均不应小于三遍，并夯压到不松动为止。

碎砖垫层应分层摊铺均匀，洒水湿润后，采用机具夯实，表面平整度应符合一般项目的要求。夯实后的厚度不应大于虚铺厚度的3/4。在已铺设的垫层上，不得用锤击的方法进行砖料加工。

2）主控项目第二项

设计应有对碎石、碎砖垫层密实度的要求，垫层施工后应对密实度进行试验，检查试验记录，密实度应符合设计要求。

（4）水泥混凝土垫层分项工程检验批

水泥混凝土垫层分项工程检验批的质量检验标准和检验方法见表4-1-6。

关于水泥混凝土垫层分项工程检验批质量检验的说明：

对于主控项目第二项，混凝土的强度应符合《混凝土强度检验评定标准》GB/T 50107—2010 的要求。

混凝土施工前，应进行配合比设计，通过试配确定符合混凝土强度和和易性符合要求的配合比，并开出配合比通知单。

水泥混凝土垫层分项工程检验批的质量检验标准和检验方法   表4-1-6

项	序号	项目	合格质量标准	检验方法	检查数量
主控项目	1	材料质量	水泥混凝土垫层采用的粗骨料，其最大粒径应不大于垫层厚度的2/3；含泥量应不大于2%；砂为中粗砂，其含泥量应不大于3%	观察检查和检查材质合格证明文件及检测报告	（1）抽查数量应随机检验应不少于3间；不足3间，应全数检查；其中走廊（过道）应以10延长米为1间，工业厂房（按单跨计）、礼堂、门厅应以两个轴线为1间计算
主控项目	2	混凝土强度等级	混凝土的强度等级应符合设计要求，且应不小于C15	观察检查和检查配合比通知单及检测报告	（2）有防水要求的建筑地面子分部工程的分项工程施工质量每检验批抽查数量应按其房间总数随机检验应不少于4间，不足4间，应全数检查
一般项目	1	水泥混凝土垫层表面允许偏差	水泥混凝土垫层表面的允许偏差应符合以下规定： 表面平整度：10mm 标高：±10mm 坡度：不大于房间相应尺寸的2/1000，且不大于30mm 厚度：在个别地方不大于设计厚度的1/10	表面平整度：用2m靠尺和楔形塞尺检查；标高：用水准仪检查；坡度：用坡度尺检查；厚度：用钢尺检查	

注：1. 水泥混凝土垫层铺设在基土上，当气温长期处于0°C以下，设计无要求时，垫层应设置伸缩缝。
2. 水泥混凝土垫层的厚度应不小于60mm。
3. 垫层铺设前，其下一层表面应湿润。
4. 室内地面的水泥混凝土垫层，应设置纵向缩缝和横向缩缝；纵向缩缝间距不得大于6m，横向缩缝不得大于12m。
5. 垫层的纵向缩缝应做平头缝或加肋板平头缝。当垫层厚度大于150mm时，可做企口缝。横向缩缝应做假缝。平头缝和企口缝的缝间不得放置隔离材料，浇筑时应互相紧贴。企口缝的尺寸应符合设计要求，假缝宽度为5~20mm，深度为垫层厚度的1/3，缝内填水泥砂浆。
6. 工业厂房、礼堂、门厅等大面积水泥混凝土垫层应分区段浇筑。分区段应结合变形缝位置、不同类型的建筑地面连接处和设备基础的位置进行划分，并应与设置的纵向、横向缩缝的间距相一致。
7. 水泥混凝土施工质量检验尚应符合国家标准《混凝土结构工程施工质量验收规范》GB 50204—2015的有关规定。

1.2.2.6 找平层检验批

找平层分项工程检验批的质量检验标准和检验方法见表4-1-7。

关于找平层分项工程检验批质量检验的说明：

（1）主控项目第一项

找平层应采用水泥砂浆、水泥混凝土和沥青砂浆、沥青混凝土铺设，并应符合同类面层的规定。

（2）主控项目第二项

混凝土试块的取样方法，取样频率、强度评定按混凝土结构工程执行。

水泥砂浆体积比不宜小于1:2~1:2.5。

在预制钢筋混凝土板上铺设找平层时，其板端间应按设计要求采取防裂的构造措施。

项	序号	项目	合格质量标准	检验方法	检查数量
主控项目	1	材料质量	找平层采用碎石或卵石的粒径应不大于其厚度的2/3，含泥量应不大于2%；砂为中粗砂，其含泥量应不大于3%	观察检查和检查材质合格证明文件及检测报告	（1）抽查数量应随机检验应不少于3间；不足3间，应全数检查；其中走廊（过道）应以10延长米为1间，工业厂房（按单跨计）、礼堂、门厅应以两个轴线为1间计算 （2）有防水要求的建筑地面子分部工程的分项工程施工质量每检验批抽查数量应按其房间总数随机检验应不少于4间，不足4间，应全数检查
主控项目	2	配合比或强度等级	水泥砂浆体积比或水泥混凝土强度等级应符合设计要求，且水泥砂浆体积比应不小于1：3（或相应的强度等级）；水泥混凝土强度等级应不小于C15	观察检查和检查配合比通知单及检测报告	
主控项目	3	有防水要求套管地漏	有防水要求的建筑地面工程的立管、套管、地漏处严禁渗漏，坡向应正确、无积水	观察检查和蓄水、泼水检验及坡度尺检查	
一般项目	1	找平层与下层结合	找平层与其下一层结合牢固，不得有空鼓	用小锤轻击检查	
一般项目	2	找平层表面质量	找平层表面应密实，不得有起砂、蜂窝和裂缝等缺陷	观察检查	
一般项目	3	找平层表面允许偏差	找平层的表面允许偏差应符合《建筑地面工程施工质量验收规范》GB 50209—2010表4.1.7的规定	见《建筑地面工程施工质量验收规范》GB 50209—2010表4.1.7	

注：1. 铺设找平层前，当其下一层有松散填充料时，应予铺平振实。
   2. 有防水要求的建筑地面工程，铺设前必须对立管、套管和地漏与楼板节点之间进行密封处理；排水坡度应符合设计要求。
   3. 在预制钢筋混凝土板上铺设找平层前，板缝填嵌的施工应符合下列要求：
   （1）预制钢筋混凝土板相邻缝底宽应不小于20mm。
   （2）填嵌时，板缝内应清理干净，保持湿润。
   （3）填缝采用细石混凝土，其强度等级不得小于C20。填缝高度应低于板面10～20mm，且振捣密实，表面不应压光；填缝后应养护。
   （4）当板缝底宽大于40mm时，应按设计要求配置钢筋。
   4. 在预制钢筋混凝土板上铺设找平层时，其板端应按设计要求做防裂的构造措施。

（3）主控项目第三项

有防水要求的楼面工程，在铺设找平层前，应对立管、套管和地漏与楼板节点之间进行密封处理。并应在管四周留出深8～10mm的沟槽，采用防水卷材或防水涂料裹住管口和地漏（图4-1-1）。

在水泥砂浆或水泥混凝土找平层上铺涂防水卷材或防水涂料隔离层时，找平层表面应洁净、干燥，其含水率不应大于9%，并应涂刷基层处理剂。基层处理剂应采用与卷材性能配套的材料或采用同类涂料的底子油。铺设找平层

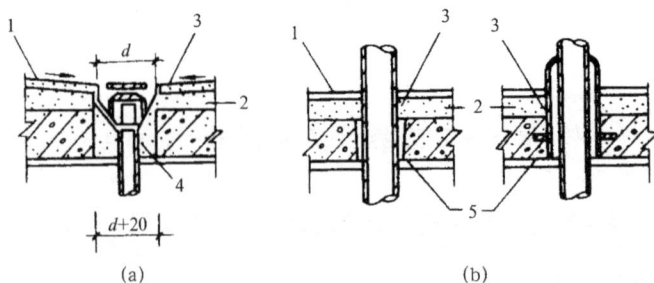

图 4-1-1 管道与楼面防水构造
(a) 地漏与楼面防水构造；
(b) 立管、套管与楼面防水构造
1—面层按设计；
2—找平层（防水层）；
3—地漏（管）四周留出8～10mm小沟槽（无钉剔槽、打毛、扫净）；
4—1：2水泥砂浆或细石混凝土填实；
5—1：2水泥砂浆

后，涂刷基层处理剂的相隔时间以及其配合比均应通过试验确定。

在沥青砂浆或沥青混凝土找平层上铺设水泥类（掺有水泥的拌合料，以下同）面层或结合层时，找平层的表面应符合隔离层与填充层中沥青类的规定。

有防水要求的建筑地面蓄水试验是为了检查渗漏，蓄水时以24h不渗漏为合格，泼水是为了检查坡度，不积水为合格。

1.2.3 面层铺设与检验

建筑地面工程面层有整体面层、板块面层和木、竹面层三类。各类面层较多，这里仅介绍常见的水泥混凝土、水泥砂浆、水磨石三个整体面层和砖、大理石花岗岩两个板块面层以及实木地板、复合地板、竹地板三个木、竹面层。

1.2.3.1 整体面层

（1）一般规定

1）整体面层铺设适用于水泥混凝土（含细石混凝土）面层、水泥砂浆面层、水磨石面层、水泥钢（铁）屑面层、防油渗面层和不发火（防爆的）面层等面层分项工程的施工质量检验。

2）铺设整体面层时，其水泥类基层的抗压强度不得小于1.2MPa；表面应粗糙、洁净、湿润并不得有积水。铺设前宜涂刷界面处理剂。

3）铺设整体面层，应符合设计要求，并应符合下列规定：

①建筑地面的沉降缝、伸缩缝和防震缝，应与结构相应缝的位置一致，且应贯通建筑地面的各构造层。

②沉降缝和防震缝的宽度应符合设计要求，缝内清理干净，以柔性密封材料填嵌后用板封盖，并应与面层齐平。

4）整体面层施工后，养护时间不应少于7d；抗压强度达到5MPa后，方准上人行走；抗压强度达到设计要求后，方可正常使用。

5）当采用掺有水泥拌和料做踢脚线时，不得用石灰砂浆打底。

6）整体面层的找平工作应在水泥初凝前完成，压光工作应在水泥终凝前完成。

7）整体面层的允许偏差应符合表4-1-8的规定。

（2）水泥混凝土面层分项工程

水泥混凝土面层分项工程检验批的质量检验标准和检验方法见表4-1-9。

整体面层的允许偏差和检查方法　　　　　　　　　　　　　　　　表4-1-8

项次	项目	允许偏差（mm）						检验方法
		水泥混凝土面层	水泥砂浆面层	普通水磨石面层	高级水磨石面层	水泥钢（铁）屑面层	防油渗混凝土和不发火（防爆的）面层	
1	表面平整度	5	4	3	2	4	5	用2m靠尺和楔形塞尺检查
2	踢脚线上口平直	4	4	3	3	4	4	拉5m线和用钢尺检查
3	缝格平直	3	3	3	2	3	3	

项	序号	项目	合格质量标准	检验方法	检查数量
主控项目	1	粗骨料粒径	水泥混凝土采用的粗骨料，其最大粒径应不大于面层厚度的2/3，细石混凝土面层采用的石子粒径应不大于15mm	观察检查和检查材质合格证明文件及检测报告	(1) 抽查数量应随机检验应不少于3间；不足3间，应全数检查；其中走廊（过道）应以10延长米为1间，工业厂房（按单跨计）、礼堂、门厅应以两个轴线为1间计算
主控项目	2	面层强度等级	面层的强度等级应符合设计要求，且水泥混凝土面层强度等级应不小于C20；水泥混凝土垫层兼面层强度等级应不小于C15	检查配合比通知单及检测报告	
主控项目	3	面层与下一层结合	面层与下一层应结合牢固，无空鼓、裂纹 注：空鼓面积应不大于400cm²，且每自然间（标准间）不多于2处可不计	用小锤轻击检查	(2) 有防水要求的检验批抽查数量应按其房间总数随机检验，应不少于4间，不足4间，应全数检查
一般项目	1	表面质量	面层表面不应有裂纹、脱皮、麻面、起砂等缺陷	观察检查	
一般项目	2	表面坡度	面层表面的坡度应符合设计要求，不得有倒泛水和积水现象	观察和采用泼水或用坡度尺检查	(1) 抽查数量应随机检验应不少于3间；不足3间，应全数检查；其中走廊（过道）应以10延长米为1间，工业厂房（按单跨计）、礼堂、门厅应以两个轴线为1间计算
一般项目	3	踢脚线与墙面结合	水泥砂浆踢脚线与墙面应紧密结合，高度一致，出墙厚度均匀 注：局部空鼓长度应不大于300mm，且每自然间（标准间）不多于2处不计	用小锤轻击、钢尺和观察检查	
一般项目	4	楼梯踏步	楼梯踏步的宽度、高度应符合设计要求。楼层梯段相邻踏步高度差应不大于10mm，每踏步两端宽度差应不大于10mm，旋转楼梯梯段的每踏步两端宽度的允许偏差为5mm。楼梯踏步的齿角应整齐，防滑条应顺直	观察和钢尺检查	(2) 有防水要求的检验批抽查数量应按其房间总数随机检验，应不少于4间，不足4间，应全数检查
一般项目	5	水泥混凝土面层表面允许偏差	水泥混凝土面层的允许偏差应符合以下规定：表面平整度：5mm 踢脚线上口平直：4mm 缝格平直：3mm	表面平整度：用2m靠尺和楔形塞尺检查；踢脚线上口平直和缝格平直：拉5m线和用钢尺检查	

注：1. 水泥混凝土面层厚度应符合设计要求。
　　2. 水泥混凝土面层铺设不得留施工缝。当施工间隙超过允许时间规定时，应对接槎处进行处理。

关于水泥混凝土面层分项工程检验批质量检验的说明：

1）主控项目第二项

该项检查主要检查混凝土的强度，参考混凝土结构工程中混凝土强度的评定。

2）主控项目第三项

浇筑水泥混凝土面层时，应振捣密实。水泥混凝土面层不应留置施工缝。当施工间歇超过允许时间规定，在继续浇筑混凝土时，应对已凝结的混凝土接槎处进行处理；刷一层水泥浆，其水灰比宜为0.4～0.5，再浇筑混凝土，并应捣实压平，不显接头槎。

浇筑钢筋混凝土楼板或水泥混凝土垫层兼面层时，应采用随捣随抹的方法。当面层表面出现泌水时，可加干拌的水泥和砂进行撒匀，其水泥与砂的体积比宜为1：2～1：2.5，并应进行抹平和压光工作。采用的水泥和砂应符合水泥砂浆面层的规定。不能在表面撒干水泥。

3）一般项目第一项

表面有麻面、起砂等现象时，一般为配合比不当，水泥用量偏少所致。表面如出现裂缝应检查裂缝性质，根据裂缝的性质确定处理方法。

4）一般项目第二项

该项检查针对有防水要求的面层进行检查，由于基层已要求做过蓄水试验，故此处不要求进行蓄水试验，仅要求对坡度进行检查。

5）一般项目第三项

踢脚线的出墙厚度未作规定，但规定出墙厚度应一致，踢脚线施工时不宜过厚，过厚影响美观，宜控制在 8mm 下。

6）一般项目第四项

楼梯踏步相邻高度差原检验评定标准要求小于 20mm，现行验收规范要求小于 10mm，提高了要求，作为施工单位，要求施工过程中予以控制，以保证允许偏差符合要求。

（3）水泥砂浆面层分项工程

水泥砂浆面层分项工程检验批的质量检验标准和检验方法见表 4-1-10。

关于水泥砂浆面层分项工程检验批质量检验的说明：

水泥砂浆面层分项工程检验批的质量检验标准和检验方法　　　　表4-1-10

项	序号	项目	合格质量标准	检验方法	检查数量
主控项目	1	材料质量	水泥采用硅酸盐水泥、普通硅酸盐水泥，其强度等级应不小于32.5级，不同品种、不同强度等级的水泥严禁混用；砂应为中粗砂，当采用石屑时，其粒径应为1～5mm，且含泥量应不大于3%	观察检查和检查材质合格证明文件及检测报告	（1）抽查数量应随机检验，应不少于3间；不足3间，应全数检查，其中走廊（过道）应以10延长米为1间，工业厂房（按单跨计）、礼堂、门厅应以两个轴线为1间计算
	2	体积比及强度等级	水泥砂浆面层的体积比（强度等级）必须符合设计要求；且体积比应为1：2，强度等级应不小于M15	检查配合比通知单和检测报告	
	3	面层与下一层结合	面层与下一层应结合牢固，无空鼓、裂纹	用小锤轻击检查	
一般项目	1	面层坡度	面层表面的坡度应符合设计要求，不得有倒泛水和积水现象	观察和采用泼水或坡度尺检查	（2）有防水要求的检验批抽查数量应按其房间总数随机检验，应不少于4间，不足4间，应全数检查
	2	表面质量	面层表面应洁净，无裂纹、脱皮、麻面、起砂等缺陷	观察检查	
	3	踢脚线质量	踢脚线与墙面应紧密结合，高度一致，出墙厚度均匀	用小锤轻击、钢尺和观察检查	
	4	楼梯踏步	楼梯踏步的宽度、高度应符合设计要求。楼层楼段相邻踏步高度差应不大于10mm，每踏步两端宽度差不大于10mm；旋转楼梯梯段的每踏步两端宽度的允许偏差为5mm。楼梯踏步的齿角应整齐，防滑条应顺直	观察和钢尺检查	
	5	水泥砂浆面层允许偏差	水泥砂浆面层的允许偏差应符合以下规定： 表面平整度：4mm 踢脚线上口平直：4mm 缝格平直：3mm	表面平整：用2m靠尺和楔形塞尺检查；踢脚线上口平直和缝格平直：拉5m线和用钢尺检查	

注：水泥砂浆面层的厚度应符合设计要求，且不应小于20mm。

1）主控项目第二项

水泥砂浆应拌合均匀，施工时应随铺随拍实；抹平工作应在水泥初凝前完成；压光工作应在水泥终凝前完成，并做好养护工作。

当水泥砂浆面层内埋设管线等出现局部厚度减薄时，应按设计要求进行防止面层开裂处理后方可施工。注意该项检查对面层强度的要求应查检测报告，也就是说要做水泥砂浆试块。

2）一般项目第二项

面层出现裂纹、脱皮、磨石、起砂等缺陷，主要与配合比（水泥用量）及养护等有关，应加强过程控制。

（4）水磨石面层分项工程

水磨石面层分项工程检验批的质量检验标准和检验方法见表4-1-11。

关于水泥砂浆面层分项工程检验批检验的说明：

1）主控项目第一项

①在铺设水磨石面层前，应在基层面上按设计要求的分格或图案设置铜条或玻璃条，亦可采用彩色塑料条。分格条应采用水泥浆固定，水泥浆顶部应低于条顶4～6mm，并做成45℃。分格条应平直、牢固、接头严密，并作为铺设面层的标志。

铺设时应在下一层表面涂刷与面层颜色相同的水泥浆结合层，其水灰比宜为0.4～0.5，亦可在水泥浆内掺加胶粘剂，随刷随铺。

②水磨石拌合料应拌合均匀，平整地铺设在结合层上；铺拌合料宜高出分格条2mm，并应拍平、滚压密实。

③水磨石面层应采用磨石机分遍磨光。开磨前应先试磨，以面层石粒不松动方可开磨。

面层表面呈现的细小空隙和凹痕，应用同色水泥浆涂抹；脱落的石粒应补齐，养护后应再磨，直至磨光、平整、无孔隙为度。表面石子应显露均匀，无缺石子现象。

④在水磨石面层磨光后涂草酸和上蜡前，其表面严禁污染。涂草酸和上蜡工作，应在有影响面层质量的其他工程全部完成后进行。

2）主控项目第二项

该项检查应为过程控制，对配料的配合比进行检查，首先检查配合比通知单，配合比满足设计要求，同时水泥：石粒应在1：1.5～1：2.5范围之内。

现场对配合比应抽检。其允许偏差水泥控制在±2%，石粒控制在±3%内。

3）主控项目第三项

在分隔条的交界处易出现空鼓，施工时应注意拌和料和基层的粘结。

4）一般项目第一项

水磨石出现砂眼和磨纹时有发生，主要是工作做得不细，细磨不到位，特别是细部阳角等处。要做好水磨石地面，除大面精心细磨外，对细部应用手

项	序号	项目	合格质量标准	检验方法	检查数量
主控项目	1	材料质量	水磨石面层的石粒，应采用坚硬可磨白云石、大理石等岩石加工而成，石粒应洁净无杂物，其粒径除特殊要求外应为6～15mm；水泥强度等级应不小于32.5级；颜料应采用耐光、耐碱的矿物原料，不得使用酸性颜料	观察检查和检查材质合格证明文件	（1）抽查数量应随机检验，应不少于3间；不足3间，应全数检查，其中走廊（过道）应以10延长米为1间；工业厂房（按单跨计）、礼堂、门厅应以两个轴线为1间计算（2）有防水要求的检验批抽查数量应按其房间总数随机检验，应不少于4间，不足4间，应全数检查
主控项目	2	拌合料体积比（水泥：石粒）	水磨石面层拌合料的体积比应符合设计要求，且为1：1.5～1：2.5（水泥：石粒）	检查配合比通知单和检测报告	
主控项目	3	面层与下一层结合	面层与下一层结合应牢固，无空鼓、裂纹注：空鼓面积应不大于400cm²，且每自然间（标准间）不多于2处可不计	用小锤轻击检查	
一般项目	1	面层表面质量	面层表面应光滑；无明显裂纹、砂眼和磨纹；石粒密实、显露均匀；颜色图案一致，不混色；分格条牢固、顺直和清晰	观察检查	
一般项目	2	踢脚线	踢脚线与墙面应紧密结合，高度一致，出墙厚度均匀注：局部空鼓长度不大于300mm，且每自然间（标准间）不多于2处可不计	用小锤轻击、钢尺和观察检查	
一般项目	3	楼梯踏步	楼梯踏步的宽度、高度应符合设计要求。楼层梯段相邻踏步高度差应不大于10mm，每踏步两端宽度差应不大于10mm，旋转楼梯梯段的每踏步两端宽度的允许偏差为5mm。楼梯踏步的齿角应整齐，防滑条应顺直	观察和钢尺检查	
一般项目	4	水磨石面层表面允许偏差	水磨石面层的允许偏差应符合以下规定：表面平整度高级水磨石：2mm普通水磨石：3mm踢脚线上口平直：7mm缝格平直高级水磨石：2mm普通水磨石：3mm	表面平整度：用2m靠尺和楔形塞尺检查；踢脚线和缝格：拉5m线和用钢尺检查	

注：1.水磨石面层应采用水泥与石粒的拌合料铺设。面层厚度除有特殊要求外，宜为12～18mm，且按石粒粒径确定。水磨石面层的颜色和图案应符合设计要求。

2.白色或浅色的水磨石的面层，应采用白水泥；深色的水磨石面层，宜采用硅酸盐水泥、普通硅酸盐水泥或矿渣硅酸盐水泥；同颜色的面层应使用同一批水泥。同一彩色面层应使用同厂、同批的颜料；其掺入量宜为水泥重量的3%～6%或由试验确定。

3.水磨石面层的结合层的水泥砂浆体积比宜为1：3，相应的强度等级应不小于M10，水泥砂浆稠度（以标准圆锥体沉入度计）宜为30～35mm。

4.普通水磨石面层磨光遍数应不少于3遍。高级水磨石面层的厚度和磨光遍数由设计确定。

5.在水磨石面层磨光后，涂草酸和上蜡前，其表面不得污染。

工来磨，方能达到理想效果。

其余各项见水泥混凝土面层一般项目相应项。

1.2.3.2 板块面层

（1）一般规定

1）板块面层铺设适用于砖面层、大理石面层和花岗岩面层、预制板块面层、料石面层、塑料板面层、活动地板面层和地毯面层等面层分项工程的施工质量检验。

2）铺设板块面层时，其水泥类基层的抗压强度不得小于 1.2MPa。

3）铺设板块面层的结合层和板块间的填缝采用水泥砂浆，应符合下列规定：

①配制水泥砂浆应采用硅酸盐水泥、普通硅酸盐水泥或矿渣硅酸盐水泥，其水泥强度等级不宜小于 32.5 级。

②配制水泥砂浆的砂应符合国家行业标准《普通混凝土用砂、石质量及检验方法标准（附条文说明）》JGJ 52—2006 的规定。

③配制水泥砂浆的体积比（或强度等级）应符合设计要求。

4）结合层和板块面层填缝的沥青胶结材料应符合国家现行有关产品标准和设计要求。

5）板块的铺砌应符合设计要求，当设计无要求时，宜避免出现板块小于 1/4 边长的边角料。

6）铺设水泥混凝土板块、水磨石板块、水泥花砖、陶瓷锦砖、陶瓷地砖、缸砖、料石、大理石和花岗石面层等的结合层和填缝的水泥砂浆，在面层铺设后，表面应覆盖、湿润，其养护时间不应少于 7d。当板块面层的水泥砂浆结合层的抗压强度达到设计要求后，方可正常使用。

7）板块类踢脚线施工时，不得采用石灰砂浆打底。

8）板、块面层的允许偏差和检验方法应符合表 4-1-12 的规定。

（2）砖面层分项工程

砖面层分项工程检验批的质量检验标准和检验方法见表 4-1-13。

关于面砖分项工程检验批质量检验的说明：

1）主控项目第一项

面砖的缝隙宽度应符合设计要求。当设计无规定时，紧密铺贴缝隙宽度不宜大于 1mm；虚缝铺贴缝隙宽度宜为 5～10mm；大面积施工时，应采取分段按顺序铺贴，按标准拉线镶贴，并做各道工序的检查和复验工作。

面层铺贴应在 24h 内进行擦缝、勾缝和压缝工作。缝的深度宜为砖厚的 1/3；擦缝和勾缝应采用同品种、同强度等级、同颜色的水泥，随做随清理水泥，并做养护和保护。

在水泥砂浆结合层上铺贴陶瓷锦砖时，应符合下列要求：

结合层和陶瓷锦砖应分段同时铺贴，在铺贴前，应刷水泥浆，其厚度宜为 2～2.5mm，并应随刷随铺贴，用抹子拍实；陶瓷锦砖面层应洁净，每联陶瓷锦砖之间、与结合层之间以及在墙角、镶边和靠墙边，均应紧密贴合，并不得有空隙。在靠墙处不得采用砂浆填补。

陶瓷锦砖面层在铺贴后，应淋水、揭纸，并采用白水泥擦缝，做面层的清理和保护工作。在砖面层铺完后，面层应坚实、平整、洁净、线路顺直，不应有空鼓、松动、脱落、裂缝、缺棱、掉角、污染等缺陷。

2）主控项目第二项

凡单块砖边角有局部空鼓，且每自然间（标准间）不超过总数的 5% 可不计。

表4-1-12

板、块面层的允许偏差和检验方法

项次	项目	允许偏差 (mm)												检验方法
		陶瓷锦砖面层、高级水磨石磨石面层	缸砖面层、陶瓷地砖面层	水泥花砖面层	水磨石板块面层	大理石面层、花岗石面层	碎拼大理石、拼花岗岩面层	水泥混凝土板块面层	塑料板面层	活动地板面层	碎拼花岗岩、碎花岗岩面层	条石面层	块石面层	
1	表面平整度	2.0	4.0	3.0	3.0	1.0	3.0	4.0	2.0	2.0	3.0	10.0	0.0	用2m靠尺和楔形塞尺检查
2	缝格平直	3.0	3.0	3.0	3.0	2.0	—	3.0	3.0	2.5	—	8.0	8.0	拉5m线和用钢尺检查
3	接缝高低差	0.5	1.5	0.5	1.0	0.5	—	1.5	0.5	0.4	—	2.0	—	用钢尺和楔形塞尺检查
4	踢脚线上口平直	3.0	4.0	—	4.0	1.0	1.0	4.0	2.0	—	1.0	—	—	拉5m线和用钢尺检查
5	板块间隙宽度	2.0	2.0	2.0	2.0	1.0	—	6.0	—	0.3	—	5.0	—	用钢尺检查

表4-1-13

砖面层分项工程检验批的质量检验标准和检验方法

项目	序号	项目	合格质量标准	检验方法	检查数量
主控项目	1	板材质量	面层所用的板块的品种、质量必须符合设计要求	观察检查和检查材质合格证明文件及检测报告	（1）抽查数量应随机检验，应不少于3间；不足3间，应全数检查（走廊（过道）应以10延长米为1间，工业厂房（按单跨计）、礼堂、门厅应以两个轴线为1间计算）。（2）有防水要求的房间应按其房间总数随机抽查，应不少于4间，不足4间，应全数检查。符合国家标准《建筑防腐蚀工程施工规范》GB 50212—2014的规定。
	2	面层与下一层结合	面层与下一层的结合（粘结）应牢固，无空鼓。注：凡单块砖边角有局部空鼓，且每自然间（标准间）不超过总数的5%可不计	用小锤轻击检查	
一般项目	1	面层表面质量	砖面层的表面应洁净，图案清晰，色泽一致，接缝平整，深浅一致，周边顺直，板块无裂纹、掉角和缺棱等缺陷	观察检查	
	2	面层邻接处镶边处理质量	面层邻接处的镶边用料及尺寸应符合设计要求，边角整齐、光滑	观察和用钢尺检查	
	3	踢脚线质量	踢脚线表面应洁净，高度一致，结合牢固，出墙厚度一致	观察和小锤轻击及钢尺检查	
	4	楼梯踏步	楼梯踏步和台阶板块的缝隙宽度应一致，齿角整齐，楼层梯段相邻踏步高度差不大于10mm，防滑条顺直	观察和用钢尺检查	
	5	面层表面坡度	面层表面的坡度应符合设计要求，不倒泛水、无积水；与地漏、管道结合处应严密牢固，无渗漏	观察，泼水或用坡度尺及蓄水检查	
	6	面层表面允许偏差	砖面层的允许偏差见表4-1-14	表面平整度：用2m靠尺和楔形塞尺检查；缝格平直：拉5m线和用钢尺检查；接缝高低：用钢尺和楔形塞尺检查；踢脚线上口平直：拉5m线和用钢尺检查；板块间隙宽度：用钢尺检查	

注：
1. 砖面层采用陶瓷锦砖、缸砖、陶瓷地砖和水泥花砖在结合层上铺设。
2. 有防腐蚀要求的砖面层采用的耐酸瓷砖、浸渍沥青砖、浸渍沥青耐酸瓷砖、陶瓷地砖和水泥地砖花砖面层时，应符合下列规定：
（1）在水泥砂浆结合层前，应对砖的规格尺寸、外观质量、色泽等进行预选，浸水湿润晾干待用。
（2）勾缝和压缝结合层应用同品种、同强度等级、同颜色的水泥。
3. 在水泥砂浆结合层上铺贴陶瓷锦砖面层、缸砖面层时，与结合层之间以及在墙、镶边、靠墙处，应紧密贴合。在靠墙处不得采用砂浆填补。
4. 在胶粘剂结合层上铺贴缸砖面层、陶瓷锦砖面层时，胶粘剂应涂刷均匀，并应在胶结料凝结前完成。
5. 在沥青胶结合层上铺贴陶瓷锦砖面层时，铺设时应在铺筑热沥青胶结料凝结前完成。
6. 采用胶粘剂在结合层上粘贴砖面层时，胶粘剂选用应符合国家标准《民用建筑工程室内环境污染控制标准》GB 50325—2020的规定。

3）一般项目第五项

没有防水要求的面层不进行该项检查。

4）一般项目第六项

检查时，应在所用砖的品种上打"✓"。砖面层的允许偏差见表4—1—14。

砖面层的允许偏差 表4—1—14

项目	允许偏差（mm）	
表面平整度	缸砖	4.0
	水泥花砖	3.0
	陶瓷锦砖、陶瓷地砖	2.0
缝格平直	3.0	
接缝高低差	陶瓷锦砖、陶瓷地砖、水泥花砖	0.5
	缸砖	1.5
踢脚线上口平直	陶瓷锦砖、陶瓷地砖、水泥花砖	3.0
	缸砖	4.0
板块间隙宽度	2.0	

（3）大理石和花岗岩面层分项工程

大理石和花岗岩面层分项工程检验批的质量检验标准和检验方法见表4—1—15。

关于大理石和花岗岩面层分项工程检验批质量检验的说明：

1）主控项目第二项

凡单块板块边角有局部空鼓，且每自然间（标准间）不超过总数的5%可不计。

大理石板材不得用于室外地面面层。

结合层的厚度：当采用水泥砂（其体积比）为1：4～1：6（水泥：砂）时应为20～30mm，当采用水泥砂浆时应为10～15mm。

当采用1：4～1：6水泥砂结合层时，应洒水干拌均匀。当采用水泥砂浆结合层时，宜为干硬性水泥砂浆，并应符合结合层用材的规定。

在铺砌大理石、花岗石面层时，板材应先用水浸湿，待擦干或表面晾干后方可铺设；结合层与板材应分段同时铺砌，铺砌时宜采用水泥浆或干铺水泥砂洒水作粘结。

铺砌的板材应平整，线路顺直，镶嵌正确；板材间、板材与结合层以及在墙角、镶边和靠墙处均应紧密砌合，不得有空隙。

大理石、花岗石面层的表面应洁净、平整、坚实；板材间的缝隙宽度当设计无规定时不应大于1mm。铺砌后，其表面应加保护，待结合层的水泥砂浆强度达到要求后，方可打蜡达到光滑洁亮。

2）一般项目第五项

大理石和花岗石面层（或碎拼大理石、碎拼花岗石）的允许偏差应符合表4—1—16的规定。

项	序号	项目	合格质量标准	检验方法	检查数量
主控项目	1	板块品种、质量	大理石、花岗石面层所用板块的品种、质量应符合设计要求	观察检查和检查材质合格记录	（1）抽查数量应随机检验，应不少于3间；不足3间，应全数检查；其中走廊（过道）应以10延长米为1间，工业厂房（按单跨计）、礼堂、门厅应以两个轴线为1间计算（2）有防水要求的检验批抽查数量应按其房间总数随机检验，应不少于4间，不足4间，应全数检查
	2	面层与下一层结合	面层与下一层应结合牢固，无无空鼓注：凡单块板块边角有局部空鼓，且每自然间（标准间）不超过总数的5%可不计	用小锤轻击检查	
一般项目	1	面层表面质量	大理石、花岗石面层的表面应洁净、平整、无磨痕，且应图案清晰、色泽一致、接缝均匀、周边顺直、镶嵌正确、板块无裂纹、掉角、缺楞等缺陷	观察检查	
	2	踢脚线质量	踢脚线表面应洁净、高度一致、结合牢固、出墙厚度一致	观察和用小锤轻击及钢尺检查	
	3	楼梯踏步	楼梯踏步和台阶板块的缝隙宽度应一致、齿角整齐，楼层梯段相邻踏步高度差应不大于10mm，防滑条应顺随、牢固	观察和用钢尺检查	
	4	面层坡度及其他要求	面层表面的坡度应符合设计要求，不倒泛水、无积水，与地漏、管道结合处应严密牢固，无渗漏	观察、泼水或坡度尺及蓄水检查	
	5	面层表面允许偏差	大理石和花岗石面层（或碎拼大理石、碎拼花岗石）的允许偏差应符合表4-1-16的规定	表面平整度：用2m靠尺和楔形塞尺检查；缝格平直：拉5m线和用钢尺检查；接缝高低差：用钢尺和楔形塞尺检查；踢脚线上口平直：拉5m线和用钢尺检查；板块间隙宽度：用钢尺检查	

注：1. 大理石、花岗石面层采用天然大理石、花岗石（或碎拼大理石、碎拼花岗石）板材应在结合层上铺设。
2. 天然大理石、花岗石的技术等级、光泽度、外观等质量要求应符合国家行业标准《天然大理石建筑板材》GB/T 19766—2016、《天然花岗石建筑板材》GB/T 18601—2009的规定。
3. 板材有裂缝、掉角、翘曲和表面有缺陷时应予剔除，品种不同的板材不得混杂使用；在铺设前，应根据石材的颜色、花纹、图案、纹理等按设计要求，试拼编号。
4. 铺设大理石、花岗石面层前，板材应浸湿、晾干；结合层与板材应分段同时铺设。

大理石、花岗石面层（或碎拼大理石、碎拼花岗石）的允许偏差 表4-1-16

项目	允许偏差（mm）
表面平整度	1.0
缝格平直	2.0
接缝高低差	0.5
踢脚线上口平直	1.0
板块间隙宽度	1.0

1.2.3.3 木、竹地板面层

（1）几种木地板的定义如下：

1）实木地板：是指采用条材和块材实木地板或采用拼花实木地板在基层上铺设。其铺设的方法：分空铺和实铺两种。

2）实木复合地板：采用条材和块材实木复合地板或采用拼花实木复合地板，以空铺和实铺方式在基层上铺设。

3）中密度（强化）复合地板面层：是采用中密度（强化）复合地板直接可铺设在水泥类基层上，也可以铺设在毛地板面层上。一般来讲，板与板之间排紧，板缝中刷专用粘结胶。

4）中密度（强化）复合地板的铺设质量要求及施工与铺设实木复合地板大致相同。所不同处的是复合地板铺设前，应先在基层（或毛地板上）铺一层衬垫层（如泡沫塑料布等）。

（2）一般规定

1）木、竹面层铺设适用于实木地板面层、实木复合地板面层、中密度（强化）复合地板面层，竹地板面层等（包括免刨免漆类）分项工程的施工质量检验。

2）木、竹地板面层下的木格栅、垫木、毛地板等采用木材的树种、选材标准和铺设时木材含水率以及防腐、防蛀处理等，均应符合国家标准《木结构工程施工质量验收规范》GB 50206—2012 的有关规定。所选用的材料，进场时应对其断面尺寸、含水率等主要技术指标进行抽检，抽检数量应符合产品标准的规定。

3）与厕浴间、厨房等潮湿场所相邻木、竹面层连接处应做防水（防潮）处理。

建筑工程的厕浴间、厨房及有防水、防潮要求的建筑地面与木、竹地面应有建筑标高差，其标高差必须符合设计要求；与其相邻的木、竹地面层应有防水、防潮处理，防水、防潮的构造处理及做法应符合设计要求。

4）木、竹面层铺设在水泥类基层上，其基层表面应坚硬、平整、洁净、干燥、不起砂。

木、竹面层铺设在水泥类基层上，其基层的技术质量标准应符合规范整体面层的铺设要求，水泥类基层通过质量验收后方可铺设木、竹面层。

5）建筑地面工程的木、竹面层格栅下架空结构层（或构造层）的质量检验，应符合相应国家现行标准的规定。

6）木、竹面层的通风构造层包括室内通风沟、室外通风窗等，均应符合设计要求。

木、竹面层的面层构造层、架空构造层、通风等设计与施工是组成建筑木、竹地面的三大要素，其设计与施工质量结果直接影响建筑木、竹地面的正常使用功能、耐久程度及环境保护效果；通风设计与施工尤为突出，无论原始的自然通风，或是近代的室内外的有组织通风，还是现代的机械通风，其通风的长久功能效果主要涉及室内通风沟或其室外通风窗的构造、施工及管理，必须符合设计要求。

7）木、竹面层的允许偏差，应符合表 4-1-17 的规定。

（3）实木地板面层分项工程

实木地板面层分项工程检验批的质量检验标准和检验方法见表 4-1-18。

实木地板面层的允许偏差应符合表 4-1-19 的规定。另外，表 4-1-20 给出了实木地板的尺寸偏差要求（mm）。

（4）中密度（强化）复合地板面层分项工程检验批的质量检验

中密度（强化）复合地板面层分项工程检验批的质量检验标准和检验方法见表 4-1-21、表 4-1-22。

木、竹面层的允许偏差   表4-1-17

项次	项目	允许偏差（mm）				检验方法
		实木地板面层			实木复合地板、中密度（强化）复合地板面层、竹地板面层	
		松木地板	硬木地板	拼花地板		
1	板面缝隙宽度	1.0	0.5	0.2	0.5	用钢尺检查
2	表面平整度	3.0	2.0	2.0	2.0	用2m靠尺和楔形塞尺检查
3	踢脚线上口平齐	3.0	3.0	3.0	3.0	拉5m通线，不足5m拉通线和钢尺检查
4	板面拼缝平直	3.0	3.0	3.0	3.0	
5	相邻板材高差	0.5	0.5	0.5	0.5	用钢尺和楔形塞尺检查
6	踢脚线与面层的接缝	1.0				用楔形塞尺检查

实木地板面层分项工程检验批的质量检验标准和检验方法   表4-1-18

项	序号	项目	合格质量标准	检验方法	检查数量
主控项目	1	材料质量	实木地板面层所采用的材质和铺设时的木材含水率必须符合设计要求。木格栅、垫木和毛地板等必须做防腐、防蛀处理	观察检查和检查材质合格证明文件及检测报告	（1）抽查数量应随机检验，应不少于3间；不足3间，应全数检查；其中走廊（过道）应以10延长米为1间，工业厂房（按单跨计）、礼堂、门厅应以两个轴线为1间计算 （2）有防水要求的检验批抽查数量应按其房间总数随机检验，应不少于4间，不足4间，应全数检查
	2	木格栅安装	木格栅安装应牢固、平直	观察、脚踩检查	
	3	面层铺设	面层铺设应牢固；粘结无空鼓	观察、脚踩或用小锤轻击检查	
一般项目	1	面层质量	实木地板面层应刨平、磨光，无明显刨痕和毛刺等现象；图案清晰、颜色均匀一致	观察、手摸和脚踩检查	
	2	面层缝隙	（1）实木地板铺设时，面板与墙之间应留8~12mm缝隙 （2）面层缝隙应严密；接头位置应错开、表面洁净	观察检查	
	3	拼花地板	拼花地板接缝应对齐，粘、钉严密；缝隙宽度均匀一致；表面洁净，胶粘无溢胶	观察检查	
	4	踢脚线	踢脚线表面应光滑，接缝严密，高度一致	观察和钢尺检查	
	5	表面允许偏差	实木地板面层的允许偏差应符合表4-1-19的规定	板面缝隙宽度：用钢尺检查；表面平整度：用2m靠尺和楔形塞尺检查；踢脚线上的平齐和板面拼缝平直：拉5m通线，不足5m拉通线和用钢尺检查；相邻板材高差：用钢尺和楔形塞尺检查；踢脚线与面层接缝：楔形塞尺检查	

注：1. 实木地板面层采用条材和块材实木地板或采用拼花实木地板，以空铺或实铺方式在基层上铺设。
  2. 实木地板面层可采用双层面层和单层面层铺设，其厚度应符合设计要求。实木地板面层的条材和块材应采用具有商品检验合格证的产品，其产品类别、型号、适用树种、检验规则以及技术条件等均应符合国家标准《实木地板 第1部分：技术要求》GB/T 15036.1—2018和《实木地板 第2部分：检验方法》GB/T 15036.2—2018的规定。
  3. 铺设实木地板面层时，其木格栅的截面尺寸、间距和稳固方法等均应符合设计要求。木格栅固定时，不得损坏基层和预埋管线。木格栅应垫实钉牢，与墙之间应留出30mm的缝隙，表面应平直。
  4. 毛地板铺设时，木材髓心应向上，其板间缝隙应不大于3mm，与墙之间应留8~12mm空隙，表面应刨平。
  5. 实木地板面层铺设时，面板与墙之间应留8~12mm缝隙。
  6. 采用实木制作的踢脚线，背面应抽槽并做防腐处理。

实木地板面层的允许偏差　　　　　　　　　　　　　表4-1-19

项目	材料	允许偏差（mm）	项目	允许偏差（mm）
板面缝隙宽度	拼花地板	0.2	踢脚线上口平齐	3.0
	硬木地板	0.5	板面拼缝平直	3.0
	松木地板	1.0	相邻板材高差	0.5
表面平整度	拼花、硬木地板	2.0	踢脚线与面层接缝	1.0
	松木地板	3.0		

尺寸偏差要求（mm）　　　　　　　　　　　　　　表4-1-20

项目	要求
长度偏差	公称长度与每个测量值之差绝对值≤1
宽度偏差	公称宽度与平均宽度之差绝对值≤0.5，宽度最大值与最小值之差≤0.3
厚度偏差	公称厚度与平均厚度之差绝对值≤0.3，厚度最大值与最小值之差≤0.4

注：1.实木地板长度和宽度是指不包括榫舌的长度和宽度。

　　2.镶嵌地板只测量方形单元的外形尺寸。

　　3.榫接地板的榫舌宽度应≥4.0mm，槽最大高度与榫最大厚度之差应为0～0.4mm。

　　4.本表摘自《实木地板　第1部分：技术要求》GB／T 15036.1—2018。

中密度（强化）复合地板面层分项工程检验批的质量检验标准和检验方法　　表4-1-21

项	序号	项目	合格质量标准	检验方法	检查数量
主控项目	1	材料质量	中密度（强化）复合地板面层所采用的材料，其技术等级及质量要求应符合设计要求。木格栅、垫木和毛地板等应做防腐、防蛀处理	观察检查和检查材质合格证明文件及检测报告	（1）抽查数量应随机检验，应不少于3间；不足3间，应全数检查；其中走廊（过道）应以10延长米为1间，工业厂房（按单跨计）、礼堂、门厅应以两个轴线为1间计算
	2	木格栅安装	木格栅安装应牢固、平直	观察、脚踩检查	
	3	面层铺设	面层铺设应牢固	观察、脚踩检查	
一般项目	1	面层外观质量	中密度（强化）复合地板面层图案和颜色应符合设计要求，图案清晰，颜色一致，板面无翘曲	观察、用2m靠尺和楔形塞尺检查	
	2	面层接头	面层的接头应错开、缝隙严密，表面洁净	观察检查	（2）有防水要求的检验批抽查数量应按其房间总数随机检验，应不少于4间，不足4间，应全数检查
	3	踢脚线	踢脚线表面应光滑，接缝严密，高度一致	观察和钢尺检查	
	4	面层允许偏差	中密度（强化）复合木地板面层的允许偏差应符合表4-1-22的规定	板面缝隙宽度：用钢尺检查；表面平整度：用2m靠尺和楔形塞尺检查；踢脚线上口平齐和板面拼缝平直：拉5m通线，不足5m拉通线和用钢尺检查，相邻板材高差：用钢尺和楔形塞尺检验	

注：1.中密度（强化）复合地板面层的材料以及面层下的板或衬垫等材质应符合设计要求，并采用具有商品检验合格证的产品，其技术等级及质量要求均应符合国家现行标准的规定。

　　2.中密度（强化）复合地板面层铺设时，相邻条板端头应错开不小于300mm距离；衬垫层及面层与墙之间应留不小于10mm空隙。

中密度（强化）复合木地板面层的允许偏差　　　表4—1—22

项目	允许偏差（mm）
板面缝隙宽度	0.5
表面平整度	2.0
踢脚线上口平齐	3.0
板面拼缝平直	3.0
相邻板材高差	0.5
踢脚线与面层接缝	1.0

1.3　项目单元

建筑地面工程子分部工程验收较为简单，前面已经介绍过子分部工程的验收，这里从简概述之。

1.3.1　子分部工程合格的标准

建筑地面工程施工质量中各类面层子分部工程的面层铺设与其相应的基层铺设的分项工程施工质量检验应全部合格。

1.3.2　子分部工程质量验收应检查的工程质量文件和记录

（1）建筑地面工程设计图纸和工程变更文件等。

（2）原材料的出厂检验报告和质量合格保证文件、材料进场检（试）验报告（含抽样报告）。

（3）各层的强度等级、密实度等试验报告和测定记录。

（4）各类建筑地面工程施工质量控制文件。

（5）各构造层的隐蔽验收及其他有关验收文件。

1.3.3　子分部工程质量验收应检查的安全和功能项目

（1）有防水要求的建筑地面子分部工程的分项工程施工质量的蓄水检验记录，并抽查复验认定。

（2）建筑地面板块面层铺设子分部工程和木、竹面层铺设子分部工程，采用的天然石材、胶粘剂、沥青胶结料和涂料等材料证明资料。

1.3.4　子分部工程观感质量综合评价应检查的项目

（1）变形缝的位置和宽度以及填缝质量应符合规定。

（2）室内建筑地面工程按各子分部工程经抽查分别作出评价。

（3）楼梯、踏步等工程项目经抽查分别作出评价。

【思考题及习题】

1. 楼地面分为哪几类？
2. 整体面层楼地面有哪几种？
3. 板块面层楼地面有哪些？
4. 楼地面的验收程序是什么？
5. 编制楼地面工程验收方案。

项目2　墙柱面装饰工程质量检验与检测

建筑装饰装修工程中墙柱面装饰工程主要以块材墙柱面、板材墙柱面以及裱糊和软包墙柱面为主，对于一般抹灰和装饰抹灰虽然在建筑装饰装修工程内，但主要还是土建工程来完成的，因此，本教材不再对此进行赘述。

2.1　学习目标

通过墙柱面装饰装修工程质量检验与检测课程的学习，使学生会进行墙柱面装饰工程分类，能进行检验批和分项工程验收，会使用检查验收仪器设备，知道墙柱面装饰工程质量控制要点，会编制验收方案，会填写验收资料。

2.2　相关知识

2.2.1　块材墙柱面质量检验与检测

块材墙柱面主要是采用饰面砖等装饰材料，在装饰工程中的应用十分广泛，在南方或北方的城乡各地，高层建筑或多层建筑的室内或室外随处可见饰面块材装饰工程。饰面板（砖）工程材料的品种、规格十分丰富，目前市场上产品质量的差异比较大。饰面板（砖）工程的质量事故也比较多，尤其是外墙饰面板（砖）工程空鼓脱落的质量问题直接关系到人民群众的生命安全。

验收规范对饰面板（砖）工程做出的一般规定，主要涉及应检查的文件、对材料性能的控制和复验、隐蔽项目的验收、检验批的划分、工序及工艺要求等。具体规定内容如下：

（1）适用于饰面板安装、饰面砖粘贴等分项工程的质量验收。

（2）饰面板（砖）工程验收时应检查下列文件和记录：

1）饰面板（砖）工程的施工图、设计说明及其他设计文件。

2）材料的产品合格证书、性能检测报告、进场验收记录和复验报告。

3）后置埋件的现场拉拔检测报告。

4）外墙饰面砖样板件的粘结强度检测报告。

5）隐蔽工程验收记录。

6）施工记录。

（3）饰面板（砖）工程应对下列材料及其性能指标进行复验：

1）室内用花岗石的放射性。

2）粘贴用水泥的凝结时间、安定性和抗压强度。

3）外墙陶瓷面砖的吸水率。

4）寒冷地区外墙陶瓷面砖的抗冻性。

（4）饰面板（砖）工程应对下列隐蔽工程项目进行验收：

1）预埋件（或后置埋件）。

2）连接节点。

3）防水层。

（5）各分项工程的检验批应按下列规定划分：

1）相同材料、工艺和施工条件的室内饰面板（砖）工程每 50 间（大面积房间和走廊按施工面积 30m² 为一间）应划分为一个检验批，不足 50 间也应划分为一个检验批。

2）相同材料、工艺和施工的室外饰面板（砖）工程每 500 ～ 1000m² 应划分为一个检验批，不足 500m² 也应划分为一个检验批。

（6）检查数量应符合下列规定：

1）室内每个检验批应至少抽查 10%，并不得少于 3 间；不足 3 间时应全数检查。

2）室外每个检验批每 100m² 应至少抽查一处，每处不得小于 10m²。

（7）外墙饰面砖粘贴前和施工过程中，均应在相同基层上做样板件，并对样板件的饰面砖粘结强度进行检验，其检验方法和结果判定应符合《建筑工程饰面砖粘结强度检验标准》JGJ 110—2017 的规定。

（8）饰面板（砖）工程的防震缝、伸缩缝、沉降缝等部位的处理应保证缝的使用功能和饰面的完整性。

从质量预控的角度出发，一般规定提出了后置埋件应做现场拉拔检测和外墙饰面砖样板件粘结强度检测。对于一些既有建筑来说，因为承受饰面板荷载的基体强度的资料常常不全，对核算其承载能力有一定的困难，后置埋件的现场拉拔力检测，可以实测出拉拔力是否满足设计要求，从而保证饰面板安装的安全性。

外墙粘贴饰面砖应在同一基体上做粘结强度的检测，在一些地区执行得较好，对外墙粘贴饰面砖的质量起到了很好的保证作用。外墙粘贴饰面砖的使用高度越高，安全问题就越突出。很多地区发生过外墙饰面砖脱落伤人的教训，由于在粘贴好的墙面上做粘结强度检测，会破坏面砖，恢复原样困难，因此样板件粘结强度检测是对外墙粘贴饰面砖是否牢固安全的一种检测，是必须进行的。

一般规定还要求进行材料复验。无机非金属材料含有放射性核素，会影响到人身健康，考虑天然石材中花岗石的放射性存在一定的超标，因此要求对室内用花岗岩的放射性进行复验。

外墙陶瓷面砖的吸水率和寒冷地区外墙陶瓷面砖的抗冻性应进行复验。这是因为我国地域广阔，南北温差很大，不同地区所使用的外墙饰面砖经受的冻害程度有很大的差别，因此应结合各地气候环境制定出不同的抗冻指标。外墙饰面砖系多孔材料，其抗冻性与材料内部孔结构有关，而不同的孔结构又反映出不同的吸水率，因此可以通过控制吸水率来满足抗冻性要求。对于寒冷地区来说，冬季室外温度往往可达 −30℃ 左右，外墙饰面砖就需要进行冻融循环试验，饰面砖的质量应满足这一地区气候条件的要求。

关于外墙饰面砖样板件的粘结强度检测的具体要求，行业标准《外墙饰面砖工程施工及验收规程》JGJ 126—2015 中 6.0.2 条规定："外墙饰面砖工程的饰面砖粘结强度检验应按现行行业标准《建筑工程饰面砖粘结强度检验标准》JGJ 110 的规定执行。"由于该方法为破坏性检验，破损饰面砖不易复原，且检验操作有一定难度，在实际验收中较少采用。规范规定在外墙饰面砖粘贴前和施工过程中应制作样板件并做粘结强度试验。

外墙饰面板（砖）工程在防震缝、伸缩缝、沉降缝等部位的构造方法应保证防震缝、伸缩缝、沉降缝的使用功能。有些工程在使用过程中往往仅考虑装饰效果，忽视结构缝的使用功能，几年后饰面板随着主体结构的应力变化而受挤破损，带来质量安全隐患，又严重影响美观，这是在设计中应该充分注意的问题。

2.2.2　饰面砖粘贴分项工程质量检验与检测

饰面砖粘贴工程是采用粘贴法施工。其中陶瓷面砖主要包括釉面瓷砖、外墙面砖、陶瓷锦砖、陶瓷壁画、劈裂砖等；玻璃面砖主要包括玻璃饰砖、彩色玻璃面砖、釉面玻璃等。

（1）外墙面砖是高级外墙贴面装饰材料，多以陶土为原料，压制成型后经高温煅烧而成。目前面砖存在的问题主要是色泽不一致，几何尺寸偏差较大，有的吸水率过大。国家已制定外墙面砖的标准，验评时应核查其性能指标，必须符合标准要求。

（2）釉面砖（瓷砖）有白色釉面砖、彩色釉面砖、印花砖、图案砖以及各种装饰面砖等。釉面砖表面光滑、美观，易于清洗。目前釉面砖存在的问题主要是色泽不一致，几何尺寸不准确，表面平整度差等，检查时应加强对原材料的验收。

（3）陶瓷锦砖现在普遍使用的是陶瓷、玻瓷、玻璃三种锦砖。陶瓷锦砖质地坚实，经久耐用。玻瓷和玻璃锦砖较差，但色泽多样，一般都耐酸、耐磨、不渗水，有一定的抗压力，吸水率小。陶瓷锦砖不易碎裂，玻璃锦砖比较差。

（4）饰面砖粘贴工程适用于内墙饰面砖粘贴工程和高度不大于 100m、抗震设防烈度不大于 8 度、采用满粘法施工的外墙饰面砖粘贴工程的质量验收。

饰面砖粘贴分项工程质量检验标准和检验方法见表 4-2-1。

项	序号	项目	合格质量标准	检验方法	检查数量
主控项目	1.	饰面砖质量	饰面砖的品种、规格、图案、颜色和性能应符合设计要求	观察；检查产品合格证书、进场验收记录、性能检测报告和复验报告	（1）室内每个检验批应至少抽查10%，并不得少于3间；不足3间时应合数检查（2）室外每个检验批每100m²应至少抽查一处，每处不得小于10m²
	2	饰面砖粘贴材料	饰面砖粘贴工程的找平、防水、粘结和勾缝材料及施工方法应符合设计要求及国家现行产品标准和工程技术标准的规定	检查产品合格证书、复验报告和隐蔽工程验收记录	
	3	饰面砖粘贴	饰面砖粘贴必须牢固	检查样板件粘结强度检测报告和施工记录	
	4	满粘法施工	满粘法施工的饰面砖工程应无空鼓、裂缝	观察；用小锤轻击检查	
一般项目	1	饰面砖表面质量	饰面砖表面应平整、洁净、色泽一致，无裂痕和缺损	观察	
	2	阴阳角及非整砖	阴阳角处搭接方式、非整砖使用部位应符合设计要求	观察	
	3	墙面突出物	墙面突出物周围的饰面砖应整砖套割吻合，边缘应整齐。墙裙、贴脸突出墙面的厚度应一致	观察；尺量检查	
	4	饰面砖接缝、填嵌、宽深	饰面砖接缝应平直、光滑，填嵌应连续、密实；宽度和深度应符合设计要求	观察；尺量检查	
	5	滴水线	有排水要求的部位应做滴水线（槽），滴水线（槽）应顺直，流水坡向应正确，坡度符合设计要求	观察；用水平尺检查	
	6	允许偏差	饰面砖粘贴的允许偏差和检验方法应符合表4-2-2的规定	见表4-2-2	

（5）关于饰面砖粘贴分项工程检验批质量检验的说明：

1）主控项目第一项

随着新型材料的不断发展，饰面砖面临一定的挑战，饰面砖本身的质量和防污染、防墙面渗水的不足，使得有些地区已不提倡使用。

面砖的吸水率，抗冻性（寒冷地区），粘贴用水泥的安定性，凝结时间和抗压强度应进行复验。

2）主控项目第二项

关于饰面砖粘贴工程的找平、防水、粘结和勾缝材料及施工方法应符合设计要求，并参照《外墙饰面砖工程施工及验收规程》JGJ 126—2015 的有关规定。

3）主控项目第三项

饰面砖粘贴必须牢固。这是必须严格执行的强制性条文。我国从20世纪80年代后期开始，城乡各地采用饰面砖进行外墙面装修迅速增加。有些地方没有很好地执行国家质量检验标准，饰面砖由于各种原因空鼓、脱落的质量事故也不断出现，这不仅仅破坏了建筑物的装饰效果，同时给人民群众带来安全隐患，由此造成的工程返工以及经济索赔也造成了很大的经济损失。要求饰面砖粘贴必须牢固就是要求施工中认真选材并符合国家现行产品标准，同时要做好样板件粘结强度检测。施工方法应是满粘法并应在施工中控制找平、防水、粘结和勾缝各道工序，保证饰面砖粘贴无空鼓、裂缝、粘贴牢固。

4）主控项目第四项

镶贴饰面的基体，应有足够的稳定性、刚度和强度，其表面的要求应按一般抹灰的规定执行。空鼓是检验是否牢固的一个重要指标，施工方法为满粘法的饰面工程严禁空鼓。

5）一般项目第二项

在贴面砖之前，应根据面砖的尺寸和饰面的尺寸进行认真设计，运用计算机进行计算排列。施工时根据设计弹线、排砖，以保证非整砖用得最少，以达到美观之目的。

6）一般项目第三项

面砖粘贴质量除了牢固以外，主要是观感的要求，而其关键点就在细部的处理。

7）一般项目第四项

贴面砖接缝宽度不一主要是没有排砖，没有进行整体布局的设计，造成施工时随意粘贴。故面砖粘贴前一定要进行设计。

8）一般项目第六项

饰面砖粘贴的允许偏差和检验方法见表4-2-2。

饰面砖粘贴的允许偏差和检验方法　　　　　　表4-2-2

项次	项目	允许偏差（mm）		检验方法
		外墙面砖	内墙面砖	
1	立面垂直度	3	2	用2m垂直检测尺检查
2	表面平整度	4	3	用2m靠尺和塞尺检查
3	阴阳角方正	3	3	用直角检测尺检查
4	接缝直线度	3	2	拉5m线，不足5m拉通线，用钢直尺检查
5	接缝高低差	1	0.5	用钢直尺和塞尺检查
6	接缝宽度	1	1	用钢直尺检查

在镶贴面砖前要注意挑选，使其色泽、纹理一致。瓷砖材料质地疏松，如施工前浸泡不透，砂浆中的浆水渗进砖内，表面污染变色，同时瓷砖还会吸收粘贴材料中的水分，影响粘贴材料强度及密实度；施工后要注意擦洗，表面残留砂浆、污点均应擦干净，并应注意镶贴后的饰面保护。

2.2.3　板材墙柱面（饰面板）安装的质量检验与检测

饰面板安装工程的质量检查与验收，一是指内墙饰面安装工程；二是指外墙饰面安装工程（高度不大于24m、抗震设防烈度不大于7度）的质量验收。

外墙饰面板安装工程"高度不大于24m、抗震设防烈度不大于7度"的适用范围，是参考了《建筑设计防火规范》GB 50016—2014中建筑高度的适用范围。目的是限制外墙饰面板工程的应用高度，以保证其安全。因为饰面板安装与幕墙工程相比，一般不需要进行严格的计算和检测．如果在 24m 以上的高度安装饰面板，应当按照幕墙工程的要求进行严格的结构计算，并应进行相应项目的检测。

饰面板安装分项工程检验批质量检验标准和检验方法见表 4-2-3。

饰面板安装分项工程检验批质量检验标准和检验方法 表4-2-3

项	序号	项目	合格质量标准	检验方法	检查数量
主控项目	1	材料质量	饰面板的品种、规格、颜色和性能应符合设计要求，木龙骨、木饰面板和塑料饰面板的燃烧性能等级应符合设计要求	观察；检查产品合格证书、进场验收记录和性能检测报告	（1）室内每个检验批应至少抽查10%，并不得少于3间；不足3间时应全数检查（2）室外每个检验批每100m²应至少抽查一处，每处不得小于10m²
	2	饰面板孔、槽	饰面板孔、槽的数量、位置和尺寸应符合设计要求	检查进场验收记录和施工记录	
	3	饰面板安装	饰面板安装工程的预埋件（或后置埋件）、连接件的数量、规格、位置、连接方法和防腐处理必须符合设计要求。后置埋件的现场拉拔强度必须符合设计要求。饰面板安装必须牢固	手扳检查；检查进场验收记录、现场拉拔检测报告、隐蔽工程验收记录和施工记录	
一般项目	1	饰面板表面质量	饰面板表面应平整、洁净、色泽一致，无裂痕和缺损。石材表面应无泛碱等污染	观察	
	2	饰面板嵌缝	饰面板嵌缝应密实、平直，宽度和深度应符合设计要求，嵌填材料色泽应一致	观察；尺量检查	
	3	湿作业施工	采用湿作业法施工的饰面板工程，石材应进行防碱背涂处理。饰面板与基体之间的灌注材料应饱满、密实	用小锤轻击检查；检查施工记录	
	4	饰面板孔洞套割	饰面板上的孔洞应套割吻合，边缘应整齐	观察	
	5	安装允许偏差	饰面板安装的允许偏差和检验方法应符合表4-2-4的规定	见表4-2-4	

关于饰面板安装分项工程检验批质量检验的说明：

（1）主控项目第一项

由于饰面材料的品种、规格、颜色和图案繁多，质量差异很大，为确保饰面工程的质量，饰面板（砖）的品种、规格、种类和型号以及光泽度、抗折、抗压强度、吸水率、抗冻性能都应满足设计要求，并符合建筑材料的有关规定。白瓷砖和不耐风化的大理石不能镶贴在室外，使其裸露在风吹、日晒、雨淋、霜冻的环境中，应对照施工图进行检查，如属设计失误，在施工图会审时应提出。

（2）主控项目第三项

这是一条强制性条文，必须认真执行，对饰面板安装工程涉及安全的五个重要检查项目：预埋件（或后置埋件）、连接件、防腐处理、后置埋件现场拉拔强度以及饰面板的安装，这五个重要检查项目是质量过程控制的重点，也是保证其安装安全质量的关键，因此作为强制性条文来要求。在施工过程中可以通过手扳检查；检查材料实样和进场验收记录、检查现场后置埋件的拉拔强度检测报告、做好隐蔽工程的质量控制。

饰面板安装工程的施工方法主要有干作业施工和湿作业施工两种方法，目前主要应用于室内墙面装修和室外多层建筑的墙面装修。饰面板工程采用的石材有花岗岩、大理石、青石板和人造石材；采用的瓷板有抛光板和磨边板两种；金属饰面板有钢板、铝板等品种；木材饰面板主要用于内墙裙；另外铝塑板、塑料板也经常应用。

（3）一般项目第一项

饰面板安装工程的外观质量除一些常规的要求外，应注意采用传统的湿作业法安装天然石材容易泛碱的问题，这种严重影响饰面板观感质量的问题，是由于板后空腔中灌注的水泥砂浆在水化时析出的氢氧化钙，泛到石材表面，产生不规则的花斑，严重影响建筑物室外石材饰面的装饰效果。因此，在天然石材安装前，应对石材板采用"防碱背涂剂"进行背涂处理。

（4）施工和检查时应注意下列问题：

1）预制水磨石饰面板接缝应干接，并用与饰面板同颜色的水泥浆填抹，保证表面美观。

2）水刷石饰面板的接缝应垫水泥砂浆，并用水泥砂浆勾缝。

3）釉面砖和外墙面砖的接缝，室外应用水泥浆或水泥砂浆勾缝；室内接缝宜用与釉面砖相同颜色的石膏灰或水泥浆勾缝，但潮湿的房间不得用石膏灰勾缝。

4）天然石饰面板的接缝，安装光面和镜面的饰面板，室内接缝应干接，接缝处应用与饰面板相同颜色的水泥浆填抹；室外接缝可干接或在水平缝中垫铅条，垫铅条时，应将压出部分铲除至与饰面板表面平齐。干接缝应用干性油脂腻子填抹。

粗磨面、麻面、条纹面、天然面饰面板的接缝和勾缝应用水泥砂浆。

5）板（砖）的压向应正确。如门口两侧的阳角处，大面（墙面）应压小面（门口里侧）。反之小面砖容易撞掉，也不美观。在有排水的阴阳角处，防止水渗入，也应注意板（砖）的压向问题。

6）非整砖使用部位应适宜，在镶贴前应做好"选砖"和"预排"工作，在同一墙面上横竖排列，均不得有一行以上的非整块。

（5）一般项目第三项

本项规定的目的之一是为了第一项的"石材表面应无泛碱污染"，所以石材应进行防碱背涂处理，就是用酸和水泥中析出的碱进行中和，防止泛碱。饰面板与基体之间的灌注材料不饱满不密实也容易引起泛碱，也是常见的质量缺陷，应予控制。

（6）一般项目第五项

饰面板安装的允许偏差和检验方法应符合表4-2-4的规定。

材料要求见表4-2-5。

质量控制要点见表4-2-6。

饰面板安装的允许偏差和检验方法 表4-2-4

项次	项目	允许偏差（mm）							检验方法
		石材			瓷板	木材	塑料	金属	
		光面	剁斧石	蘑菇石					
1	立面垂直度	2	3	3	2	1.5	2	2	用2m垂直检测尺检查
2	表面平整度	2	3	—	1.5	1	3	3	用2m靠尺和塞尺检查
3	阴阳角方正	2	4	4	2	1.5	3	3	用直角检测尺检查
4	接缝直线度	2	4	4	2	1	1	1	拉5m线，不足5m拉通线，用钢直尺检查
5	墙裙、勒脚上口直线度	2	3	3	2	2	2	2	拉5m线，不足5m拉通线，用钢直尺检查
6	接缝高低差	0.5	3	—	0.5	0.5	1	1	用钢直尺和塞尺检查
7	接缝宽度	1	2	2	1	1	1	1	用钢直尺检查

饰面板安装工程材料质量要求 表4-2-5

序号	材料		质量要求
1	水泥		32.5或42.5级矿渣水泥或普通硅酸盐水泥，应有出厂证明或复验合格单，若出厂日期超过三个月或水泥已结有小块的不得使用；白水泥采用符合《白色硅酸盐水泥》GB/T 2015—2017标准中的425号以上的，并符合设计和规范质量标准的要求
2	砂子		粗中砂，用前过筛，其他性能指标应符合规范的质量标准
3	石灰膏		用块状生石灰淋制，必须用孔径3mm×3mm的筛网过滤，并储存在沉淀池中，熟化时间，常温下不少于15d，用于罩面灰，不少于30d，石灰膏内不得有未熟化的颗粒和其他物质
4	饰面板		饰面板的品种、规格、颜色和性能应符合设计要求，木龙骨、木饰面板和塑料饰面板的燃烧性能等级应符合设计要求，进场产品应有合格证书和性能检测报告，并作进场验收记录
5	天然板材	大理石	大理石质地较密实，表观密度为2500～2600kg/m³，抗压强度为70～150MPa，磨光打蜡后表面光滑，一般用于墙面、柱面、栏杆、地面等部位。大理石易风化、溶蚀，表面会失去光泽，所以不宜用于室外。 大理石要求石质细密，无腐蚀斑点，光洁度高，棱角齐全，色泽美观，底面整齐
		花岗石	花岗石属坚硬石材，表观密度2600kg/m³，抗压强度为120～250MPa，空隙率与吸水率较小，耐风化、耐冻性强，唯耐火性不好。颜色一般为淡灰、淡红或微黄
		青石板	青石板材质软、易风化，使用规格为30～50cm不等的矩形块，常用于园林建筑的墙柱面及勒脚等饰面
6	人造石饰面板	预制水磨石饰面板	质量要求表面平整光滑，石子显露均匀无磨纹，色泽鲜明，棱角齐全，底面整齐，常用于室内墙面、地面、柱面，规格品种可按设计要求加工
		预制水刷石饰面板	质量要求石粒均匀紧密，表面平整，色泽均匀，棱角齐全，底面整齐，常用于外墙面、柱面，规格品种按设计要求加工
		人造大理石饰面板	人造大理石饰面板可分为水泥型、树脂型、复合型、烧结型四类，质量要求同大理石，常用于室内墙、柱面，规格品种可按设计加工
7	金属饰面板		常用的金属饰面板有：铝合金饰面板、不锈钢饰面板、彩色涂层钢板（烤漆钢板）、复合钢板等。金属饰面板表面应平整、光滑，无裂缝和皱折，颜色一致，边角整齐，涂膜厚度均匀
8	瓷板饰面板		（1）瓷板装饰工程材料应符合现行国家标准的有关规定，并应有出厂合格证 （2）瓷板装饰工程材料应采用不燃烧性或难燃烧性，且具有耐气候性的材料
9	塑料装饰板		塑料装饰板材饰面，品种繁多，常用的有硬聚氯乙烯塑料板（PVC）、三聚氰胺塑料板、塑料贴面复合板等。检查产品出厂合格证、型式检验报告
10	木材饰面板		用料品种、规格、颜色按设计要求，主要用于内墙裙

项目	质量控制要点
质量预控	(1) 饰面板（砖）在搬运中应轻拿轻放，以防止棱角损坏、板（砖）断裂。堆放时要竖直堆放，避免碰撞。光面、镜面饰面板在搬运时要光面（镜面）对光面（镜面），并衬好软纸，以避免损伤光面（镜面）。大理石、花岗石不宜采用易褪色的材料包装 (2) 水电及设备、墙上预留预埋件已安装完毕。垂直运输机具均事先准备好 (3) 外门窗已安装完毕，安装质量符合要求 (4) 大面积进行施工前应先做样板，经检验合格后，方可组织人员进行施工
石材饰面板湿铺施工	(1) 饰面板安装前基层先找平，分块弹线，进行试排、预拼和编号 (2) 在墙上凿出结构施工时预埋的钢筋，将ϕ6mm或ϕ8mm的钢筋按竖向和横向绑扎（或焊接）在预埋钢筋上，形成钢筋网片。水平钢筋行数应与饰面板的行数一致并平行。如结构施工时未预留钢筋，则可用膨胀螺栓（混凝土墙面）或凿洞埋开脚螺栓（砖墙面）的方法来固定钢筋网片 (3) 饰面板所用锚固件及连接件一般用镀锌铁件或连接件作防腐处理。镜面和光面的大理石、花岗石饰面应用铜或不锈钢连接件 (4) 固定饰面板的钢筋应与锚固件连接牢固。固定饰面板的连接件直径或厚度大于饰面板的接缝宽度时，应凿槽埋置 (5) 每块饰面板安装前，其上、下边打眼数量均不得少于2个；当板宽大于700mm时，其上、下边打眼数量均不得少于3个。连接铜丝不小于双股16号 (6) 饰面板的接缝宽度应按设计和规范的要求 (7) 灌注砂浆前，先将两边竖缝用15～20mm的麻丝填塞（以防漏浆），光面、镜面和水磨石饰面板的竖缝，可用石膏灰封闭 (8) 饰面板安装应采取临时固定措施，以防灌注砂浆时移动 (9) 饰面板就位后，应用1∶2.5水泥砂浆固定，分层灌注，每层灌注高度为150～200mm，且不得大于板高的1/3，并插捣密实，待初凝后，应检查板面位置，如移动错位应拆除重新安装；若无移动，方可灌上层砂浆，施工缝应留在饰面板的水平接缝以下50～100mm处
饰面板干挂法施工	(1) 安装前先将饰面板在地面上，按设计图纸及墙面实际尺寸进行预排，将色调明显不一的饰面板挑出，换上色泽一致的饰面板，尽量使上下左右的花纹近似协调，然后逐块编号，分类竖向堆放好备用 (2) 在墙面上弹出水平和垂直控制线，并每隔一定距离做出控制墙面平整度的砂浆灰饼，或用麻线拉出墙面平整度的控制线 (3) 饰面板的安装一般应由下向上一排一排地进行，每排由中间或一端开始 (4) 在最下一排饰面板安装的位置上、下口用麻线拉两根水平控制线，用不锈钢膨胀螺栓将不锈钢连接件固定在墙上；在饰面板的上下侧面用电钻钻孔或槽，孔的直径和深度按销钉的尺寸定（槽的宽度和深度按扁钢挂件定），然后将饰面板搁在连接件上，将销钉插入孔内，板缝须用专用弹性衬料垫隔，待饰面板调整到正确位置时，拧紧连接件螺母，并用环氧树脂胶或密封胶将销钉固定。待最下一排安装完毕后，再在其上按同样方法进行安装 (5) 全部安装完毕后，饰面板接缝应按设计和规范要求里侧嵌弹性条，外面用密封胶封嵌
干挂瓷质饰面施工	(1) 瓷板编号、开槽或钻孔；胀锚螺栓、窗墙螺栓安装；挂件安装应满足设计 (2) 瓷板安装前应修补施工中损坏的外墙防水层 (3) 瓷板的拼缝应符合设计要求，瓷板的槽（孔）内及挂件表面的灰粉应清除 (4) 扣齿板的长度应符合设计要求，当设计未作规定时，不锈钢扣齿板与瓷板支承边等长，铝合金扣齿板比瓷板支承边短20～50mm (5) 扣齿或销钉插入瓷板深度应符合设计要求 (6) 当为不锈钢挂件时，应将环氧树脂浆液抹入槽（孔）内，与瓷板接合部位的挂件应满涂，然后插入扣齿或销钉 (7) 瓷板中部加强点的连接件与基面连接应可靠，其位置及面积应符合设计要求 (8) 灌缝的密封胶应符合设计要求，其颜色应与瓷板色彩相配，灌应饱满平直，宽窄一致，不得在潮湿时灌密封胶。灌缝时不得污损瓷板面 (9) 底板的拼缝有排水孔设置要求时，其排水通道不得阻塞

项目	质量控制要点
挂贴瓷质饰面施工	（1）瓷板应按作业流水编号，瓷板拉结点的竖孔应钻在板厚中心线上，孔径为3.2～3.5mm，深度为20～30mm，板背模孔应与竖孔连通；用防锈金属丝穿孔固定，金属丝直径大于瓷板拼缝宽度时，应凿槽埋置 （2）瓷板挂贴窗由下而上进行，出墙面勒脚的瓷板，应待上层饰面完成后进行。楼梯栏杆、栏板及墙裙的瓷板，应在楼梯踏步、地面面层完成后进行 （3）当基层用拉结钢筋网时，钢筋网应与锚固点焊接牢固 （4）挂装的瓷板，同幅墙的瓷板色彩应一致（特殊要求除外） （5）瓷板挂装时，应找正吊直后用金属丝绑牢在拉结钢筋网上，挂装时可用木楔调整，瓷板的拼缝宽度应符合设计要求，并不宜大于1mm （6）灌注填缝砂浆前，应将墙体及瓷板背面浇水润湿，并用石膏灰临时封闭瓷板竖缝，以防漏浆。用稠度100～150mm的1：2.5～1：3水泥砂浆（体积比）分层灌注，每层高度为150～200mm，应插捣密实，待初凝后，应检查板面位置，合格后方可灌注上层砂浆，否则应拆除重装。施工缝应留在瓷板水平接缝以下50～100mm处，待填缝砂浆初凝后，方可拆除石膏及临时固定物 （7）瓷板的拼缝处理应符合设计要求，当设计无要求时，用瓷板颜色相配的水泥浆抹匀严密
塑料板粘贴施工	（1）满涂胶粘剂，此法用于受摩擦力较大的地方，胶粘剂消耗量较大 （2）局部涂胶粘剂，在接头的两旁和房间的周边涂胶粘剂。塑料板中间胶粘剂带的间距不大于500mm，其宽度一般为100～200mm。胶粘剂消耗量较小 （3）粘贴时，应在塑料板和基层面上各涂胶粘剂两遍，纵横交错进行，应涂得薄且均匀，不要漏涂。第二遍须在第一遍胶粘剂不粘手时再涂。第二遍涂好后也要等其略干再行粘贴塑料板。软板粘贴后可用辊子滚压，赶出其中气泡，提高粘贴质量。粘贴时不得用力拉扯塑料板 （4）粘贴完成后应进行养护，养护时间按所用胶粘剂固化期而定 （5）为缩短硬化时间，有条件时可采用室内加温或放置热砂袋等方法促凝（放置热砂袋还可使塑料板软化并压服贴在基层上） （6）当胶粘剂不能满足耐腐蚀要求时，应在接缝处用焊接条封焊 （7）胶粘剂和溶剂多为易燃有毒物质，施工时应带防毒口罩和手套，操作地点要有良好通风，并做好防火措施

2.2.4 裱糊涂饰墙柱面质量检验与检测

涂饰工程：涂饰工程一般指水性涂料涂饰、溶剂型涂料涂饰、美术涂饰等。

水性涂料是完全或主要以水为介质；溶剂型涂料是完全以有机物为介质。美术涂饰可采用水性或溶剂型涂料，涂饰注重花纹图案、色彩变化的装饰效果。

2.2.4.1 一般规定

验收规范对涂饰工程应检查的文件和记录、检验批的划分和检查数量、基层的质量、施工环境温度、验收的时间等做出了规定，内容如下：

（1）适用于水性涂料涂饰、溶剂型涂料涂饰、美术涂饰等分项工程的质量验收。

（2）应检查的文件和记录

1）涂饰工程的施工图、设计说明及其他设计文件。

2）材料的产品合格证书、性能检测报告和进场验收记录。

3）施工记录。

（3）各分项工程检验批应按下列规定划分

1）室外涂饰工程每一栋楼的同类涂料涂饰的墙面 500～1000m² 应划分为一个检验批，不足 500m² 也应划分为一个检验批。

2）室内涂饰工程同类涂料涂饰的墙面每 50 间（大面积房间和走廊按涂

饰面积 30m² 为一间）应划分为一个检验批，不足 50 间也应划分为一个检验批。

（4）检查数量应符合下列规定：

1）室外涂饰工程每 100m² 应至少检查一处，每处不得小于 10m²。

2）室内涂饰工程每个检验批应至少抽查 10%，并不得少于 3 间；不足 3 间应全数检查。

（5）涂饰工程的基层处理应符合下列要求：

1）新建筑物的混凝土或抹灰基层在涂饰涂料前应涂刷抗碱封闭底漆。

2）旧墙面在涂饰涂料前应清除疏松的旧装修层，并涂刷界面剂。

3）混凝土或抹灰基层涂刷溶剂型涂料时，含水率不得大于 8%；涂刷乳液型涂料时，含水率不得大于 10%。木材基层的含水率不得大于 12%。

4）基层腻子应平整、坚实、牢固，无粉化、起皮和裂缝；内墙腻子的粘结强度应符合《建筑室内用腻子》JG/T 298—2010 的规定。

5）厨房、卫生间墙面必须使用耐水腻子。

（6）涂饰工程所用的腻子对涂饰质量有一定的影响，常用腻子及润粉配合比（重量比）如下：

1）混凝土表面、抹灰表面用腻子：

①适用于室内的腻子：

聚醋酸乙烯乳液（即白乳胶）：滑石粉或大白粉：2%羧甲基纤维素溶液 =1：5：3.5

②适用于外墙、厨房、厕所、浴室的腻子：

聚醋酸乙烯乳液：水泥：水 =1：5：1

2）木料表面的石膏腻子：

石膏粉：熟桐油：水 =20：7：50

3）木料表面清漆的润水粉：

大白粉：骨胶：土黄或其他颜料：水 =14：1：1：18

4）木料表面清漆的润油粉：

大白粉：松香水：熟桐油 =24：16：2

5）金属表面的腻子：

石膏粉：熟桐油：油性腻子或醇酸腻子：底漆：水 =20：5：10：7：45

对于浴厕间等有防水要求的墙面用防潮腻子还不能满足防水要求，应使用耐水腻子。

（7）水性涂料涂饰工程施工的环境温度应在 5 ~ 35℃ 之间。

（8）涂饰工程应在涂层养护期满后进行质量验收。

涂料工程的材料花色丰富、品种繁多，以其经济、施工速度快、便于更新的特点在装饰装修工程中应用极其广泛。近年来，随着涂料产品耐水性、耐腐蚀性、耐污染性及耐候性能的提高以及城市景观的需要，越来越多的建筑外墙选用涂料饰面，随季节、温度变化的变色涂料也将出现，涂料的发展前景较为广阔。

2.2.4.2 与涂饰工程有关的相关标准

(1)《合成树脂乳液砂壁状建筑涂料》JG/T 24—2018；

(2)《合成树脂乳液外墙涂料》GB/T 9755—2014；

(3)《合成树脂乳液内墙涂料》GB/T 9756—2018；

(4)《溶剂型外墙涂料》GB/T 9757—2001；

(5)《复层建筑涂料》GB/T 9779—2015；

(6)《外墙无机建筑涂料》JG/T 26—2002；

(7)《饰面型防火涂料》GB 12441—2018；

(8)《水溶性内墙涂料》JC/T 423—1991；

(9)《溶剂型聚氨酯涂料（双组分）》HG/T 2454—2014；

(10)《建筑室内用腻子》JG/T 298—2010；

(11)《木器涂料中有害物质限量》GB 18581—2020；

(12)《建筑用墙面涂料中有害物质限量》GB 18582—2020；

(13)《民用建筑工程室内环境污染控制标准》GB 50325—2020。

2.2.4.3 水性涂料涂饰分项工程

水性涂料是完全或主要用水作为稀释剂的涂料，有乳液型涂料、无机涂料、水溶性涂料等类涂料。对于水性涂料，过低的温度或过高的温度都会破坏涂料的成膜，应注意涂饰工程施工的环境温度，同时，还应该注意涂饰工程环境的清洁，外墙面涂饰时风力不要过大，这些环境因素都会对涂饰工程的质量产生影响，施工时应注意。涂料不仅要有合格证，还要有性能检测报告。

水性涂料涂饰分项工程检验批质量检验标准和检验方法见表4-2-7。

水性涂料涂饰分项工程检验批质量检验标准和检验方法　　　　　　　表4-2-7

项	序号	项目	合格质量标准	检验方法	检查数量
主控项目	1	材料质量	水性涂料涂饰工程所用涂料的品种、型号和性能应符合设计要求	检查产品合格证书、性能检测报告和进场验收记录	（1）室外涂饰工程每100m²应至少抽查一处，每处不得小于10m² （2）室内涂饰工程每个检验批应至少抽查10%，并不得少于3间；不足3间时应全数检查
主控项目	2	涂饰颜色和图案	水性涂料涂饰工程的颜色、图案应合设计要求	观察	
主控项目	3	涂饰综合质量	水性涂料涂饰工程应涂饰均匀、粘结牢固，不得漏涂、透底、起皮和掉粉	观察；手摸检查	
主控项目	4	基层处理的要求	水性涂料涂饰工程的基层处理应符合基层处理	观察；手摸检查；检查施工记录	
一般项目	1	与其他材料和设备衔接处	涂层与其他装修材料和设备衔接处应吻合，界面应清晰	观察；手摸检查；检查施工记录	
一般项目	2	薄涂料涂饰质量允许偏差	薄涂料的涂饰质量和检验方法应符合表4-2-8的规定	见表4-2-8	
一般项目	3	厚涂料涂饰质量允许偏差	厚涂料的涂饰质量和检验方法应符合表4-2-9的规定	见表4-2-9	
一般项目	4	复层涂料涂饰质量允许偏差	复层涂料的涂饰质量和检验方法应符合表4-2-10的规定	见表4-2-10	

关于水性涂料涂饰分项工程质量检验的说明：

（1）主控项目第一项

对于涂料的性能，在工程实践中发现常有施工单位和业主对涂料的质量没有约定，工程竣工后，发现涂料涂饰工程变色、掉粉、起皮缺陷，此时施工单位无法提供涂料的质量证明书，结果是不管基层是否有问题，涂料施工单位都要承担主要责任。因为涂料施工单位不能证明自己使用的涂料是合格的。

（2）主控项目第三项

涂料的透底、起皮和掉粉主要与涂料质量有关，而透底与施涂的遍数和涂料涂层厚度有关。

（3）一般项目第二项

薄涂料的涂饰质量和检验方法见表4-2-8。

薄涂料的涂饰质量和检验方法　　　　　　　　　　表4-2-8

项次	项目	普通涂饰	高级涂饰	检验方法
1	颜色	均匀一致	均匀一致	观察
2	泛碱、咬色	允许少量轻微	不允许	
3	流坠、疙瘩	允许少量轻微	不允许	
4	砂眼、刷纹	允许少量轻微砂眼、刷纹通顺	无砂眼，无刷纹	
5	装饰线、分色线直线度允许偏差（mm）	2	1	拉5m线，不足5m拉通线，用钢直尺检查

（4）一般项目第三项

厚涂料的涂饰质量和检验方法见表4-2-9。

厚涂料的涂饰质量和检验方法　　　　　　　　　　表4-2-9

项次	项目	普通涂饰	高级涂饰	检验方法
1	颜色	均匀一致	均匀一致	观察
2	泛碱、咬色	允许少量轻微	不允许	
3	点状分布	—	疏密均匀	

（5）一般项目第四项

复层涂料的涂饰质量和检验方法见表4-2-10。

复层涂料的涂饰质量和检验方法　　　　　　　　　　表4-2-10

项次	项目	质量要求	检验方法
1	颜色	均匀一致	观察
2	泛碱、咬色	不允许	
3	喷点疏密程度	均匀，不允许连片	

对于水性涂料，过低或过高的温度都会破坏涂料的成膜，应注意涂饰工程施工的环境温度，同时，还应该注意涂饰工程环境的清洁，风力不要过大，这些都会影响质量，施工时应注意。

2.2.4.4　溶剂型涂料涂饰分项工程

溶剂型涂料涂饰工程，一般是指采用丙烯酸酯涂料、聚氨酯丙烯酸涂料、有机硅丙烯酸涂料等涂饰基层。溶剂型涂料涂饰分项工程质量检验标准和检验方法见表4-2-11。

溶剂型涂料涂饰分项工程质量检验标准和检验方法　　　　　表4-2-11

项	序号	项目	合格质量标准	检验方法	检查数量
主控项目	1	涂料质量	溶剂型涂料涂饰工程所选用涂料的品种、型号和性能应符合设计要求	检查产品合格证书、性能检测报告和进场验收记录	（1）室外涂饰工程每100m²应至少检查一处，每处不得小于10m² （2）室内涂饰工程每个检验批应至少抽查10%，并不得少于3间；不足3间时应全数检查
	2	颜色、光泽、图案	溶剂型涂料涂饰工程的颜色、光泽、图案应符合设计要求	观察	
	3	涂饰综合质量	溶剂型涂料涂饰工程应涂饰均匀、粘结牢固，不得漏涂、透底、起皮和反锈	观察；手摸检查	
	4	基层处理	溶剂型涂料涂饰工程的基层处理应符合以下要求： （1）新建筑物的混凝土或抹灰基层在涂饰涂料前应涂刷抗碱封闭底漆 （2）旧墙面在涂饰涂料前应清除疏松的旧装修层，并涂刷界面剂 （3）混凝土或抹灰基层涂刷溶剂型涂料时，含水率不得大于8%；涂刷乳液型涂料时，含水率不得大于10%。木材基层的含水率不得大于12% （4）基层腻子应平整、坚实、牢固，无粉化、起皮和裂缝；内墙腻子的粘结强度应符合《建筑室内用腻子》JG/T 298—2010的规定 （5）厨房、卫生间墙面必须使用耐水腻子	观察；手摸检查；检查施工记录	
一般项目	1	与其他材料、设备衔接	涂层与其他装修材料和设备衔接处应吻合，界面应清晰	观察	
	2	色漆涂饰质量	色漆的涂饰质量和检验方法应符合表4-2-12的规定	见表4-2-12	
	3	清漆涂饰质量	清漆的涂饰质量和检验方法应符合表4-2-13的规定	见表4-2-13	

关于溶剂型涂料涂饰分项工程质量检验的说明：

（1）主控项目第一项

一般施工单位不具备对油漆涂料检测的条件，工程检测机构也不具备对油漆的检测条件，只能凭经验、观察和试用等办法来确定油漆质量的优劣，故在工程施工前要检查其合格证书、性能检测报告。

（2）一般项目第二项

色漆的涂饰质量和检验方法见表4-2-12。

色漆的涂饰质量和检验方法　　　　　表4-2-12

项次	项目	普通涂饰	高级涂饰	检验方法
1	颜色	均匀一致	均匀一致	观察
2	光泽、光滑	光泽基本均匀光滑无挡手感	光泽均匀一致光滑	观察、手摸检查
3	刷纹	刷纹通顺	无刷纹	观察
4	裹棱、流坠、皱皮	明显处不允许	不允许	观察
5	装饰线、分色线直线度允许偏差（mm）	2	1	拉5m线，不足5m拉通线，用钢直尺检查

(3) 一般项目第三项

清漆的涂饰质量和检验方法见表 4-2-13。

裱糊工程：裱糊工程主要是采用壁纸和墙布等卷材使用胶粘剂进行粘贴，对墙柱面层进行装饰，适用于聚氯乙烯塑料壁纸、复合纸质壁纸、墙布等裱糊工程。

清漆的涂饰质量和检验方法　　表4-2-13

项次	项目	普通涂饰	高级涂饰	检验方法
1	颜色	基本一致	均匀一致	观察
2	木纹	棕眼刮平、木纹清楚	棕眼刮平、木纹清楚	观察
3	光泽、光滑	光泽基本均匀、光滑无挡手感	光泽均匀一致光滑	观察、手摸检查
4	刷纹	无刷纹	无刷纹	观察
5	裹棱、流坠、皱皮	明显处不允许	不允许	观察

2.2.4.5 材料要求

(1) 壁纸、墙布应整洁，图案清晰。PVC 壁纸的质量应符合《聚氯乙烯壁纸》QB/T 3805—1999 的规定。

(2) 壁纸、墙布的图案、品种、色彩等应符合设计要求，并应附有产品合格证。

(3) 壁纸中的有害物质限量值应符合表 4-2-14 的规定。

(4) 聚氯乙烯塑料壁纸的外观质量要求应符合表 4-2-15 的规定。

(5) 装饰墙布的外观质量应符合表 4-2-16 的要求。

壁纸中的有害物质限量值（单位：mg/kg）　　表4-2-14

有害物质名称		限量值	有害物质名称	限量值
重金属（或其他）元素	钡	≤1000	氯乙烯单体	≤1.0
	镉	≤25	甲醛	≤120
	铬	≤60		
	铅	≤90		
	砷	≤8		
	汞	≤20		
	硒	≤165		
	锑	≤20		

注：本表摘自《室内装饰装修材料壁纸中有害物质限量》GB 18585—2001。

聚氯乙烯塑料壁纸的外观质量要求　　表4-2-15

缺陷名称	优等品	一等品	合格品
色差	不允许有	不允许有明显差异	允许有差异，但不影响使用
伤痕和皱褶	不允许有	不允许有	允许基纸有明显折印，但壁纸表面不许有死折
气泡	不允许有	不允许有	不允许有影响外观的气泡
套印精度	偏差不大于0.7mm	偏差不大于1mm	偏差不大于2mm
露底	不允许有	不允许有	允许有2mm的露底，但不允许集中
漏印	不允许有	不允许有	不允许有影响外观的漏印
污染点	不允许有	不允许有目视明显的污染点	允许有目视明显的污染点，但不允许密集

装饰墙布的外观质量　　　　　　　　　　　　　　　　　　表4-2-16

疵点名称	一等品	二等品	备注
同批内色差	4级	3.4级	同一包（300m）内
左中右色差	4.5级	4级	指相对范围
前后色差	4级	3～4级	指同卷内
深浅不均	轻微	明显	严重为次品
折皱	不影响外观	轻微影响外观	明显影响外观为次品
花纹不符	轻微影响	明显影响	严重影响为次品
花纹印偏	15mm以内	30mm以内	
边疵	15mm以内	30mm以内	
豁边	10mm以内三只	20mm以内六只	
破洞	不透露胶面	轻微影响胶面	透露胶面为次品
色条色泽	不影响外观	轻微影响外观	明显影响为次品
油污水渍	不影响外观	轻微影响外观	明显影响为次品
破边	10mm以内	20mm以内	
幅宽	同卷内不超过±15mm	同卷内不超过±20mm	

（6）胶粘剂可选购成品亦可自行配制，应按壁纸和墙布的品种选配，并应具有防霉、耐久等性能，如有防火要求则胶粘剂应具有耐高温、不起层性能。

（7）水基型胶粘剂中的有害物质限量值应符合表4-2-17的规定。

水基型胶粘剂中的有害物质限量值　　　　　　　　　　　　表4-2-17

项目		指 标				
		缩甲醛类胶粘剂	聚乙酸乙烯酯胶粘剂	橡胶类胶粘剂	聚氨酯类胶粘剂	其他胶粘剂
游离甲醛／（g/kg）	≤	1	1	1	—	1
苯／（g/kg）	≤	0.2				
甲苯+二甲苯／（g/kg）	≤	10				
总挥发性有机物／（g/L）	≤	50				

（8）运输和储存时，所有壁纸、墙布均不得日晒雨淋；压花壁纸和墙布应平放；发泡壁纸和复合壁纸则应竖放。

2.2.4.6 裱糊工程的质量控制要点（表4-2-18）

裱糊工程的质量控制要点　　　　　　　　　　　　　　　　表4-2-18

项目	质量控制要点
质量预控	（1）新建筑物的混凝土或抹灰基层墙面在刮腻子前应涂刷抗碱封闭底漆 （2）旧墙面在裱糊前应清除疏松的旧装修层，并刷涂界面剂 （3）基层按设计要求木砖或木筋已埋设，水泥砂浆找平层已抹完，经干燥后含水率不大于8%，木材基层含水率不大于12% （4）水电及设备、顶墙上预留预埋件已完。门窗油漆已完成 （5）房间地面工程已完，经检查符合设计要求 （6）房间的木护墙和细木装修底板已完，经检查符合设计要求 （7）大面积装修前，应做样板间，经鉴定合格后，方可组织施工

项目	质量控制要点
基层处理	裱糊工程对基层的处理比较严格，要求基层面各项允许偏差必须达到高级抹灰标准。表面必须平整光洁、不疏松掉粉、颜色一致、无砂眼裂缝等。首先，必须检查基层面平整度、垂直度、阴阳角方正等允许偏差是否达到类似高级抹灰标准，如果达不到，应返工或进行处理。 裱糊工程基体或基层的含水率的检查：混凝土和抹灰面不得大于8%；木材制品不得大于12%。含水率的检验可用手携式核子湿度检测仪，将其"探头"紧贴检测处即可反映出含水率之高低，如无此种仪表，可将一张长宽为300～500mm的较厚农用塑料薄膜（透明的）周边用宽胶带纸粘贴于检测处，若墙体或基层含水率高，则有小水珠附着于薄膜贴墙的一面上，一天观察数次，直至薄膜上无水汽时可认为基层已达到含水率的要求
裱糊工程施工	（1）壁纸、墙布的种类、规格、图案、颜色和燃烧性能等级必须符合设计要求及国家现行标准的有关规定。同一房间的壁纸、墙布应用同一批料，即使同一批料，当有色差时，也不应贴在同一墙面上 （2）裁纸（布）时，长度应有一定余量，剪口应考虑对花并与边线垂直，裁成后卷拢，横向存放。不足幅宽的窄幅，应贴在较暗的阴角处。窄条下料时，应考虑对缝和搭缝关系，手裁的一边只能搭接不能对缝 （3）胶粘剂应集中调制，并通过400孔/cm²筛子过滤，调制好的胶粘剂应当天用完 （4）裱糊第一幅前，应弹垂直线，作为裱糊时的基准线 （5）墙面应采用整幅裱糊，并统一设置对缝，阳角处不得有接缝，阳角处接缝应搭接 （6）无花纹的壁纸，可采用两幅间重叠2cm搭接。有花纹的壁纸，则采取两幅间壁纸花纹重叠对准，然后用钢直尺压在重叠处，用刀切断、撕去余纸，粘贴压实 （7）裱糊普通壁纸，应先将壁纸浸水湿润3～5min（视壁纸性能而定），取出静置20min。裱糊时，基层表面和壁纸背面同时涂刷胶粘剂（壁纸刷胶后应静置5min上墙） （8）裱糊玻璃纤维墙布，应先将墙布背面清理干净。裱糊时，应在基层表面涂刷胶粘剂 （9）裱糊后各幅拼接应横平竖直，拼接处花纹、图案应吻合，不离缝，不搭接，不显拼缝；粘贴牢固，不得有漏贴、补贴、脱层、空鼓和翘边 （10）裱糊后的壁纸、墙布表面应平整，色泽应一致，不得有波纹起伏、气泡、裂缝、皱折及斑污，斜视时应无胶痕；复合压花壁纸的压痕及发泡壁纸的发泡层应无损坏；壁纸、墙布与各种装饰线、设备线盒应交接严密；壁纸、墙布边缘应平直整齐，不得有纸毛、飞刺；壁纸、墙布阴角处搭接应顺光、阳角处应无接缝 （11）裱糊过程中和干燥前，应防止穿堂风和温度的突然变化
成品保护	（1）墙布、锦缎装修饰面已裱糊完的房间应及时清理干净，不准做临时料房或休息室，避免污染和损坏，应设专人负责管理，如及时锁门，定期通风换气、排气等 （2）在整个墙面装饰工程裱糊施工过程中，严禁非操作人员随意触摸成品 （3）暖通、电气、上下水管工程裱糊施工过程中，操作者应注意保护墙面，严防污染和损坏成品 （4）严禁在已裱糊完墙布、锦缎的房间内剔凿打洞。若纯属设计变更所至，也应采取可靠有效措施，施工要仔细，小心保护，施工后要及时认真修补，以保证成品完整 （5）二次补油漆、涂浆糊及地面磨石，花岗石清理时，要注意保护好成品，防止污染、碰撞与损坏墙面 （6）墙面裱糊时，各道工序必须严格按照规程施工，操作时要做到干净利落，边缝要切割整齐到位，胶痕迹要擦干净 （7）冬期在采暖条件下施工，要派专人负责看管，严防发生跑水、渗漏水等灾害性事故

2.2.5 软包墙柱面质量检验与检测

2.2.5.1 一般要求

（1）软包墙面木框、龙骨、底板、面板等木材的树种、规格、等级、含水率和防腐处理必须符合设计图纸要求。

（2）软包面料及内衬材料及边框的材质、颜色、图案、燃烧性能等级应符合设计要求及国家现行标准的有关规定，具有防火检测报告。普通布料需进行两次防火处理，并检测合格。

（3）龙骨一般用白松烘干料，含水率不大于12%，厚度应根据设计要求，不得有腐朽、节疤、劈裂、扭曲等疵病，并预先经防腐处理。龙骨、衬板、边框应安装牢固，无翘曲，拼缝应平直。

(4) 外饰面用的压条分格框料和木贴脸等面料，一般采用工厂经烘干加工的半成品料，含水率不大于12%。选用优质五夹板，如基层情况特殊或有特殊要求者，亦可选用九夹板。

(5) 胶粘剂一般采用立时得粘贴，不同部位采用不同胶粘剂。

(6) 民用建筑工程所使用的无机非金属装修材料，其放射性指标限量应符合表4-2-19的规定。

无机非金属装修材料放射性指标限量　　　　　表4-2-19

测定项目	限　量	
	A	B
内照射指数（IRa）	≤1.0	≤1.3
外照射指数（Ir）	≤1.3	≤1.9

(7) 民用建筑工程室内用人造木板及饰面人造木板必须测定游离甲醛含量或游离甲醛释放量。

2.2.5.2　软包工程质量控制要点（表4-2-20）

软包工程质量控制要点　　　　　表4-2-20

项目	质量控制要点
质量预控	(1) 混凝土和墙面抹灰完成，基层已按设计要求埋入木砖或木筋，水泥砂浆找平层已抹完并刷冷底子油 (2) 水电及设备，顶墙上预留预埋件已完成 (3) 房间的吊顶分项工程基本完成，并符合设计要求 (4) 房间里的地面分项工程基本完成，并符合设计要求 (5) 调整基层并进行检查，要求基层平整、牢固，垂直度、平整度均符合细木制作验收规范
软包工程施工	(1) 软包墙面所用填充材料、纺织面料和龙骨、木基层板等均应进行防火处理 (2) 墙面防潮处理应均匀涂刷一层油或满铺油纸 (3) 木龙骨宜采用凹槽棒工艺预制，可整体或分片安装，与墙体连接应紧密、牢固 (4) 填充材料制作尺寸应正确，棱角应方正，应与木基层板粘接严密 (5) 织物面料裁剪时经纬应顺直。安装应紧贴墙面，接缝应严密，花纹应吻合，无波纹起伏、翘边和褶皱，表面应清洁 (6) 软包布面与压缝条、贴脸线、踢脚板、电气盒等交接处应严密，顺直，无毛边。电气盒盖等开洞处，套割尺寸应准确
成品保护	(1) 施工过程中对已完成的其他成品注意保护，避免损坏 (2) 施工结束后将面层清理干净，现场垃圾清理完毕，洒水清扫或用吸尘器清理干净，避免扫起灰尘，造成软包二次污染 (3) 软包相邻部位需作油漆或其他喷涂时，应用纸胶带或废报纸进行遮盖，避免污染

2.2.6　轻质隔墙工程质量检验与检测

轻质隔墙工程包括板材隔墙、骨架隔墙、活动隔墙、玻璃隔墙等分项工程。

2.2.6.1　板材隔墙工程

适用于复合轻质墙板、石膏空心板、预制或现制的钢丝网水泥板等板材隔墙工程的质量验收。

(1) 材料基本要求（表4-2-21）

(2) 质量控制要点（表4-2-22）

(3) 质量验收标准

板材隔墙材料的质量要求　　　　　　　　　　　　　　　表4-2-21

项目	材料质量要求
板材隔墙工程	(1) 复合轻质墙板、石膏空心板、预制钢丝网水泥板等板材，应检查出厂合格证，并按其产品质量标准验收 (2) 罩面板应表面平整、边缘整齐，不应有污垢、裂纹、缺角、翘盐、起皮、色差、图案不完整的缺陷。胶合板、木质纤维板不应脱胶、变色和腐朽 (3) 龙骨和罩面板材料的材质均应符合现行国家标准和行业标准的规定 (4) 罩面板的安装宜使用镀锌的螺钉、钉子。接触砖石、混凝土的木龙骨和预埋的木砖应做防腐处理。所有木作都应做好防火处理 (5) 人造板及其制品中甲醛释放试验方法及限量值见下表

产品名称	试验方法	限量值	使用范围	限量标志
中密度纤维板、高密度纤维板、刨花板、定向刨花板等	穿孔萃取法	≤9mg/100g	可直接用于室内	E1
		≤30mg/100g	必须饰面处理后可允许用于室内	E2
胶合板、装饰单板贴面胶合板、细木工板等	干燥器法	≤1.5mg/L	可直接用于室内	E1
		≤5.0mg/L	必须饰面处理后可允许用于室内	E2
饰面人造板（包括浸渍纸层压木质地板、实木复合地板、竹地板、浸渍胶膜纸饰面人造板等）	气候箱法	≤0.12mg/m³	可直接用于室内	E1
	干燥器法	≤1.5mg/L		

注：1. 仲裁机关在仲裁工作中需要做试验时，采用气候箱法。

　　2. E1为可直接用于室内的人造板，E2为必须饰面处理后允许用于室内的人造板。

(6) 水泥质量要求同抹灰工程要求

(7) 黄砂质量要求同抹灰工程要求

(8) 碎石宜用5～15mm，含泥量不应大于1%

(9) 聚乙烯醇缩甲醛胶（108胶）

固体含量10%～12%，相对密度1.05，pH值7～8，是一种无色水溶性胶结剂，用塑料、玻璃、陶瓷等容器贮运

1) 主控项目

①隔墙板材的品种、规格、性能、颜色应符合设计要求。有隔声、隔热、阻燃、防潮等特殊要求的工程，板材应有相应性能等级的检测报告。

检验方法：观察；检查产品合格证书、进场验收记录和性能检测报告。

②安装隔墙板材所需预埋件、连接件的位置、数量及连接方法应符合设计要求。

检验方法：观察；尺量检查；检查隐蔽工程验收记录。

③隔墙板材安装必须牢固。现制钢丝网水泥隔墙与周边墙体的连接方法应符合设计要求，并应连接牢固。

检验方法：观察；手扳检查。

④隔墙板材所用接缝材料的品种及接缝方法应符合设计要求。

检验方法：观察；检查产品合格证书和施工记录。

项目	质量控制要点
板材隔墙工程	(1) 弹线必须准确，经复验后方可进行下道工序 (2) 墙位楼地面应凿毛，并清扫干净，用水湿润 (3) 门口应设通天框，这是确保使用质量的关键，安装条板应从门旁用整块板开始，收口处可根据需要随意锯开再拼装粘结，但不应放在门边 (4) 安装前在条板的顶面和侧面满涂108胶水泥砂浆，先推紧侧面，再顶牢顶面，在条板下两侧各1/3处垫两组木楔，并用靠尺检查，然后在下端浇筑硬性细石混凝土 (5) 在安装石膏空心条板时，为防止其板底端吸水，可先涂刷甲基硅醇钠溶液防潮涂料 (6) 用铝合金条板装饰墙面时，可用螺钉直接固定在结构层上，也可用锚固件悬挂或嵌卡的方法，将板固定在墙筋上 (7) 在板缝处刷水湿润两遍后涂刷防潮涂料，再抹石膏膨胀珍珠岩腻子勾缝，刮平 (8) 在踢脚线处先涂刷经稀释的108胶水一层，再刷108胶水泥浆，待初凝后用水泥砂浆抹实压光

2) 一般项目

①隔墙板材安装应垂直、平整、位置正确，板材不应有裂缝或缺损。

检验方法：观察；尺量检查。

②板材隔墙表面应平整光滑、色泽一致、洁净，接缝应均匀、顺直。

检验方法：观察；手摸检查。

③隔墙上的孔洞、槽、盒应位置正确、套割方正、边缘整齐。

检验方法：观察。

④板材隔墙安装的允许偏差和检验方法应符合表4-2-23的规定。

板材隔墙安装的允许偏差和检验方法 表4-2-23

项次	项目	允许偏差 (mm)				检验方法
		复合轻质墙板		石膏空心板	钢丝网水泥板	
		金属夹芯板	其他复合板			
1	立面垂直度	2	3	3	3	用2m垂直检测尺检查
2	表面平整度	2	3	3	3	用2m靠尺和塞尺检查
3	阴阳角方正	3	3	3	4	用直角检测尺检查
4	接缝高低差	1	2	2	3	用钢直尺和塞尺检查

(4) 检验规定

1) 各分项工程的检验批应按下列规定划分：

同一品种的轻质隔墙工程每50间（大面积房间和走廊按轻质隔墙的墙面30m² 为一间）应划分为一个检验批，不足50间也应划分为一个检验批。

2) 板材隔墙工程的检查数量应符合下列规定：

每个检验批应至少抽查10%，并不得少于3间；不足3间时应全数检查。

3) 板材隔墙工程施工质量检验批的合格判定：

①抽查样本均应符合规范主控项目1～4条的规定。

②抽查样本的80%以上应符合规范一般项目的规定，其余样本不得有影响使用功能或明显影响装饰效果的缺陷，其中有允许偏差的检验项目，其最大

偏差不得超过规范允许偏差的1.5倍。

4）凡达不到质量标准时，应按国家标准《建筑工程施工质量验收统一标准》GB 50300—2013的规定处理。

5）轻质隔墙工程应对人造木板的甲醛含量进行复验。

6）轻质隔墙工程应对下列隐蔽工程项目进行验收：

①骨架隔墙中设备管线的安装及水管试压。

②木龙骨防火、防腐处理。

③预埋件或拉结筋。

④龙骨安装。

⑤填充材料的设置。

7）轻质隔墙与顶棚和其他墙体的交接处应采取防开裂措施。

8）民用建筑轻质隔墙工程的隔声性能应符合国家标准《民用建筑隔声设计规范》GB 50118—2010的规定。

9）质量控制资料

①轻质隔墙工程的施工图、设计说明及其他设计文件。

②材料的产品合格证书、性能检测报告、进场验收记录和复验报告。

③隐蔽工程验收记录。

④施工记录。

（5）常见质量问题（表4-2-24）

板材隔墙常见的质量问题 表4-2-24

序号	质量问题	现象	原因分析	处理措施
1	石膏空心条板墙面不平整	目测墙面有波浪形	（1）板材厚度不一致，有翘曲变形 （2）安装时条板间没有及时找平	挑选板材，不用翘曲材料，及时找平
2	石膏空心条板局部有裂缝	在连接部位出现裂缝	（1）板头不方正，安装时未顶紧，接缝处胶结剂未填满 （2）细石混凝土坍落度过大，在条板与楼板结合处未做凿毛湿水处理	（1）板头找方正，安装顶紧，胶结剂填满 （2）结合部凿毛湿水，控制坍落度

2.2.6.2 骨架隔墙工程

适用于以轻钢龙骨、木龙骨等为骨架，以纸面石膏板、人造木板、水泥纤维板等为墙面板的隔墙工程的质量验收。

（1）材料质量要求（表4-2-25）

（2）质量控制要点（表4-2-26）

（3）质量验收标准

1）主控项目

①骨架隔墙所用龙骨、配件、墙面板、填充材料及嵌缝材料的品种、规格、性能和木材的含水率应符合设计要求。有隔声、隔热、阻燃、防潮等特殊要求的工程，材料应有相应性能等级的检测报告。

序号	材料		质量要求
1	龙骨	龙骨主要有：木龙骨、轻钢龙骨、铝合金龙骨等	(1) 木龙骨一般选用针叶树类，其含水率不得大于18% (2) 轻钢龙骨、铝合金龙骨应具备出厂合格证 (3) 龙骨不得变形、生锈，规格品种应符合设计及规范要求
2	罩面板	罩面板主要有：纸面石膏板、矿棉板、胶合板、纤维板等	(1) 罩面板应具有出厂合格证 (2) 罩面板表面应平整、边缘整齐，不应有污垢、裂缝、缺角、翘曲、起皮、色差和图案不完整等缺陷
3	其他材料		骨架隔墙工程罩面板所使用的螺钉、钉子宜为镀锌，其他如胶粘剂等，其材料的品种、规格、断面尺寸、颜色、物理及化学性质应符合设计要求

检验方法：观察；检查产品合格证书、进场验收记录、性能检测报告和复验报告。

②骨架隔墙工程边框龙骨必须与基体结构连接牢固，并应平整、垂直、位置正确。

检验方法：手扳检查；尺量检查；检查隐蔽工程验收记录。

③骨架隔墙中龙骨间距和构造连接方法应符合设计要求。骨架内设备管线的安装、门窗洞口等部位加强龙骨应安装牢固、位置正确，填充材料的设置应符合设计要求。

检验方法：检查隐蔽工程验收记录。

④木龙骨及木墙面板的防火和防腐处理必须符合设计要求。

检验方法：检查隐蔽工程验收记录。

⑤骨架隔墙的墙面板应安装牢固，无脱层、翘曲、折裂及缺损。

检验方法：观察；手扳检查。

⑥墙面板所用接缝材料的接缝方法应符合设计要求。

检验方法：观察。

2) 一般项目

①骨架隔墙表面应平整光滑、色泽一致、洁净、无裂缝，接缝应均匀、顺直。

检验方法：观察；手摸检查。

②骨架隔墙上的孔洞、槽、盒应位置正确、套割吻合、边缘整齐。

检验方法：观察。

③骨架隔墙内的填充材料应干燥，填充应密实、均匀、无下坠。

检验方法：轻敲检查；检查隐蔽工程验收记录。

④骨架隔墙安装的允许偏差和检验方法应符合表4-2-27的规定。

(4) 检验规定

1) 骨架隔墙工程的检查数量应符合下列规定：

每个检验批应至少抽查10%，并不得少于3间；不足3间时应全数检查。

2) 骨架隔墙工程施工质量检验批的合格判定：

①抽查样本均应符合《建筑装饰装修工程质量验收标准》GB 50210—2018主控项目1～6条的规定。

序号	项目		质量控制要点
1	隔断龙骨安装	轻钢龙骨	(1) 按设计要求在楼（地）面上按龙骨宽度弹线，并引到两端墙（或柱）上及顶棚（或梁）下面，并在楼（地）面上标出门、窗洞口位置 (2) 用射钉或膨胀螺栓固定天、地、边龙骨，固定点间距不应大于1m，并应按设计要求安装密封条。当基体为多孔砖或轻质砖、标准砖墙体时，应留预埋件固定 (3) 在四周龙骨安装后，按设计及规范要求及罩面板的实际宽度安装竖向龙骨，并与沿顶、沿地龙骨用铆钉固定 (4) 在门窗框边应设置加强龙骨，以保证隔墙的刚度 (5) 当隔墙用于厕所间及厨房间分隔时，在龙骨下部宜设置素混凝土导墙或砌三皮标准砖墙，以防根部渗水
		铝合金龙骨	(1) 定位弹线要求同轻钢龙骨 (2) 铝合金型材与地面、墙面的连接用铁脚固定 (3) 全封铝合金骨架隔墙通常先固定竖向型材，再按装潢档型材组成框架。半高铝合金骨架隔墙，一般采取先在地面组成框架后，再竖起来固定 (4) 为了安装方便及美观效果，其竖向型材和横向型材采用同一规格尺寸的型材。型材的连接主要是用3mm左右厚的铝角和自攻螺钉，在非重要位置也可以用型材的边角料来做铝角连接料。对连接件的基本要求是有一定强度和尺寸准确，铝角件的长度应是型材的内径长、铝角件可正好装入型材管的内腔之中 (5) 组装骨架隔墙应从一端开始。通常，先将靠墙的竖向型材与铝角件固定，再将横撑型材通过铝角件与竖向型材连接，并以此方法组成框架 (6) 铝框架与墙地面的固定
		木龙骨	(1) 墙面较高较宽的木龙骨骨架隔墙，龙骨采用50mm×80mm或50mm×80mm，框体的规格为500mm×500mm左右的方框架或500mm×800mm左右的长方框架；宽度为150mm左右的木龙骨骨架隔墙，采用小木方双层结构 (2) 定位弹线要求同轻钢龙骨 (3) 固定木龙骨的位置通常是在沿墙、沿地和沿顶面处，按300～400mm的间距，用ϕ7.8或ϕ10.8的钻头打孔，孔深45mm左右，用M6或M8的膨胀螺栓 (4) 木骨架隔墙与吊顶相接触，其处理方法要根据不同的吊顶结构而定
		安装要求	(1) 当选用支撑卡系列龙骨时，应先将支撑卡安装在竖向龙骨的开口上，卡距为400～600mm，距龙骨两端的为20～25mm (2) 选用通贯系列龙骨时，高度低于3m的隔墙安装一道；3～5m时安装两道；5m以上时安装三道 (3) 门窗或特殊节点处，应使用附加龙骨，安装应符合设计要求 (4) 隔断的下端如用木踢脚板覆盖，隔断的罩面板下端应离开地面20～30mm；如用大理石、水磨石踢脚时，罩面板下端应与踢脚板上口齐平，接缝要严密
2	石膏板安装		(1) 石膏板应采用自攻螺钉固定。周边螺钉的间距不应大于200mm，中间部分螺钉的间距不应大于300mm，螺钉与板边缘的距离应为10～16mm (2) 安装石膏板时，应从板的中部开始向板的四边固定。钉头略埋入板内，但不得损坏纸面；钉眼应用石膏腻子抹平 (3) 石膏板应按框格尺寸裁割准确，就位时应与框格靠紧，但不得强压 (4) 隔墙端部的石膏板与周围的墙或柱应留有3mm的槽口。施铺罩面板时，应先在槽口处加注嵌缝膏，然后铺板并挤压嵌缝膏使面板与邻近表层接触紧密 (5) 在丁字形或十字形相接处，如为阴角应用腻子嵌满，贴上接缝带，如为阳角应做护角 (6) 石膏板的接缝，一般应为3～6mm缝，必须坡口与坡口相接
3	胶合板和纤维板安装		(1) 安装胶合板的基体表面，用油毡、油纸防潮时，应铺设平整，搭接严密，不得有皱折、裂缝和透孔等 (2) 用钉子固定时，胶合板钉距为80～150mm，纤维板钉距为80～120mm；用木压条固定时，钉距不应大于200mm，钉长为20～30mm，钉帽打扁并进入板面0.5～1mm，钉眼用油性腻子抹平
4	铝合金装饰条板安装		用铝合金条板装饰墙面时，可用螺钉直接固定在结构层上，也可用锚固件悬挂或嵌卡的方法，将板固定在轻钢龙骨上，或将板固定在墙筋上
5	细部处理		墙面安装胶合板时，阳角处应做护角，以防板边角损坏，阳角的处理应采用刨光起线的木质压条，以增加装饰

骨架隔墙安装的允许偏差和检验方法　　　　　　　表4-2-27

项次	项目	允许偏差（mm）		检验方法
		纸面石膏板	人造木板、水泥纤维板	
1	立面垂直度	3	4	用2m垂直检测尺检查
2	表面平整度	3	3	用2m靠尺和塞尺检查
3	阴阳角方正	3	3	用直角检测尺检查
4	接缝直线度	—	3	拉5m线，不足5m拉通线，用钢直
5	压条直线度	—	3	尺检查
6	接缝高低差	1	1	用钢直尺和塞尺检查

②抽查样本的80%以上应符合《建筑装饰装修工程质量验收标准》GB 50210—2018一般项目的规定，其余样本不得有影响使用功能或明显影响装饰效果的缺陷，其中有允许偏差的检验项目，其最大偏差不得超过规范允许偏差的1.5倍。

2.2.6.3 活动隔墙工程

适用于各种活动隔墙工程的质量验收。

（1）材料质量要求（表4-2-28）

（2）质量控制要点（表4-2-29）

材料质量要求　　　　　　　　表4-2-28

序号	项目	质量要求
1	活动隔墙工程	（1）活动隔墙所用墙板、配件等材料的品种、规格、性能和木材的含水率应符合设计要求，进场产品应有合格证书 （2）有阻燃、防潮等特性要求的工程，材料应有相应性能等级的检测报告和复验报告 （3）骨架、罩面板材料，在进场、存放、使用过程中应妥善管理，使其不变形、不受潮、不损坏、不污染

质量控制要点　　　　　　　　表4-2-29

序号	项目	质量控制要点
1	活动隔墙工程	（1）活动隔墙安装后必须能重复及动态使用，同时必须保证使用的安全性和灵活性 （2）推拉式活动隔墙的轨道必须平直，安装后，应该推拉平稳、灵活、无噪声，不得有弹跳、卡阻现象 （3）施工过程中，应做好成品保护，防止已施工完的地面、隔墙受损

（3）质量验收标准

1）主控项目

①活动隔墙所用墙板、配件等材料的品种、规格、性能和木材的含水率应符合设计要求。有阻燃、防潮等特性要求的工程，材料应有相应性能等级的检测报告。

检验方法：观察；检查产品合格证书、进场验收记录、性能检测报告和复验报告。

②活动隔墙轨道必须与基体结构连接牢固，并应位置正确。

检验方法：尺量检查；手扳检查。

③活动隔墙用于组装、推拉和制动的构配件必须安装牢固、位置正确，推拉必须安全、平稳、灵活。

检验方法：尺量检查；手扳检查；推拉检查。

④活动隔墙制作方法、组合方式应符合设计要求。

检验方法：观察。

2）一般项目

①活动隔墙表面应色泽一致、平整光滑、洁净，线条应顺直、清晰。

检验方法：观察；手摸检查。

②活动隔墙上的孔洞、槽、盒应位置正确、套割吻合、边缘整齐。

检验方法：观察；尺量检查。

③活动隔墙推拉应无噪声。

检验方法：推拉检查。

④活动隔墙安装的允许偏差和检验方法应符合表4-2-30的规定。

活动隔墙安装的允许偏差和检验方法 表4-2-30

项次	项目	允许偏差（mm）	检验方法
1	立面垂直度	3	用2m垂直检测尺检查
2	表面平整度	2	用2m靠尺和塞尺检查
3	接缝直线度	3	拉5m线，不足5m拉通线，用钢直尺检查
4	接缝高低差	2	用钢直尺和塞尺检查
5	接缝宽度	2	用钢直尺检查

（4）检验规定

1）各分项工程的检验批应按《建筑装饰装修工程质量验收标准》GB 50210—2018规定划分；

2）活动隔墙工程的检查数量应符合下列规定：

每个检验批应至少抽查20%，并不得少于6间；不足6间时应全数检查。

3）活动隔墙工程施工质量检验批的合格判定：

①抽查样本应符合《建筑装饰装修工程质量验收标准》GB 50210—2018中检验批验收主控项目1～4条的规定。

②抽查样本的80%以上应符合《建筑装饰装修工程质量验收标准》GB 50210—2018中检验批一般项目的规定，其余样本不得有影响使用功能或明显影响装饰效果的缺陷，其中有允许偏差的检验项目，其最大偏差不得超过规范允许偏差的1.5倍。

凡达不到质量标准时，应按国家标准《建筑工程施工质量验收统一标准》GB 50300—2013的规定处理。

2.2.6.4 玻璃隔墙工程

适用于玻璃砖、玻璃板隔墙工程的质量验收。

（1）材料质量要求（表4-2-31）

（2）质量控制要点（表4-2-32）

(3) 质量验收标准

1) 主控项目

①玻璃隔墙工程所用材料的品种、规格、性能、图案和颜色应符合设计要求。玻璃板隔墙应使用安全玻璃。

检验方法：观察；检查产品合格证书、进场验收记录和性能检测报告。

②玻璃砖隔墙的砌筑或玻璃板隔墙的安装方法应符合设计要求。

检验方法：观察。

③玻璃砖隔墙砌筑中埋设的拉结筋必须与基体结构连接牢固，并应位置正确。

检验方法：手扳检查；尺量检查；检查隐蔽工程验收记录。

④玻璃板隔墙的安装必须牢固。玻璃板隔墙胶垫的安装应正确。

检验方法：观察；手推检查；检查施工记录。

2) 一般项目

①玻璃隔墙表面应色泽一致、平整洁净、清晰美观。

检验方法：观察。

②玻璃隔墙接缝应横平竖直，玻璃应无裂痕、缺损和划痕。

检验方法：观察。

材料质量要求　　　　　　　　　　　　表4-2-31

序号	项目	质量要求
1	玻璃隔墙工程	(1) 玻璃隔墙工程所用材料的品种、规格、性能、图案和颜色应符合设计要求。玻璃板隔墙应使用安全玻璃。安全玻璃中的夹层玻璃必须符合《建筑用安全玻璃　第3部分：夹层玻璃》GB 15763.3—2009的规定；钢化玻璃必须符合《建筑用安全玻璃　第2部分：钢化玻璃》GB 15763.2—2005的规定。玻璃应无裂痕、缺损和划痕。玻璃厚度有8mm、10mm、12mm、15mm、18mm、22mm等，长宽根据工程设计要求确定；进场材料应有产品合格证书和性能检测报告 (2) 玻璃不应搁置和倚靠在可能损伤玻璃边缘和玻璃面的物体上。运输和存放时应在下端和四周设置橡胶垫块，并绑扎牢固，当用人力搬运时应避免在搬运过程中破损；在搬运大面积玻璃时应注意风向，以确保安全 (3) 使用空心玻璃砖的规格应符合设计要求。空心玻璃砖的规格和性能应符合下表的规定

规格 (mm)			抗压强度	导热系数	单块重量	隔声	透光率
长	宽	高	(MPa)	(W/m^2·K)	(kg)	(dB)	(%)
190	190	80	6.0	2.35	2.4	40	81
240	115	80	4.8	2.50	2.1	45	77
240	240	80	6.0	2.30	4.0	40	85
300	90	100	6.0	2.55	2.4	45	77
300	190	100	6.0	2.50	4.5	45	81
300	300	100	7.5	2.50	6.7	45	85

(4) 铝合金建筑型材应符合《铝合金建筑型材》GB/T 5237.1～6—2017的规定，槽钢应符合《热轧型钢》GB/T 706—2016的规定，所用钢筋应符合行业标准《建筑工程检测试验技术管理规范》JGJ 190—2010中规定的Ⅰ级钢筋的要求

(5) 紧固材料膨胀螺栓、射钉、自攻螺钉、木螺钉和粘贴嵌缝料，应符合设计要求

(6) 水泥应采用符合国家标准《通用硅酸盐水泥》GB 175—2007规定的水泥；白水泥应采用符合国家标准《白色硅酸盐水泥》GB/T 2015—2017规定的32.5等级白色硅酸盐水泥

(7) 配制砌筑砂浆用的砂粒径不得大于3mm，配制勾缝砂浆用的黄砂粒径不得大于1mm

③玻璃板隔墙嵌缝及玻璃砖隔墙勾缝应密实平整、均匀顺直、深浅一致。

检验方法：观察。

④玻璃隔墙安装的允许偏差和检验方法应符合表4-2-33的规定。

(4) 检验规定

1) 各分项工程的检验批按照《建筑装饰装修工程质量验收标准》GB 50210—2018要求划分；

2) 玻璃隔墙工程的检查数量应符合下列规定：

每个检验批应至少抽查20%，并不得少于6间；不足6间时应全数检查。

3) 玻璃隔墙工程施工质量检验批的合格判定：

质量控制要点   表4-2-32

序号	项目		质量控制要点
1	质量预控		(1) 主体结构完成及交接验收，并清理现场 (2) 砌墙时应根据顶棚标高在四周墙上预埋防腐木砖 (3) 木龙骨必须进行防火处理，并应符合有关防火规范的规定。直接接触结构的木龙骨应预先刷防腐漆 (4) 做隔断房间需在地面的湿作业工程前将直接接触结构的木龙骨安装完毕，并做好防腐处理
2	玻璃隔墙工程安装	基本要求	墙位放线应清晰，位置应准确。隔墙基层应平整、牢固；骨架边框的安装应符合设计和产品组合的要求；压条应与边框紧贴，不得弯棱、凸鼓；安装玻璃前应对骨架、边框的牢固程度进行检查，如有不牢应进行加固；玻璃安装应符合《建筑装饰装修工程质量验收标准》GB 50210—2018门窗工程的有关规定
		安装要求	(1) 玻璃隔墙的固定框通常有木框、铝合金框、金属框（如角铁、槽钢等）或木框外包金属装饰板等。固定框的形式四周均有档子组成的封闭框，或只有上下档子的固定框（常用于无框玻璃门的玻璃隔墙中）。固定框与接（地）面、两端墙体的固定，按设计要求先弹出隔墙位置线，固定方法与轻钢龙骨、木龙骨相同。固定框的顶框，通常在吊平顶下，而无法与楼板顶（或梁）的下面直接固定。因此顶框的固定须按设计施工详图处理。固定框与连接基体的结合部应用弹性密封材料封闭 (2) 隔墙玻璃的厚度，应按设计要求定，但同时应满足《建筑玻璃应用技术规程》JGJ 113—2015的有关要求。安全玻璃最大许用面积应符合下表的规定 玻璃种类/公称厚度(mm)/最大许用面积(m²)见下表 (3) 玻璃与固定框的结合不能太紧密，玻璃放入固定框时，应设置橡胶支承垫块和定位块，支承块的长度不得小于50mm，宽度应等于玻璃厚度加上前部余隙和后部余隙，厚度应等于边缘余隙。定位块的长度应不小于25mm，宽度、厚度同支承块相同。支承垫块与定位块的安装位置应距固定框槽角1/4边的位置处 (4) 固定压条通常采用自攻螺钉固定，在压条与玻璃间（即前部余隙和后部余隙）注入密封胶或嵌密封条。如果压条为金属槽条，且为了表面美观不得直接用自攻螺钉固定时，可采用先将木压条用自攻螺钉固定，然后用万能胶将金属槽条卡在木压条外，以达到装饰目的 (5) 安装好的玻璃应平整、牢固，不得有松动现象；密封条与玻璃、玻璃槽口的接触应紧密、平整，并不得露在玻璃槽口外面 (6) 用橡胶垫镶嵌的玻璃，橡胶垫应与裁口、玻璃及压条紧贴，并不得露在压条外面；密封胶与玻璃、玻璃槽口的边缘应粘结牢固，接缝齐平 (7) 玻璃隔断安装完毕后，应在玻璃单侧或双侧设置护栏或摆放花盆等装饰物，或在玻璃表面，距地面1500～1700mm处设置醒目彩条或文字标志，以避免人体直接冲击玻璃

安全玻璃最大许用面积表：

玻璃种类	公称厚度 (mm)	最大许用面积 (m²)	玻璃种类	公称厚度 (mm)	最大许用面积 (m²)
钢化玻璃	4	2.0	夹层玻璃	6.38　6.76　7.52	3.0
	5	2.0		8.38　8.76　9.52	5.0
	6	3.0		10.38　10.76　11.52	7.0
	8	4.0		12.38　12.76　13.52	8.0
	10	5.0			
	12	6.0			

序号	项目		质量控制要点
3	玻璃砖隔墙工程安装	基本要求	玻璃砖墙宜以1.5m高为一个施工段，待下部施工段胶结材料达到设计强度后再进行上部施工。当玻璃砖墙面积过大时应增加支撑。玻璃砖墙的骨架应与结构连接牢固。玻璃砖应排列均匀整齐，表面平整，嵌缝的油灰或密封膏应饱满密实
		玻璃砖墙	玻璃砖首皮撬底，玻璃砖要按弹好的墙线砌筑。在砌筑墙两端的第一块玻璃砖时，将玻璃纤维毡或聚苯乙烯放入两端的边框内。玻璃纤维毡或聚苯乙烯随砌筑高度的增加而放置，一直到顶对接；在每砌筑完一皮后，用透明塑料胶带将玻璃砖墙立缝贴封，然后往立缝内灌入砂浆并捣实；玻璃砖墙皮与皮之间应放置双排钢筋板网，钢筋搭接位置选在玻璃砖墙中央，最上一皮玻璃砖砌筑在墙中间收头，顶部槽钢内放置玻璃纤维毡或聚苯乙烯，水平灰缝和竖向灰缝厚度一般为8～10mm。划缝紧接着缝灌好砂浆后进行，划缝深度为8～10mm，须深浅一致，清扫干净。划缝2～3h后，即可勾缝，勾缝砂浆内掺入水泥质量2%的石膏粉；砌筑砂浆应根据砌筑量，随时拌和，且其存放时间不得超过3h
		空心玻璃砖墙	1）固定金属型材框用的镀锌钢膨胀螺栓直径不得小于8mm，间距不得大于5000mm用于80mm厚的空心玻璃砖的金属型材框，最小截面应为90mm×50mm×3.0mm；用于100mm厚的空心玻璃砖的金属型材框，最小截面应为108mm×50mm×3.0mm 2）空心玻璃砖的砌筑砂浆等级应为M5，一般宜使用白色硅酸盐水泥与粒径小于3mm的砂拌制 3）室内空心玻璃砖隔墙的高度和长度均超过1.5m时，应在垂直方向上每二层空心玻璃砖水平布2根+6mm（或+8mm）的钢筋（当只有隔墙的高度超过1.5m时，放一根钢筋），在水平方向上每3个缝至少垂直布一根钢筋（错缝砌筑时除外），钢筋每端伸入金属型材框的尺寸不得小于35mm。最上层的空心玻璃砖应深入顶部的金属型材框中，深入尺寸不得小于10mm，且不得大于25mm 4）空心玻璃砖之间的接缝不得小于10mm，且不得大于30mm 5）空心玻璃砖与金属型材框两翼接触的部位应留有滑缝，且不得小于4mm，腹面接触的部位应留有胀缝，且不得小于10mm。滑缝和胀缝应用沥青毡和硬质泡沫塑料填充。金属型材框与建筑墙体和屋顶的结合部，以及空心玻璃砖砌体与金属型材框翼端的结合部应用弹性密封剂封闭

玻璃隔墙安装的允许偏差和检验方法　　　　　　　　　　　表4-2-33

项次	项目	允许偏差（mm）		检验方法
		玻璃板	玻璃砖	
1	立面垂直度	2	3	用2m垂直检测尺检查
2	表面平整度	—	3	用2m靠尺和塞尺检查
3	阴阳角方正	2	—	用200mm直角检测尺检查
4	接缝直线度	2	—	拉5m线，不足5m拉通线，用钢直尺检查
5	接缝高低差	2	3	用钢直尺和塞尺检查
6	接缝宽度	1	—	用钢直尺检查

①抽查样本均应符合规范主控项目1～4条的规定。

②抽查样本的80%以上应符合规范一般项目的规定，其余样本不得有影响使用功能或明显影响装饰效果的缺陷，其中有允许偏差的检验项目，其最大偏差不得超过规范允许偏差的1.5倍。

平板玻璃外观质量要求见表4-2-34～表4-2-36。

平板玻璃合格品外观质量　　　　　　　　　　　表4-2-34

缺陷种类	质量要求	
点状缺陷[a]	尺寸（L）/mm	允许个数限度

缺陷种类	质量要求	
点状缺陷[a]	$0.5\leqslant L\leqslant 1.0$	$2\times S$
	$1.0<L\leqslant 2.0$	$1\times S$
	$2.0<L\leqslant 3.0$	$0.5\times S$
	$L>3.0$	0
点状缺陷密集度	尺寸≥0.5mm的点状缺陷最小间距不小于300mm；直径100mm圆内尺寸≥0.3mm的点状缺陷不超过3个	
线道	不允许	
裂纹	不允许	
划伤	允许范围	允许条数限度
	宽≤0.5mm，长≤60mm	$3\times S$
光学变形	公称厚度	无色透明平板玻璃	本体着色平板玻璃
	2mm	≥40°	≥40°
	3mm	≥45°	≥40°
	≥4mm	≥50°	≥45°
断面缺陷	公称厚度不超过8mm时，不超过玻璃板的厚度；8mm以上时，不超过8mm	

注：S是以平方米为单位的玻璃板面积数值，按GB/T 8170修约，保留小数点后两位。点状缺陷的允许个数限度及划伤的允许条数限度为各系数与S相乘所得的数值，按GB/T 8170修约至整数。

[a]光畸变点视为0.5~1.0mm的点状缺陷。

平板玻璃一等品外观质量   表4-2-35

缺陷种类	质量要求	
点状缺陷[a]	尺寸（L）/mm	允许个数限度
	$0.3\leqslant L\leqslant 0.5$	$2\times S$
	$0.5<L\leqslant 1.0$	$0.5\times S$
	$1.0<L\leqslant 1.5$	$0.2\times S$
	$L>1.5$	0
点状缺陷密集度	尺寸≥0.3mm的点状缺陷最小间距不小于300mm；直径100mm圆内尺寸≥0.2mm的点状缺陷不超过3个	
线道	不允许	
裂纹	不允许	
划伤	允许范围	允许条数限度
	宽≤0.2mm，长≤40mm	$2\times S$
光学变形	公称厚度	无色透明平板玻璃	本体着色平板玻璃
	2mm	≥50°	≥45°
	3mm	≥55°	≥50°
	4~12mm	≥60°	≥55°
	≥15mm	≥55°	≥50°
断面缺陷	公称厚度不超过8mm时，不超过玻璃板的厚度；8mm以上时，不超过8mm	

注：S是以平方米为单位的玻璃板面积数值，按GB/T 8170修约，保留小数点后两位。点状缺陷的允许个数限度及划伤的允许条数限度为各系数与S相乘所得的数值，按GB/T 8170修约至整数。

[a]点状缺陷中不允许有光畸变点。

缺陷种类	质量要求		
点状缺陷^a	尺寸（L）/mm		允许个数限度
	$0.3 \leqslant L \leqslant 0.5$		$1 \times S$
	$0.5 < L \leqslant 1.0$		$0.2 \times S$
	$L > 1.0$		0
点状缺陷密集度	尺寸≥0.3mm的点状缺陷最小间距不小于300mm；直径100mm圆内尺寸≥0.1mm的点状缺陷不超过3个		
线道	不允许		
裂纹	不允许		
划伤	允许范围		允许条数限度
	宽≤0.1mm，长≤30mm		$2 \times S$
光学变形	公称厚度	无色透明平板玻璃	本体着色平板玻璃
	2mm	≥50°	≥50°
	3mm	≥55°	≥50°
	4～12mm	≥60°	≥55°
	≥15mm	≥55°	≥50°
断面缺陷	公称厚度不超过8mm时，不超过玻璃板的厚度；8mm以上时，不超过8mm		

注：S是以平方米为单位的玻璃板面积数值，按GB/T 8170修约，保留小数点后两位。点状缺陷的允许个数限度及划伤的允许条数限度为各系数与S相乘所得的数值，按GB/T 8170修约至整数。

^a点状缺陷中不允许有光畸变点。

2.3 项目单元

2.3.1 裱糊与软包工程验收

2.3.1.1 验收资料

（1）裱糊与软包工程的施工图、设计说明及其他设计文件。

（2）饰面材料的样板及确认文件。

（3）材料的产品合格证书、性能检测报告、进场验收记录和复验报告。

（4）施工记录。

2.3.1.2 验收标准

（1）裱糊工程（表4-2-37、表4-2-38）

（2）软包工程（表4-2-39、表4-2-40）

（3）软包工程安装的允许偏差和检验方法（表4-2-41）

裱糊工程检验主控项目 表4-2-37

验收要求	检验方法
壁纸、墙布的种类、规格、图案、颜色和燃烧性能等级必须符合设计要求及国家现行标准的有关规定	观察；检查产品合格证书、进场验收记录和性能检测报告
裱糊工程基层处理质量应符合《建筑装饰装修工程质量验收标准》GB 50210—2018第4.2.10条的要求	检查隐蔽工程验收记录和施工记录

验收要求	检验方法
裱糊后各幅拼接应横平竖直，拼接处花纹、图案应吻合，不离缝，不搭接，不显拼缝	观察；拼缝检查距离墙面1.5m处正视
壁纸、墙布应粘贴牢固，不得有漏贴、补贴、脱层、空鼓和翘边	观察；手摸检查

裱糊工程检验一般项目   表4-2-38

验收要求	检验方法
裱糊后的壁纸、墙布表面应平整，色泽应一致，不得有波纹起伏、气泡、裂缝、皱折及斑污，斜视时应无胶痕	观察；手摸检查
复合压花壁纸的压痕及发泡壁纸的发泡层应无损坏	观察
壁纸、墙布与各种装饰线、踢脚线、门窗框的交接处应吻合、严密、顺直。与墙面电气槽、盒的交接处套割应吻合，不得有缝隙	观察
壁纸、墙布边缘应平直整齐，不得有纸毛、飞刺	
壁纸、墙布阴角处搭接应顺光，阳角处应无接缝	

裱糊工程的允许偏差和检验方法

项次	项目	允许偏差（mm）	检验方法
1	表面平整度	3	用2m靠尺和塞尺检查
2	立面垂直度	3	用2m靠尺和塞尺检查
3	阴阳角方正	3	用200mm直角检测尺检查

软包工程检验主控项目   表4-2-39

验收要求	检验方法
软包工程的安装位置及构造做法应符合设计要求	观察；尺量检查；检查施工记录
软包边框所选木材的材质、花纹、颜色和燃烧性能等级应符合设计要求及国家现行标准的有关规定	观察；检查产品合格证书、进场验收记录和性能检测报告
软包衬板材质、品种、规格、含水率应符合设计要求，面料及内衬材料的品种、规格、颜色、图案及燃烧性能等级应符合国家现行标准的有关规定	观察；检查产品合格证书、进场验收记录和性能检测报告
软包工程的龙骨、边框应安装牢固	观察；手扳检查
软包衬板与基层应连接牢固，无翘曲、变形，拼缝应平直，相邻板面接缝应符合设计要求，横向无错位拼接的分格应保持通缝	观察；检查施工记录

软包工程检验一般项目   表4-2-40

验收要求	检验方法
单块软包面料不应有接缝，四周应绷压严密。需要拼花的，拼接处花纹、图案应吻合。软包饰面上电气槽、盒的开口位置、尺寸应正确，套割应吻合，槽、盒四周应镶硬边	观察；手摸检查
软包工程表面应平整、洁净、无污染、无凹凸不平及皱折；图案应清晰、无色差，整体应协调美观、符合设计要求	观察
软包工程的边框应平整、光滑、顺直、无色差、无钉眼；对缝、拼角应均匀对称、接缝吻合。清漆制品木纹、色泽应协调一致。其表面涂饰质量应符合《建筑装饰装修工程质量验收标准》GB 50210—2018第十二章"涂饰工程"的有关规定	观察；手摸检查
软包内衬应饱满，边缘应平齐	观察；手摸检查
软包墙面与装饰线、踢脚板、门窗框交接处应吻合、严密、顺直。交接（留缝）方式应符合设计要求	观察

软包工程安装的允许偏差和检验方法　　　　表4-2-41

项目	允许偏差（mm）	检验方法
单块软包边框水平度	3	用1m水平尺和塞尺检查
单块软包边框垂直度	3	用1m垂直检测尺检查
单块软包对角线长度差	3	从框的裁口里角用钢直尺检查
单块软包宽度、高度	0，－2	从框的裁口里角用钢直尺检查
分隔条（缝）直线度	3	拉5m线，不足5m拉通线，用钢直尺检查
裁口线条结合处高低差	1	用钢直尺和塞尺检查

2.3.2　验收记录表

2.3.2.1　裱糊分项工程检验批质量验收记录（表4-2-42）

2.3.2.2　软包分项工程检验批质量验收记录（表4-2-43）

裱糊分项工程检验批质量验收记录　　　　表4-2-42

工程名称			检验批部位		施工执行标准名称及编号	
施工单位			项目经理		专业工长	
分包单位			分包项目经理		施工班组长	
序号		GB 50210—2018的规定			施工单位检查评定记录	监理（建设）单位验收记录
主控项目	1	壁纸、墙布的种类、规格、图案、颜色和燃烧性能等级必须符合设计要节及国家现行标准的有关规定				
	2	裱糊工程基层处理质量应符合《建筑装饰装修工程质量验收标准》GB 50210—2018的要求				
	3	裱糊后各幅拼接应横平竖直，拼接处花纹、图案废吻合，应不离缝，不搭接，不显拼缝				
	4	壁纸、墙布应粘贴牢固，不得有漏贴、补贴、脱层、空鼓和翘边				
一般项目	1	裱糊后的壁纸、墙布表面应平，不得有波纹起伏、气泡、裂缝、皱折；表面色泽应一致、不得有斑污，斜视时应无胶痕				
	2	复合压花壁纸和发泡壁纸的压痕或发泡层应无损坏				
	3	壁纸、墙布与各种装饰线、踢脚线、门窗框的交接处应吻合、严密、顺直。与墙面电气槽、盒的交接处套割应吻合，不得有缝隙				
	4	壁纸、墙布边缘应平直整齐，不得有纸毛、飞刺				
	5	壁纸、墙布阴角处搭接应顺光，阳角处应无接缝				
施工单位检查评定结果		项目专业质量检查员：　　　　　　　　　　　　　　　　　　年　月　日				
监理（建设）单位验收结论		监理工程师（建设单位项目专业技术负责人）：　　　　　　　年　月　日				

软包分项工程检验批质量验收记录

表4-2-43

工程名称		检验批部位		施工执行标准名称及编号		
施工单位		项目经理		专业工长		
分包单位		分包项目经理		施工班组长		

序号		GB 50210—2018的规定	施工单位检查评定记录	监理（建设）单位验收记录
主控项目	1	软包工程的安装位置及构造做法应符合设计要求		
	2	软包边框所选木材的材质、花纹、颜色和燃烧性能等级应符合设计要求及国家现行标准的有关规定		
	3	软包衬板材质、品种、规格、含水率应符合设计要求，面料及内衬材料的品种、规格、颜色、图案及燃烧性能等级应符合国家现行标准的有关规定		
	4	软包工程的龙骨、边框应安装牢固		
	5	软包衬板与基层应连接牢固，无翘曲、变形，拼缝应平直，相邻板面接缝应符合设计要求，横向无错位拼接的分格应保持通缝		
一般项目	1	单块软包面料不应有接缝，四周应绷压严密。需要拼花的，拼接处花纹、图案应吻合。软包饰面上电气槽、盒的开口位置、尺寸应正确，套割应吻合，槽、盒四周应镶硬边		
	2	软包工程表面应平整、洁净、无污染、无凹凸不平及皱折；图案应清晰、无色差，整体应协调美观、符合设计要求		
	3	软包工程的边框应平整、光滑、顺直、无色差、无钉眼；对缝、拼角应均匀对称、接缝吻合。清漆制品木纹、色泽应协调一致。其表面涂饰质量应符合《建筑装饰装修工程质量验收标准》GB 50210—2018第十二章"涂饰工程"的有关规定		
	4	软包内衬应饱满，边缘应平齐		
	5	软包墙面与装饰线、踢脚板、门窗框交接处应吻合、严密、顺直。交接（留缝）方式应符合设计要求		

	项次	项目	允许偏差（mm）	1	2	3	4	5	6	7	8	9	10
6	1	单块软包边框水平度											
	2	单块软包边框垂直度											
	3	单块软包对角线长度差											
	4	单块软包宽度、高度											
	5	分隔条（缝）直线度											
	6	裁口线条结合处高低差											

施工单位检查评定结果	项目专业质量检查员：　　　　　　　　　　　　　　　　年　月　日
监理（建设）单位验收结论	监理工程师（建设单位项目专业技术负责人）：　　　　　年　月　日

1. 块材饰面的一般规定有哪些？

2. 软包工程质量验收质量控制要点是什么？

3. 裱糊工程质量验收要点是什么？

项目3　吊顶工程质量检验与检测

建筑装饰装修工程中的吊顶工程，是由整体面层吊顶、板块面层吊顶和格栅吊顶组成的，对于本分项工程的质量验收，包括轻钢龙骨、铝合金龙骨和木龙骨等为骨架，以板材、木材、塑料、铝合金和复合材料等做面层的吊顶工程。

3.1　学习目标

通过吊顶（天棚）装饰装修工程质量检验与检测课程的学习，使学生会进行吊顶装饰工程分类，能进行检验批和分项工程验收，会使用检查验收仪器设备，知道吊顶（天棚）装饰工程质量控制要点，会编制验收方案，会填写验收资料。

3.2　相关知识

吊顶工程是指使用装饰材料对房屋天棚进行装饰的工程项目，分为整体面层吊顶、板块面层吊顶和格栅吊顶等分项工程。

3.2.1　一般规定

（1）吊顶工程验收时应检查下列文件和记录：

1）吊顶工程的施工图、设计说明及其他设计文件；

2）材料的产品合格证书、性能检验报告、进场验收记录和复验报告；

3）隐蔽工程验收记录；

4）施工记录。

（2）吊顶工程应对人造木板的甲醛释放量进行复验。

（3）吊顶工程应对下列隐蔽工程项目进行验收：

1）吊顶内管道、设备的安装及水管试压、风管严密性检验；

2）木龙骨防火、防腐处理；

3）埋件；

4）吊杆安装；

5）龙骨安装；

6）填充材料的设置；

7）反支撑及钢结构转换层。

（4）同一产品的吊顶每50间应划分为一个检验批，不足50间也应划分为一个检验批，大面积房间和走廊可按吊顶面积每 $30m^2$ 计为 1 间。

（5）每个检验批应至少抽查 10%，并不得少于 3 间，不足 3 间时应全数检验。

（6）安装龙骨前，应按设计要求对房间净高、洞口标高和吊顶内管道、设备及其支架的标高进行交接检查。

（7）吊顶工程的木龙骨和木面板应进行防火处理，并应符合有关设计防火标准的规定。

（8）吊顶工程的埋件、钢筋吊杆和型钢吊杆应进行防腐处理。

（9）安装面板前应完成吊顶内管道和设备的调试及验收。

（10）吊杆距主龙骨端部距离不得大于 300mm。当吊杆长度大于 1500mm 时，应设置反支撑。当吊杆与设备相遇时，应调整并增加吊杆或采用型钢支架。

（11）重型设备和有振动荷载的设备严谨安装在吊顶工程的龙骨上。

（12）吊顶埋件与吊杆的连接、吊顶与龙骨的连接、龙骨与面板的连接应安全可靠。

（13）吊杆上部为网架、钢屋架或吊杆长度大于 2500mm 时，应设有钢结构转换层。

（14）大面积或狭长形吊顶面层的伸缩缝及分格缝应符合设计要求。

3.2.2　整体面层吊顶工程

适用于以轻钢龙骨、铝合金龙骨、木龙骨等为骨架，以石膏板、金属板、矿棉板、木板、塑料板或格栅等为饰面材料的吊顶工程的质量验收。

（1）材料的质量控制

应注意，罩面板在运输、贮存、安装时应轻放，不得损坏板材的表面和边角，在贮运时应采取相应措施防止受潮和变形；贮存时应按品种规格分类存放在平整、干燥、通风处，并根据不同罩面板的性质，分别采取措施，防止受潮变形（表 4-3-1）。

材料的质量要求　　　　　　　　　　　　　　　　　　　　　表4-3-1

序号	材料	质量要求
1	木龙骨	木龙骨一般宜选用针叶树类，树种及规格应符合设计要求，进场后应进行筛选，并将其中的腐蚀部分、斜口开裂部分、虫蛀以及焖烂部分剔除，其含水率不得大于18%。还应注意防潮，以免木龙骨受潮变形
2	轻钢龙骨	轻钢龙骨分"U"形和"T"形龙骨两种。应具有出厂合格证，不得扭曲变形、生锈，规格品种应符合设计要求及规范规定。吊顶用龙骨在运输、贮存时不得扔摔、碰撞、踩踏，龙骨应平放，防止变形。还应注意防潮，防止轻钢龙骨受潮生锈
3	铝合金龙骨	铝合金龙骨与轻钢龙骨一样，应具有出厂合格证，不得扭曲变形、生锈，规格品种应符合设计要求及规范规定。吊顶用龙骨在运输、贮存时不得扔摔、碰撞、踩踏，龙骨应平放，防止变形
4	罩面板	常用的罩面板主要有纸面石膏板、矿棉装饰吸声板、钙塑装饰板、胶塑合板、纤维板、GRC板、KT板、埃特板、各种金属板等。罩面板应具有出厂合格证；罩面板不应有气泡、起皮、裂纹、缺角、污垢和图案不完整等缺陷，表面应平整，边缘整齐，色泽一致。穿孔板的孔距排列整齐；胶合板、木质纤维板不应脱胶、变色和腐朽；金属装饰板表面不应有划印且不得生锈
5	配件	安装吊顶罩面板的紧固件、螺钉、钉子宜为镀锌的，吊杆用的钢筋、角铁等应作防锈处理。胶粘剂的类型应按所用罩面板的品种配套选用，若现场配制胶粘剂，其配合比应由试验确定。其他如射钉、膨胀螺栓等应按设计要求选用

吊顶工程应对人造木板的甲醛含量进行复验。

（2）吊顶工程质量控制要点（表4-3-2）

吊顶工程质量控制要点　　　　　　　　　　　　　　　　　　　　表4-3-2

序号	项目	质量控制要点
1	质量预控	（1）施工单位应具备相应资质，质量保证体系健全 （2）安装龙骨前，应按设计要求对房间净高、洞口标高和吊顶内管道、设备及其支架的标高进行交接检验 （3）吊顶工程的木吊杆、木龙骨和木饰面板必须进行防火处理，并应符合有关设计防火规范的规定。靠墙木龙骨应作防腐处理 （4）吊顶工程中的预埋件、钢筋吊杆和型钢吊杆应进行防锈处理 （5）安装饰面板前应完成吊顶内管道和设备的调试及验收
2	弹线	用水准仪在房间内每个墙（柱）角上抄出水平点（若墙体较长，中间也应适当抄几个点），弹出水准线（水准线距地面一般为500mm），从水准线量至吊顶设计高度加上12mm（一层石膏板的厚度），用粉线沿墙（柱）弹出水准线，即为吊顶次龙骨的下皮线。同时，按吊顶平面图，在混凝土顶板弹出主龙骨的位置
3	吊杆安装	吊杆是连接龙骨与楼板（或屋面板）的承重结构，它的形式与选用和楼板的形式、龙骨的形式及材料有关，也与吊顶质量有关。常见的有以下几种： （1）在现浇板上安放吊杆 在现浇混凝土楼板时，按吊顶间距，将钢筋吊杆一端放在现浇层中，在木模板上钻孔，孔径稍大于钢筋吊杆直径，吊杆另一端由此孔中穿出 （2）在已硬化楼板上安装吊杆 用射钉枪将射钉打入板底，可选用尾部带孔与不带孔的两种射钉规格。在带孔射钉上穿铜丝（或镀锌钢丝）绑扎龙骨；或在射钉上直接焊接吊杆，在吊点的位置，用冲击钻打胀管螺栓，然后将胀管螺栓同吊杆焊接。此种方法可省去预埋件，比较灵活，对于荷载较大的吊顶，比较适用 （3）在梁上设吊杆 在框架的下弦、大梁或木条上设吊杆，若系钢筋吊杆，可直接绑上即可，若系木吊杆，可用铁钉将吊杆钉上，每个木吊杆不少于两个钉子
4	边龙骨安装	边龙骨的安装应按设计要求弹线，沿墙（柱）上的水平龙骨线把"L"形镀锌轻钢条用自攻螺钉固定在预埋木砖上，如为混凝土墙（柱）上可用射钉固定，射钉间距应不大于吊顶次龙骨的间距
5	主龙骨安装	（1）主龙骨应吊挂在吊杆上，主龙骨间距900~1000mm。主龙骨分为不上人UC38小龙骨、上人UC60大龙骨两种。主龙骨宜平行房间长向安装，同时应起拱，起拱高度为房间跨度的1/200~1/300。主龙骨的悬臂段不应大于300mm，否则应增加吊杆。主龙骨的接长应采用对接，相邻龙骨的对接接头要相互错开。主龙骨挂好后应基本调平 （2）跨度大于15m以上的吊顶，应在主龙骨上，每隔15m加一道大龙骨，并垂直主龙骨焊接牢固 （3）如有大的造型顶棚，造型部分应用角钢或扁钢焊接成框架，并应与楼板连接牢固 （4）吊顶如设检修走道，应另设附加吊挂系统，用10mm的吊杆与长度为1200mm的L15×5角钢横担用螺栓连接，横担间距为1800~2000mm，在横担上铺设走道，可以用6号槽钢两根间距600mm，之间用10mm的钢筋焊接，钢筋的间距为100mm，将槽钢与横担角钢焊接牢固，在走道的一侧设有栏杆，高度为900mm可以用L50×4的角钢做立柱，焊接在走道槽钢上，之间用L30×4的扁钢连接
6	次龙骨安装	次龙骨应紧贴主龙骨安装。次龙骨间距300~600mm。用"T"形镀锌铁片连接件把次龙骨固定在主龙骨上时，次龙骨的两端应搭在"L"形边龙骨的水平翼缘上。墙上应预先标出次龙骨中心线的位置，以便安装罩面板时找到次龙骨的位置。当用自攻螺钉安装板材时，板材接缝处必须安装在宽度不小于40mm的次龙骨上。次龙骨不得搭接。在通风、水电等洞口周围应设附加龙骨，附加龙骨的连接用拉铆钉铆固。吊顶灯具、风口及检修口等应设附加吊杆和补强龙骨
7	石膏板类罩面板安装	石膏板安装时，应从顶棚顶棚的一边角开始，逐块排列推进。纸面石膏板的纸包边长应沿着次龙骨平行铺设。为了使顶棚受力均匀，在同一条次龙骨上的拼缝不能贯通，即铺设板时应错缝。其主要原因是板拼缝处，受力面断开。如果拼缝贯通，则在此次龙骨处形成一条线载荷，易造成质量通病，即开裂或一板一楞的现象。石膏板用镀锌3.5mm×2.5mm自攻螺钉固定在龙骨上。一般从一端角或中间开始顺序往前或两边钉，钉头应嵌入石膏板内约0.5~1mm，钉距为150~170mm钉距板边15mm为佳。以保证石膏板边缘不受破坏，从而保证其强度。板与板之间和板与墙之间应留缝，一般为3~5mm便于用腻子嵌缝。当采用双面石膏板时，应注意其长短边与第一层石膏板的长短边均应错开一个龙骨间距以上，且第二层也应如第一层一样错缝铺钉，应采用3.5mm×35mm自攻螺钉固定在龙骨上，螺钉位适当错位。吊顶石膏板铺设完成后，应进行嵌缝处理。嵌缝的填充材料，有老粉（双飞粉）、石膏、水泥及配套专用嵌缝腻子。常见的材料一般配以水、胶，几种材料也可根据设计的要求配合在一起加上水与胶搅拌匀之后使用。专用嵌缝腻子不用加胶水，只要根据说明加适量的水搅拌匀之后即可使用

序号	项目	质量控制要点
8	纤维水泥加压板安装	龙骨间距、螺钉与板边的距离，及螺钉间距等应满足设计要求和有关产品的要求，纤维水泥加压板与龙骨固定时，所用手电钻钻头的直径应比选用螺钉直径小0.5~1.0mm；固定后，钉帽应作防锈处理，并用油性腻子嵌平；用密封膏、石膏腻子或掺界面剂胶的水泥砂浆嵌涂板缝并刮平，硬化后用砂纸磨光，板缝宽度应小于50mm；板材的开孔和切割，应按产品的有关要求进行
9	胶合板、纤维板、钙塑板安装	（1）胶合板应光面向外，相邻板色彩与木纹要协调，胶合板可用气钉或钉子固定，钉距为80~150mm，钉长为25~35mm，使用钉子时钉帽应打扁，并进入板面0.5~1.0mm，钉眼用油性腻子抹平。胶合板面如涂刷清漆时，相邻板面的木纹和颜色应近似 （2）纤维板可用钉子固定，钉距为80~120mm，钉长为20~30mm，钉帽进入板面0.5mm，钉眼用油性腻子抹平。硬质纤维板应用水浸透，自然阴干后安装 胶合板、纤维板用木条固定时，钉距不应大于200mm，钉帽应打扁，并进入木压条0.5~1.0mm，钉眼用油性腻子抹平 （3）钙塑装饰板用胶粘剂粘贴时，涂胶应均匀，粘贴后，应采取临时固定措施，并及时擦去挤出的胶液。用钉固定时，钉距不宜大于150mm，钉帽应与板面起平，排列整齐，并用与板面颜色相同的涂料涂饰
10	金属板安装	金属铝板的安装应从边上开始，有搭口缝的铝板，应顺搭口缝方向逐块进行，铝板应用力插入齿口内，使其啮合。金属条板式吊顶龙骨一般可直接吊挂，也可增加主龙骨，主龙骨间距不大于1.2m，条板式吊顶龙骨形式应与条板配套；方板吊顶次龙骨分明装"T"形和暗装卡口两种，根据金属方板式样选定次龙骨，次龙骨与主龙骨间用固定件连接；金属格栅的龙骨可明装也可暗装，龙骨间距由格做法确定。金属板吊顶与四周墙面所留空隙，用金属压缝条镶嵌或补边吊顶找齐，金属压条材质应与金属面板相同

（3）质量验收标准

1）主控项目（表4—3—3）

2）一般项目（表4—3—4）

主控项目　　　　　　　　　　　　　　　　　　　表4—3—3

质量验收要求	检验方法
吊顶标高、尺寸、起拱和造型就符合设计的要求	观察；尺量检查
面层材料的材质、品种、规格、图案、颜色和性能应符合设计要求及国家现行标准的有关规定	观察；检查产品合格证书、性能检测报告、进场验收记录和复验报告
整体面层吊顶工程的吊杆、龙骨和饰面材料的安装应牢固	观察；手扳检查；检查隐蔽工程验收记录和施工记录
吊杆、龙骨的材质、规格、安装间距及连接方式应符合设计要求。金属吊杆、龙骨应经过表面防腐处理；木龙骨应进行防腐、防火处理	观察；尺量检查；检查产品合格证书、性能检测报告、进场验收记录和隐蔽工程验收记录
石膏板的接缝应按其施工工艺标准进行板缝防裂处理。安装双层石膏板时，面层板与基层板的接缝应错开，并不得在同一根龙骨上接缝	观察

一般项目　　　　　　　　　　　　　　　　　　　表4—3—4

质量验收要求	检验方法
面层材料表面应洁净、色泽一致，不得有翘曲、裂缝及缺损。压条应平直，宽窄一致	观察；尺量检查
面板上的灯具、烟感器、喷淋头、风口箅子等设备的位置应合理、美观，与饰面板的交接应吻合、严密	观察
金属龙骨的接缝应均匀一致，角缝应吻合，表面应平整，应无翘曲和锤印。木质骨应顺直，无应劈裂和变形	检查隐蔽工程验收记录和施工记录
吊顶内填充吸声材料的品种和铺设厚度应符合设计要求，并应有防散落措施	

3）整体面层吊顶工程安装的允许偏差及检验方法应符合表4-3-5的规定

（4）常见质量问题（表4-3-6）

整体面层吊顶工程安装的允许偏差和检验方法　　　　　表4-3-5

项次	项目	允许偏差（mm）	检验方法
		纸面石膏板	
1	表面平整度	3	用2m靠尺和塞尺检查
2	缝格、凹槽直线度	3	拉5m线，不足5m拉通线，用钢直尺检查

暗龙骨吊顶安装常见质量问题　　　　　表4-3-6

序号	质量问题	现象	原因分析	处理措施
1	胶合板罩面板色泽不匀,搭缝不匀	板面纹理,色泽深浅不一致,格缝不匀,露钉帽	（1）安装前未对板材的纹理色泽进行挑选，随意铺钉 （2）格缝未弹线，安装面板时留缝尺寸不准确 （3）钉帽未敲扁，也未送入板面	胶合板在安装前必须仔细挑选，施工弹线，尽量使用气钉施工
2	抹灰平顶面层不平，有粒子或气泡	目测有波形不平、粒子及气泡	（1）顶棚基层不平，抹灰未将基层找平 （2）顶棚中层砂浆或灰浆掺有杂质，面层在中层砂浆硬化后进行，无法将粒子压入	施工前对基层认真处理，严格按照施工工艺施工
3	木质板吊顶不平	表面目测有波浪形	（1）安装吊顶龙骨时未按弹线起拱，造成拱度不均匀 （2）龙骨木材含水率较大，产生挠曲变形 （3）龙骨接头不平，或受力节点结合不严，造成吊顶不平整 （4）龙骨吊点过大，龙骨的拱度未调匀，受力后产生不规则挠度	严格按照施工方案组织施工
4	木压条粗糙	表面不光滑，格缝不直，接搓不严密	（1）成品加工粗糙，安装时未挑选 （2）钉格缝前未分格弹线，随意见缝压条 （3）操作不认真	安装时及时挑选，及时分格弹线

3.2.3　板块面层吊顶工程

板块面层吊顶工程是以轻钢龙骨、铝合金龙骨、木龙骨等为骨架，以石膏板、金属板、矿棉板、塑料板、玻璃板或复合板等为饰面材料的吊顶工程，板块面层吊顶工程的质量检查与验收包括以下工作。

（1）材料质量要求

1）吊顶用材料同整体面层吊顶工程

2）吊顶饰面使用玻璃板时，应使用安全玻璃并应符合设计要求，玻璃应有出厂合格证，玻璃上有3C（CCC）安全标识，以及厂家提供的型式检验报告。

（2）施工过程质量控制（表4-3-7）

（3）质量验收标准

1）主控项目（表4-3-8）

2）一般项目（表4-3-9）

（4）板块面层吊顶工程安装的允许偏差和检验方法（表4-3-10）

（5）常见的质量问题（表4-3-11）

序号	项目	质量控制要点
1	弹线	用水准仪在房间内每个墙（柱）角上抄出水平点（若墙体较长，中间也应适当抄几个点），弹出水准线（水准线距地面一般为500mm），从水准线量至吊顶设计高度加上12mm（一层石膏板的厚度），用粉线沿墙（柱）弹出水准线，即为吊顶次龙骨的下皮线。同时，按吊顶平面图，在混凝土顶板弹出主龙骨的位置。主龙骨应从吊顶中心向两边分，最大间距为1000mm，并标出吊杆的固定点，吊杆的固定点间距900～1000mm。如遇到梁和管道固定点大于设计和规程要求，应增加吊杆的固定点
2	吊杆安装	采用膨胀螺栓固定吊挂杆件。不上人的吊顶，吊杆长度小于1000mm，可以采用+6mm的吊杆，如果大于1000mm，应采用+8mm的吊杆，还应设置反向支撑。吊杆可以采用冷拔钢筋和盘圆钢筋，但盘圆钢筋应采用机械将其拉直。上人的吊顶，吊杆长度小于1000mm，可以采用+8mm的吊杆，如果大于1000mm，应采用+10mm的吊杆，还应设置反向支撑。吊杆的一端同L30mm×30mm×3mm角钢焊接（角钢的孔径应根据吊杆和膨胀螺栓的直径确定），另一端可以用攻丝套出大于100mm的丝杆，也可以买成品丝杆焊接。制作好的吊杆应做防锈处理，吊杆用膨胀螺栓固定在楼板上，用冲击电锤打孔，孔径应稍大于膨胀螺栓的直径
3	边龙骨安装	边龙骨的安装应按设计要求弹线，沿墙（柱）上的水平龙骨线把L形镀锌轻钢条用自攻螺钉固定在预埋木砖上；如为混凝土墙（柱），可用射钉固定，射钉间距应不大于吊顶次龙骨的间距
4	主龙骨安装	（1）主龙骨应吊挂在吊杆上。主龙骨间距900～1000mm。主龙骨分为轻钢龙骨和"T"形龙骨。轻钢龙骨可选用UC50中龙骨和UC38小龙骨。主龙骨应平行房间长向安装，同时应起拱，起拱高度为房间跨度的1/200～1/300。主龙骨的悬臂段不应大于300mm，否则应增加吊杆。主龙骨的接长应采取对接，相邻龙骨的对接接头要相互错开。主龙骨挂好后应基本调平 （2）跨度大于15m以上的吊顶，应在主龙骨上，每隔15m加一道大龙骨，并垂直主龙骨焊接牢固 （3）如有大的造型顶棚，造型部分应用角钢或扁钢焊接成框架，并应与楼板连接牢固
5	次龙骨安装	次龙骨应紧贴主龙骨安装。次龙骨间距300～600mm。次龙骨分为"T"形烤漆龙骨、"T"形铝合金龙骨和各种条形扣板厂家配带的专用龙骨。用"T"形镀锌铁片连接件把次龙骨固定在主龙骨上时，次龙骨的两端应搭在"L"形边龙骨的水平翼缘上，条形扣板有专用的阴角线做边龙骨
6	罩面板安装	1. 嵌装式装饰石膏板安装 （1）嵌装式装饰石膏板安装与龙骨应系列配套 （2）嵌装式装饰石膏板安装前应分块弹线，花式图案应符合设计要求，若设计无要求时，嵌装式装饰石膏板宜由吊顶中间向两边对称排列安装，墙面与吊顶接缝应交圈一致 （3）嵌装式装饰石膏板安装宜选用企口暗缝咬接法。安装时应注意企口的相互咬接及图案的拼接 （4）龙骨调平及拼缝处应认真施工，固定石膏板时，应视吊顶高度及板厚，在板与板之间留适当间隙，拼缝缝隙用石膏腻子补平，并贴一层穿孔接缝纸 2. 金属微穿孔吸声板安装 （1）必须认真调平调直龙骨，这是保证大面积吊顶效果的关键 （2）安装冲孔吸声板宜采用板用木螺钉或自攻螺钉固定在龙骨上，对于有些铝合金板吊顶，也可将冲孔板卡到龙骨上，具体的固定方法，要视板的断面决定 （3）安装金属微穿孔板应从一个方向开始，依次安装 （4）在方板或板条安装完毕后铺放吸声材料。条板可将吸声材料放在板条内；方板可将吸声材料放在板上面

主控项目   表4-3-8

监理验收要求	检验方法
吊顶标高、尺寸、起拱和造型应符合设计要求	观察；尺量检查
面层材料的材质、品种、规格、图案、颜色和性能应符合设计要求及国家现行标准的有关规定。当面层材料为玻璃板时，应使用安全玻璃并采取可靠的安全措施	观察；检查产品合格证书、性能检测报告和进场验收记录
面层材料的安装应稳固严密；面板与龙骨的搭接宽度应大于龙骨受力面宽度的2/3	观察；手扳检查；尺量检查

监理验收要求	检验方法
吊杆和龙骨的材质、规格、安装间距及连接方式应符合设计要求。金属吊杆和龙骨应进行表面防锈处理；木龙骨应进行防腐、防火处理	观察；尺量检查；检查产品合格证书、进场验收记录和隐蔽工程验收记录
板块吊顶工程的吊杆和龙骨安装应牢固	手扳检查；检查隐蔽工程验收记录和施工记录

一般项目   表4-3-9

监理验收要求	检验方法
面层材料表面应洁净、色泽一致，不得有翘曲、裂缝及缺损。饰面板与龙骨的搭接应平整、吻合，压条应平直、宽窄一致	观察；尺量检查
面板上的灯具、烟感器、喷淋头、风口箅子和检修口的位置应合理、美观，与饰面板的交接应吻合、严密	观察
金属龙骨的接缝应平整、吻合、颜色一致，不得有划伤和擦伤等表面缺陷。木质龙骨应平整、顺直，应无劈裂	
吊顶内填充吸声材料的品种和铺设厚度应符合设计要求，并应有防散落措施	检查隐蔽工程验收记录和施工记录

板块面层吊顶工程安装的允许偏差和检验方法   表4-3-10

项目	允许偏差（mm）				检验方法
	石膏板	金属板	矿棉板	塑料板、玻璃板、玻璃板、复合板	
表面平整度	3	2	3	2	用2m靠尺和塞尺检查
接缝直线度	3	2	3	3	拉5m线，不足5m拉通线，用钢直尺检查
接缝高低差	1	1	2	1	用钢直尺和塞尺检查

板块面层吊顶安装常见的质量问题   表4-3-11

序号	质量问题	现象	原因分析	处理措施
1	轻质板吊顶不平，格缝横竖不直	目测吊顶起伏不平，格缝横竖不直	（1）吊顶的吊杆不直，受力后造成吊顶下坠 （2）格缝在施工中未拉线校正	（1）调整吊杆 （2）施工时带线调整
2	吊顶面板颜色不匀，面板污染	目测吊顶颜色不一致，有污渍	（1）吊顶的面板不是一批货 （2）施工中造成污染	进货时要满足足够的数量，施工采取措施

3.2.4 格栅吊顶工程

吊顶工程是以轻钢龙骨、铝合金龙骨、木龙骨等为骨架，以金属、木材、塑料和复合材料等为格栅面层的吊顶。格栅面层吊顶工程的质量检查与验收包括以下工作。

（1）材料质量要求

吊顶用材料同整体面层吊顶工程

（2）施工过程质量控制（表 4-3-12）

（3）质量验收标准

1）主控项目（表 4-3-13）

序号	项目	质量控制要点
1	弹线	用水准仪在房间内每个墙（柱）角上抄出水平点（若墙体较长，中间也应适当抄几个点），弹出水准线（水准线距地面一般为500mm），从水准线量至吊顶设计高度加上12mm（一层石膏板的厚度），用粉线沿墙（柱）弹水准线，即为吊顶次龙骨的下皮线。同时，按吊顶平面图，在混凝土顶板弹出主龙骨的位置。主龙骨应从吊顶中心向两边分，最大间距为1000mm，并标出吊杆的固定点，吊杆的固定点间距900～1000mm。如遇到梁和管道固定点大于设计和规程要求，应增加吊杆的固定点
2	吊杆安装	采用膨胀螺栓固定吊挂杆件。不上人的吊顶，吊杆长度小于1000mm，可以采用+6mm的吊杆，如果大于1000mm，应采用+8mm的吊杆，还应设置反向支撑。吊杆可以采用冷拔钢筋和盘圆钢筋，但采用盘圆钢筋应采用机械将其拉直。上人的吊顶，吊杆长度小于1000mm，可以采用+8mm的吊杆，如果大于1000mm，应采用+10mm的吊杆，还应设置反向支撑。吊杆的一端同L30mm×30mm×3mm角钢焊接（角钢的孔径应根据吊杆和膨胀螺栓的直径确定），另一端可以用攻丝套出大于100mm的丝杆，也可以买成品丝杆焊接。制作好的吊杆应做防锈处理，吊杆用膨胀螺栓固定在楼板上，用冲击电锤打孔，孔径应稍大于膨胀螺栓的直径
3	边龙骨安装	边龙骨的安装应按设计要求弹线，沿墙（柱）上的水平龙骨线把L形镀锌轻钢条用自攻螺钉固定在预埋木砖上；如为混凝土墙（柱），可用射钉固定，射钉间距应不大于吊顶次龙骨的间距
4	主龙骨安装	（1）主龙骨应吊挂在吊杆上。主龙骨间距900～1000mm。主龙骨分为轻钢龙骨和"T"形龙骨。轻钢龙骨可选用UC50中龙骨和UC38小龙骨。主龙骨应平行房间长向安装，同时应起拱，起拱高度为房间跨度的1/200～1/300。主龙骨的悬臂段不应大于300mm，否则应增加吊杆。主龙骨的接长应采取对接，相邻龙骨的对接接头要相互错开。主龙骨挂好后应基本调平 （2）跨度大于15m以上的吊顶，应在主龙骨上，每隔15m加一道大龙骨，并垂直主龙骨焊接牢固 （3）如有大的造型顶棚，造型部分应用角钢或扁钢焊接成框架，并应与楼板连接牢固
5	次龙骨安装	次龙骨应紧贴主龙骨安装。次龙骨间距300～600mm。次龙骨分为"T"形烤漆龙骨、"T"形铝合金龙骨，和各种条形扣板厂家配带的专用龙骨。用"T"形镀锌铁片连接件把次龙骨固定在主龙骨上时，次龙骨的两端应搭在"L"形边龙骨的水平翼缘上，条形扣板有专用的阴角线做边龙骨
6	格栅安装	1. 金属格栅安装 （1）金属格栅安装与龙骨应系列配套 （2）金属格栅安装前应按设计要求预排列 （3）金属格栅固定应满足工艺要求 2. 木质格栅安装 （1）必须认真调平调直龙骨，这是保证吊顶效果的关键 （2）木质格栅的制作的尺寸、图案、色彩和安装应满足设计要求 （3）木质格栅的安装必须牢固可靠 3. 木质格栅安装 （1）必须认真调平调直龙骨，保证吊顶效果 （2）塑料格栅安装前应按设计要求预排列 （3）塑料格栅固定应满足工艺要求

主控项目 表4-3-13

规范验收要求	检验方法
吊顶标高、尺寸、起拱和造型应符合设计要求	观察；尺量检查
格栅的材质、品种、规格、图案、颜色和性能应符合设计要求及国家现行标准的有关规定。	观察；检查产品合格证书、性能检测报告和进场验收记录
吊杆和龙骨的材质、规格、安装间距及连接方式应符合设计要求。金属吊杆和龙骨应进行表面防腐处理；木龙骨应进行防腐、防火处理	观察；尺量检查；检查产品合格证书、进场验收记录和隐蔽工程验收记录
格栅吊顶工程的吊杆、龙骨和格栅的安装应牢固	观察；手扳检查；检查隐蔽工程验收记录和施工记录

2) 一般项目（表4-3-14）

3) 格栅吊顶工程安装的允许偏差和检验方法应符合表4-3-15的规定

一般项目　　　　　　　　　　　　　　　表4-3-14

规范验收要求	检验方法
格栅表面应洁净、色泽一致，不得有翘曲、裂缝及缺损。栅条角度应一致，边缘应整齐，接口无错位。压条应平直，宽窄一致	观察；尺量检查
吊顶的灯具、烟感器、喷淋头、风口篦子和检修口等设备设施的位置应合理、美观，与格栅的套割交接应吻合、严密	观察
金属龙骨的接缝应平整、吻合、颜色一致，不得有划伤和擦伤等表面缺陷。木质龙骨应平整、顺直，应无劈裂	
吊顶内填充吸声材料的品种和铺设厚度应符合设计要求，并应有防散落措施	观察；检查隐蔽工程验收记录和施工记录
格栅吊顶内楼板、管线设备等表面处理应符合设计要求，吊顶内各种设备管线布置应合理、美观	—

格栅吊顶工程安装的允许偏差和检验方法　　　　　　表4-3-15

项次	项目	允许偏差（mm）		检验方法
		金属	木格栅、塑料格栅、复合材料格栅	
1	表面平整度	2	3	用2m靠尺和塞尺检查
2	格栅直线度	2	3	拉5m线，不足5m拉通线，用钢直尺检查

3.3　项目单元

3.3.1　吊顶工程质量验收

3.3.1.1　验收资料

(1) 吊顶工程的施工图、设计说明及其他设计文件。

(2) 材料的产品合格证书、性能检验报告、进场验收记录和复试报告。

(3) 隐蔽工程验收记录。

(4) 施工记录。

3.3.1.2　验收程序

吊顶工程施工过程中，按照进场材料、隐蔽工程、检验批、分项工程、子分部工程的顺序验收，施工之前施工单位先编制施工方案，进行分项工程检验批划分，并按照"三检制度"进行检验，合格后报监理机构进行验收。

3.3.2　验收记录表

3.3.2.1　整体面层吊顶分项工程检验批质量验收记录（表4-3-16）

3.3.2.2　板块面层吊顶分项工程检验批质量验收记录（表4-3-17）

3.3.2.3　格栅吊顶分项工程检验批质量验收记录（表4-3-18）

工程名称		检验批部位		施工执行标准名称及编号		
施工单位		项目经理		专业工长		
分包单位		分包项目经理		施工班组长		

序号		GB 50210—2018的规定	施工单位检查评定记录	监理（建设）单位验收记录
主控项目	1	吊顶标高、尺寸、起拱和造型就符合设计的要求		
	2	面层材料的材质、品种、规格、图案、颜色和性能应符合设计要求及国家现行标准的有关规定		
	3	整体面层吊顶工程的吊杆、龙骨和饰面材料的安装应牢固		
	4	吊杆、龙骨的材质、规格、安装间距及连接方式应符合设计要求。金属吊杆、龙骨应经过表面防腐处理；木龙骨应进行防腐、防火处理		
	5	石膏板的接缝应按其施工工艺标准进行板缝防裂处理。安装双层石膏板时，面层板与基层板的接缝应错开，并不得在同一根龙骨上接缝		

一般项目	序号	项目			施工单位检查评定记录	监理（建设）单位验收记录
一般项目	1	面层材料表面应洁净、色泽一致，不得有翘曲、裂缝及缺损。压条应平直，宽窄一致				
	2	面板上的灯具、烟感器、喷淋头、风口箅子等设备的位置应合理、美观，与饰面板的交接应吻合、严密				
	3	金属龙骨的接缝应均匀一致，角缝应吻合，表面应平整，应无翘曲和锤印。木质骨应顺直，无应劈裂和变形				
	4	吊顶内填充吸声材料的品种和铺设厚度应符合设计要求，并应有防散落措施				

	项次	项目	允许偏差（mm）	实测实量偏差值									
5			纸面石膏板	1	2	3	4	5	6	7	8	9	10
	1	表面平整度	3										
	2	缝格、凹槽直线度	3										

施工单位检查评定结果	项目专业质量检查员： 年 月 日
监理（建设）单位验收结论	监理工程师（建设单位项目专业技术负责人）： 年 月 日

表4-3-17

板块面层吊顶分项工程检验批质量验收记录

工程名称			检验批部位			施工执行标准名称及编号	
施工单位			项目经理			专业工长	
分包单位			分包项目经理			施工班组长	

序号		GB 50210—2018的规定		施工单位检查评定记录	监理（建设）单位验收记录
主控项目	1	吊顶标高、尺寸、起拱和造型应符合设计要求			
	2	面层材料的材质、品种、规格、图案、颜色和性能应符合设计要求及国家现行标准的有关规定。当面层材料为玻璃板时，应使用安全玻璃并采取可靠的安全措施			
	3	面层材料的安装应稳固严密；面板与龙骨的搭接宽度应大于龙骨受力面宽度的2/3			
	4	吊杆和龙骨的材质、规格、安装间距及连接方式应符合设计要求。金属吊杆和龙骨应进行表面防腐处理；木龙骨应进行防腐、防火处理			
	5	板块吊顶工程的吊杆和龙骨安装应牢固			
一般项目	1	面层材料表面应洁净、色泽一致，不得有翘曲、裂缝及缺损。饰面板与龙骨的搭接应平整、吻合，压条应平直、宽窄一致			
	2	面板上的灯具、烟感器、喷淋头、风口箅子和检修口的位置应合理、美观，与饰面板的交接应吻合、严密			
	3	金属龙骨的接缝应平整、吻合、颜色一致，不得有划伤和擦伤等表面缺陷。木质龙骨应平整、顺直，应无劈裂			
	4	吊顶内填充吸声材料的品种和铺设厚度应符合设计要求，并应有防散落措施			

项次	项目	允许偏差（mm）						实测实量偏差值									
		石膏板	金属板	矿棉板	塑料板	玻璃板	复合板	1	2	3	4	5	6	7	8	9	10
1	表面平整度	3	2	3	2	2	2										
2	接缝直线度	3	2	3	3	3	3										
3	接缝高低差	1	1	2	1	1	1										

（5）一般项目

施工单位检查评定结果	项目专业质量检查员： 年　月　日
监理（建设）单位验收结论	监理工程师（建设单位项目专业技术负责人）： 年　月　日

工程名称		检验批部位			施工执行标准名称及编号		
施工单位		项目经理			专业工长		
分包单位		分包项目经理			施工班组长		
序号		GB 50210—2018的规定				施工单位检查评定记录	监理（建设）单位验收记录
主控项目	1	吊顶标高、尺寸、起拱和造型应符合设计要求					
	2	格栅的材质、品种、规格、图案、颜色和性能应符合设计要求及国家现行标准的有关规定					
	3	吊杆和龙骨的材质、规格、安装间距及连接方式应符合设计要求。金属吊杆和龙骨应进行表面防腐处理；木龙骨应进行防腐、防火处理					
	4	格栅吊顶工程的吊杆、龙骨和格栅的安装应牢固					
一般项目	1	格栅表面应洁净、色泽一致，不得有翘曲、裂缝及缺损。栅条角度应一致，边缘应整齐，接口无错位。压条应平直，宽窄一致					
	2	吊顶的灯具、烟感器、喷淋头、风口箅子和检修口等设备设施的位置应合理、美观，与格栅的套割交接应吻合、严密					
	3	金属龙骨的接缝应平整、吻合、颜色一致，不得有划伤和擦伤等表面缺陷。木质龙骨应平整、顺直，应无劈裂					
	4	吊顶内填充吸声材料的品种和铺设厚度应符合设计要求，并应有防散落措施					
	5	格栅吊顶内楼板、管线设备等表面处理应符合设计要求，吊顶内各种设备管线布置应合理、美观					

	项次	项目	允许偏差（mm）				实测实量偏差值											
6			金属	木格栅	塑料格栅	复合材料格栅	1	2	3	4	5	6	7	8	9	10		
	1	表面平整度	2	3	3	3												
	2	格栅直线度	2	3	3	3												

施工单位检查评定结果	项目专业质量检查员： 年 月 日
监理（建设）单位验收结论	监理工程师（建设单位项目专业技术负责人）： 年 月 日

项目4 其他装饰工程质量检验与检测

建筑装饰装修工程中的其他装饰工程，是由门窗工程、室内外构配件安装和卫生设备安装组成。

4.1 学习目标

通过其他装饰装修工程质量检验与检测课程的学习，使学生会进行其他装饰工程分类，能进行检验批和分项工程验收，会使用检查验收仪器设备，知道其他装饰工程质量控制要点，会编制验收方案，会填写验收资料。

4.2 相关知识

4.2.1 门窗工程的质量检验

门窗工程是一个子分部工程，一般包括木门窗制作与安装、金属门窗安装、塑料门窗安装、特种门安装、门窗玻璃安装等分项工程。本节主要介绍门窗工程的一般规定、金属门窗安装、塑料门窗安装、门窗玻璃安装等内容。

4.2.1.1 门窗工程一般规定

验收规范对门窗工程做出的一般规定，主要有对材料性能的控制、材料的复验、隐蔽项目的验收、检验批的划分、工序及工艺要求等。具体规定内容如下：

(1) 本节适用于木门窗制作与安装、金属门窗安装、塑料门窗安装、特种门安装、门窗玻璃安装等分项工程的质量验收。

(2) 门窗工程验收时应检查下列文件和记录：

1) 门窗工程的施工图、设计说明及其他设计文件。

2) 材料的产品合格证书、性能检测报告、进场验收记录和复验报告。

3) 特种门及其附件的生产许可文件。

4) 隐蔽工程验收记录。

5) 施工记录。

(3) 门窗工程应对下列材料及其性能指标进行复验：

1) 人造木板的甲醛含量。

民用建筑工程使用的人造木板是造成室内环境中甲醛污染的主要来源之一。甲醛对人有强烈的刺激性，伤害人的肺功能、肝功能及免疫功能，对人的身体危害较大。目前国内生产的人造板材大多采用脲醛树脂胶粘剂，因其粘结强度较低，加入过量的甲醛可以增强粘结强度。人造木板中甲醛释放持续时间长、释放量大，所以必须从材料上严加控制，禁止使用甲醛含量超标的人造板材。游离甲醛释放量应不大于 $0.12mg/m^3$。

2) 建筑外墙金属窗、塑料窗的抗风压性能、气密 (空气渗透) 性能、水密 (雨水渗漏）性能和保温性能必须进行复试，合格后方能使用（此外还有隔声、透光性能根据需要检测）。

随着建筑节能工作逐步加强，高层、超高层的建筑物越来越多，上述的材料性能能否达到安全及满足使用功能，有较大的影响，故列为复验内容。

（4）门窗工程应对下列隐蔽工程项目进行验收：

1）预埋件和锚固件。

2）隐蔽部位的防腐和填嵌处理。

3）高层建筑金属窗防雷连接点。

隐蔽工程项目的验收，主要是为了保证门窗安装牢固。对于高层建筑采用金属门窗的防雷连接点的隐蔽验收，主要是为了使用安全。

（5）各分项工程的检验批应按下列规定划分：

1）同一品种、类型和规格的木门窗、金属门窗、塑料门窗和门窗玻璃每100樘应划分为一个检验批，不足100樘也应划分为一个检验批。

2）同一品种、类型和规格的特种门每50樘应划分为一个检验批，不足50樘也应划分为一个检验批。

门窗规格是指窗的尺寸。包括材料的尺寸，断桥铝合金材料的绝热层厚度等。

（6）检查数量应符合下列规定：

1）木门窗、金属门窗、塑料门窗及门窗玻璃，每个检验批应至少抽查5%，并不得少于3樘，不足3樘时应全数检查；高层建筑的外窗，每个检验批应至少抽查10%，并不得少于6樘，不足6樘时应全数检查。

高层建筑（10层及10层以上居住建筑和建筑高度超过24m的公共建筑）的外窗各项性能要求更为严格，故每个检验批的检查数量增加了一倍。

2）特种门每个检验批应至少抽查50%，并不得少于10樘，不足10樘时应全数检查。

特种门一般指防火门、防盗门、自动门、全玻璃门、金属卷帘门等，特种门必须满足不同功能的使用要求，重要性明显高于普通门，加之数量比普通门少，故检查的数量要多。

（7）门窗安装前，应对门窗洞口尺寸及相邻洞口的位置偏差进行检验。同一类型和规格外门窗洞口垂直、水平方向的位置应对齐，位置允许偏差应符合下列规定：

1）垂直方向的相邻洞口位置允许偏差应为10mm；全楼高度小于30m的垂直方向洞口偏差应为15mm，全楼高度大于30m的垂直方向洞口位置允许偏差应为20mm。

2）水平方向的相邻洞口位置允许偏差应为10mm；全楼长度小于30m的水平方向洞口偏差应为15mm，全楼长度不小于30m的水平方向洞口位置允许偏差应为20mm。

对门窗洞口尺寸的检查，主要是为了排除洞口预留尺寸不准，及时处理洞口预留大小不准的问题。

本条规定了安装门窗前应对门窗洞口尺寸进行检查，除检查单个门窗洞口尺寸外，还应对能够通视的成排或成列的门窗洞口进行目测或拉通线检查。如果发现明显偏差，采取处理措施后再安装门窗。

(8) 金属门窗和塑料门窗安装应采用预留洞口的方法施工，不得采用边安装边砌口或先安装后砌口的方法施工。

本条规定是为了防止门窗框受挤压变形和表面保护层受损。木门窗安装也宜采用预留洞口的方法施工。如果采用先安装后砌口的方法施工时，则应注意避免木门窗在施工中受损、受挤压变形或受到污染。

(9) 木门窗与砖石砌体、混凝土或抹灰层接触处应进行防腐处理并应设置防潮层；埋入砌体或混凝土中的木砖应进行防腐处理。

(10) 当金属窗或塑料窗组合时，其拼樘料的尺寸、规格、壁厚应符合设计要求。

(11) 建筑外门窗的安装必须牢固。在砌体上安装门窗严禁采用射钉固定。

门窗安装是否牢固既影响使用功能又影响安全，其重要性尤其以外墙门窗更为显著。

无论采用何种方法固定，建筑外墙门窗均必须确保安装牢固，《建筑装饰装修工程质量验收标准》GB 50210—2018 将此条列为强制性条文。内墙门窗安装也必须牢固，规范将内墙门窗安装牢固的要求列入主控项目而非强制性条文。考虑到砌体中砖、砌块以及灰缝的强度较低，如果在砌体上采用射钉枪紧固门窗框铁脚，受冲击容易破碎，故规定在砌体上安装门窗时严禁采用射钉固定。

(12) 推拉门窗扇必须牢固，必须安装防脱落装置。

(13) 特种门安装除应符合设计要求和《建筑装饰装修工程质量验收标准》GB 50210—2018 规定外，还应符合有关专业国家现行标准和主管部门的规定。

(14) 门窗安全玻璃的使用应符合行业标准《建筑玻璃应用技术规程》JGJ 113—2015 的规定。

(15) 建筑外窗口的防水和排水构造应符合设计要求和国家现行规范标准的有关规定。

以上是验收规范对门窗工程质量验收的一般规定。这些规定是在装饰装修工作中必须严格遵守的，也是验收门窗的基本要求。

4.2.1.2　木门窗制作与安装分项工程

木门窗制作与安装分项工程按工艺形成两个检验批，一个是木门窗制作检验批，另一个是木门窗安装检验批。

(1) 木门窗制作工程

1) 主控项目

①木门窗的木材品种、材质等级、规格、尺寸、框扇的线型及人造木板的甲醛含量应符合设计要求，设计未规定材质等级时，所用木材的质量应符合木门窗用木材的质量要求规定。

检验方法：观察；检查材料进场验收记录和复验报告。

②木门窗应采用烘干的木材，含水率应符合《实木复合门》SB/T 10952—2012和《木质门》WB/T 1024—2006的规定。

检验方法：检查材料进场验收记录。

③木门窗的防火、防腐、防虫处理应符合设计要求。

检验方法：观察；检查材料进场验收记录。

④木门窗的结合处和安装配件处不得有木节或已填补的木节。木门窗如有允许限值以内的死节及直径较大的虫眼时，应用同一材质的木塞加胶填补。对于清漆制品，木塞的木纹和色泽应与制品一致。

检验方法：观察。

⑤门窗框和厚度大于50mm的门窗扇应用双榫连接。榫槽应采用胶料严密嵌合，并应用胶楔加紧。

检验方法：观察；手扳检查。

⑥胶合板门、纤维板门和模压门不得脱胶，胶合板不得刨透表层单板，不得有戗槎。

制作胶合板门、纤维板门时，边框和横楞应在同一平面上，面层、边框及横楞应加压胶结。横楞和上、下冒头应各钻两个以上的透气孔，透气孔应通畅。

检验方法：观察。

⑦木门窗的品种、类型、规格、开启方向、安装位置及连接方式应符合设计要求。

检验方法：观察；尺量检查；检查成品门的产品合格证书。

⑧木门窗框的安装必须牢固。预埋木砖的防腐处理、木门窗框固定点的数量、位置及固定方法应符合设计要求。

检验方法：观察；手扳检查；检查隐蔽工程验收记录和施工记录。

⑨木门窗扇必须安装牢固，并应开关灵活，关闭严密，无倒翘。

检验方法：观察；开启和关闭检查；手扳检查。

⑩木门窗配件的型号、规格、数量应符合设计要求，安装应牢固，位置应正确，功能应满足使用要求。

检验方法：观察；开启和关闭检查；手扳检查。

2）一般项目

①木门窗表面应洁净，不得有刨痕、锤印。

检验方法：观察。

②木门窗的割角、拼缝应严密平整。门窗框、扇裁口应顺直，刨面应平整。

检验方法：观察。

③木门窗上的槽、孔应边缘整齐，无毛刺。

检验方法：观察。

④木门窗与墙体间缝隙的填嵌材料应符合设计要求，填嵌应饱满。寒冷地区外门窗（或门窗框）与砌体间的空隙应填充保温材料。

检验方法：轻敲门窗框检查；检查隐蔽工程验收记录和施工记录。

⑤木门窗批水、盖口条、压缝条、密封条的安装应顺直，与门窗结合应牢固、严密。

检验方法：观察；手扳检查。

⑥木门窗制作的允许偏差和检验方法应符合表4-4-1的规定。

⑦木门窗安装的留缝限值、允许偏差和检验方法应符合表4-4-2的规定。

（2）木门窗安装分项工程

木门窗安装分项工程检验批质量检验标准和检验方法见表4-4-3、表4-4-4。

木门窗制作的允许偏差和检验方法　　　　　　　表4-4-1

| 项次 | 项目 | 构件名称 | 允许偏差（mm） | | 检验方法 |
			普通	高级	
1	翘曲	框	3	2	将框、扇平放在检查平台上，用塞尺检查
		扇	2	2	
2	对角线长度差	框、扇	3	2	用钢尺检查，框量裁口里角，扇量外角
3	表面平整度	扇	2	2	用1m靠尺和塞尺检查
4	高度、宽度	框	0：-2	0：-1	用钢尺检查，框量裁口里角，扇量外角
		扇	+2：0	+1：0	
5	裁口、线条结合处高低差	框、扇	1	0.5	用钢直尺和塞尺检查
6	相邻棂子两端间距	扇	2	1	用钢直尺检查

木门窗安装的留缝限值、允许偏差和检验方法　　　　　　　表4-4-2

项次	项目		留缝限值（mm）	允许偏差（mm）	检验方法
1	门窗框的正、侧面垂直度		—	2	用1m垂直检测尺检查
2	框与扇接缝高低差		—	1	用塞尺检查
	扇与扇接缝高低差			1	
3	门窗扇对口缝		1~4	—	用塞尺检查
4	工业厂房、围墙双扇大门对口缝		2~7	—	
5	门窗扇与上框间留缝		1~3	—	
6	门窗扇与合页侧框间留缝		1~3	—	
7	室外门扇与锁侧框间留缝		1~3	—	
8	门扇与下框间留缝		3~5	—	用塞尺检查
9	窗扇与下框间留缝		1~3	—	
10	双层门窗内外框间距		—	4	用钢直尺检查
11	无下框时门扇与地面间留缝	室外门	4~7	—	用钢直尺或塞尺检查
		室内门	4~8	—	
		卫生间门	8~10	—	
		厂房大门	10~20	—	
		围墙大门		—	
12	框与扇搭接宽度	门		2	用钢直尺检查
		窗		1	

注：1. 表中除给出允许偏差外，对留缝尺寸等给出了尺寸限值。考虑到所给尺寸限值是一个范围，故不再给出允许偏差。

2. 表中允许偏差栏中所列数值，凡注明正负号的，表示《建筑装饰装修工程质量验收标准》GB 50210—2018对此偏差的不同方向有不同要求，应严格遵守。凡没有注明正负号的，即使其偏差可能具有方向性，但《建筑装饰装修工程质量验收标准》GB 50210—2018并未对这类偏差的方向性作出规定，故检查时对这些偏差可以不考虑方向性要求。

3. 本表摘自《建筑装饰装修工程质量验收标准》GB 50210—2018。

序号	项目	合格质量标准	检验方法	检查数量
1	木门窗品种、规格、安装方向位置	木门窗的品种、类型、规格、尺寸、开启方向、安装位置及连接方式应符合设计要求及国家现行标准的有关规定	观察；尺量检查；检查成品门的产品合格证书、性能检测报告、进场验收记录和复验报告，检查隐蔽验收记录	每个检验批应至少抽查5%，并不得少于3樘，不足3樘时应全数检查；高层建筑外窗，每个检验批应至少抽查10%，并不得少于6樘，不足6樘时应按全数检查
2	木材材质	木门窗应采用烘干的木材、含水率及饰面质量应符合现行国家标准的有关规定	检查材料进场验收记录，复验报告及性能检测报告	
3	防火、防腐、防虫	木门窗的防火、防腐、防虫处理应符合设计要求	观察，检查材料进场报告	
4	本门窗框安装	木门窗框的安装必须牢固，预埋木砖的防腐处理、木窗框固定点的数量、位置及固定方法应符合设计要求	观察；手扳检查；检查隐蔽工程验收记录和施工记录	
5	木门窗扇安装	木门窗扇必须安装牢固，并应开关灵活，关闭严密，无倒翘	观察；开启和关闭检查；手扳检查	
6	门窗配件安装	木门窗配件的型号、规格、数量应符合设计要求，安装应牢固，位置应正确，功能应满足使用要求	观察；开启和关闭检查；手扳检查	

(3) 关于木门窗安装工程检验批质量检验的说明：

1) 主控项目第一项

观察和尺量检查门窗框安装的位置是否符合设计要求。检验时应与施工图纸对照，主要检查门窗框的标高、与墙体的相对尺寸、与墙面是外平还是内平或在墙身中某位置，如果是平开式的，还要检查开启方向是否正确。

2) 主控项目第二项

木门窗采用的材质，必须烘干，含水率要满足设计和现行国家标准的规定，一般情况下含水率在12%～15%。现场除了要检查材料验收记录和复验报告外，对设计的品种、性能还要复核，同时要现场抽查实际含水率，以保证设计要求。

3) 主控项目第三项

木门窗的防火、防腐和防虫处理是门窗耐久性和使用的关键，确保防火、防腐和防虫处理满足设计和使用需要，对进场材料要认真验收。

4) 主控项目第四项

一般规定中要求对预埋件和锚固件、隐蔽部位的防腐、填嵌处要进行隐蔽验收，在分项工程检查时不仅要查看实物还要查记录。

①门窗框安装前应校正规方，钉好斜拉条（不得少于两根），无下坎的门框应加钉水平拉条，防止在运输和安装过程中变形。

②门窗框（或成套门窗）应按设计要求的水平标高和平面位置在砌墙的过程中进行安装。

③在砖石墙上安装门框（或成套门窗）时，应用钉子固定于砌在墙内的木砖上，每边的固定点应不少于两处，其间距应不大于1.2m。

④当需要先砌墙后安装门窗框（或成套门窗）时，宜在预留门窗洞口的同时，留出门窗框走头的缺口，在门窗框调整就位后，封砌缺口。

当受条件限制，门窗框不能留走头时，应采取可靠措施将门窗框固定在墙内的木砖上，以防在施工或使用过程中发生安全事故。

⑤当门窗框的一面需镶贴面板时，门窗框应凸出墙面，凸出的厚度应等于抹灰层的厚度。

⑥寒冷地区的门窗框（或成套门窗）与外墙砌体间的空隙，应填塞保温材料。

5）主控项目第五项

木门窗、金属门窗和塑料门窗的安装均应无倒翘。在正常情况下，当门窗扇关闭时，门窗扇的上端本应与下端同时或上端略早于下端贴紧门窗的上框。所谓"倒翘"通常是指当门窗关闭时，门窗扇的下端已经贴紧门窗下框，而门窗扇的上端由于翘曲而未能与门窗的上框贴紧，尚有离缝的现象。

6）主控项目第六项

所谓配件包括构件附带的或后配的各种零件，其中主要是各种五金件，其型号、规格和数量必须符合设计要求，安装必须牢固。这些门窗配件不仅影响门窗的使用功能，在不符合设计要求时也影响安全。

7）一般项目第一项

门窗表面直接影响观感质量，因此对表面洁净有明确的规定，也就是在木门窗的表面不能有刨痕和锤印。

8）一般项目第二项

割角和拼缝也影响观感质量，因此要求割角和拼缝应平整。门窗框、扇的裁口应保持顺直，刨面应平整，不能出现裁口、割角不齐整，拼缝不严、不顺直的缺陷。

9）一般项目第三项

木门窗上的开槽和开孔作为装饰施工的一部分，边缘不齐整、有毛刺直接影响观感质量。

10）一般项目第四项

检查门窗框与墙体间保温材料填塞是否饱满、均匀。

一般项目质量检验标准和检验方法   表4-4-4

序号	项目	合格质量标准	检验方法
1	门窗表面质量	木门窗表面应洁净，不得有刨痕和锤印	观察
2	木门窗的割角和拼缝	割角和拼缝应严密平整。门窗框、扇裁口应顺直，刨面应平整	观察
3	门窗上槽和孔	木门窗上的槽和孔应边缘整齐，无毛刺	观察
4	缝隙嵌填材料	木门窗与墙体间缝隙的填嵌材料应符合设计要求，填嵌应饱满。寒冷地区外门窗（或门窗框）与砌体间的空隙应填充保温材料	轻敲门窗框检查；检查隐蔽工程验收记录和施工记录
5	批水、盖口条等细部	木门窗批水、盖口条、压缝条和密封条的安装应顺直，与门窗结合应牢固、严密	观察；手扳检查
6	安装留缝限值及允许偏差	木门窗安装的留缝限值、允许偏差和检验方法应符合表4-4-2的规定	见表4-4-2

保温材料凡填塞不密实将严重影响门窗防寒、防风正常功能。保温材料应饱满，指填塞的材料应与框面齐平不能有里外透亮的现象。

轻击门窗框检查主要是听其声音，凭经验判其填嵌材料是否饱满。

11）一般项目第五项

该项要求除有美观作用外，同时也是保证门窗扇使用功能的重要项目，门窗披水、压缝条起防风、防雨的作用。固定时，应用木螺钉与框、扇拧紧。

12）一般项目第六项

木门窗安装的留缝限值、允许偏差和检验方法应符合表 4-4-2 的规定。

偏差值测量实测方法说明：

（1）门窗框的正、侧面垂直度测量时，用 1m 垂直检测尺（靠尺）分别对门框正、侧面进行量测，靠尺下部距地面 300mm，保持活动销能活动灵活，读取 1m 位置的指针数据；门框两侧均测量。

（2）框与扇接缝高低差和扇与扇接缝高低差采用楔形塞尺或插片式塞尺插入量测，测量其缝隙最大处作为偏差值的取值。

（3）门窗扇对口缝采用楔形塞尺或插片式塞尺插入量测，测量其缝隙最大处作为偏差值的取值。

（4）工业厂房、围墙双扇大门对口缝，门窗扇与上框间留缝，门窗扇与合页侧框间留缝，室外门扇与锁侧框间留缝，门扇与下框间留缝，窗扇与下框间留缝采用楔形塞尺量取缝隙最大处。

（5）双层门窗内外框间距，采用钢直尺对左右框内外侧按照上中下三个部位进行测量，取其中偏差最大值作为偏差值。

（6）无下框时门扇与地面间留缝，用钢直尺或楔形塞尺进行检查，取其中缝隙最大处进行量测，确认其偏差值。

（7）框与扇搭接宽度，用钢直尺进行检查，按照设计搭接宽度和实测搭接宽度进行比较，取其中偏差大的值作为实测偏差值。

4.2.1.3 金属门窗安装分项工程

金属门窗安装工程一般指钢门窗、铝合金门窗，涂色镀锌钢板门窗等门窗安装工程。

金属门窗安装分项工程检验批质量检验标准和检验方法见表 4-4-5、表 4-4-6。

（1）主控项目

关于金属门窗安装分项工程检验批质量检验的说明：

1）主控项目第一项

钢门窗和铝合金门窗及附件应有出厂合格证和需方在产品出厂前对产品抽查的验收凭证，以防止产品进场后质量验收时存在问题。性能检测报告系指生产厂提供的材料性能检测报告，用于外墙的金属窗应有抗风压性能、空气渗透性能和雨水渗漏性能的检测报告。用料的规格、立面要求、组合形式、几何尺寸以及所用附件的材质、品种、形式、质量要求等应符合设计图纸和《钢门

金属门窗安装分项工程检验批主控项目质量检验标准和检验方法   表4-4-5

序号	项目	合格质量标准	检验方法	检查数量
1	门窗质量	金属门窗的品种、类型、规格、尺寸、性能、开启方向、安装位置、连接方式及铝合金窗的型材壁厚应符合设计要求及国家现行标准的有关规定。金属门窗的防雷、防腐处理及填嵌、密封处理应符合设计要求	观察；尺量检查；检查产品合格证书、性能检测报告、进场验收记录和复验报告；检查隐蔽工程验收记录	每个检验批应至少抽查5%，并不得少于3樘，不足3樘时应全数检查；高层建筑的外窗，每个检验批应至少抽查10%，并不得少于6樘，不足6樘时应全数检查
2	框和副框安装及预埋件	金属门窗框和副框的安装应牢固。预埋件及锚固件的数量、位置、埋设方式、与框的连接方式必须符合设计要求	手扳检查；检查隐蔽工程验收记录	
3	门窗扇安装	金属门窗扇应安装牢固、开关灵活、关闭严密、无倒翘。推拉门窗扇应有防止脱落装置	观察；开启和关闭检查；手扳检查	
4	配件质量及安装	金属门窗配件的型号、规格、数量应符合设计要求，安装应牢固、位置应正确，功能应满足使用要求	观察；开启和关闭检查；手扳检查	

金属门窗安装分项工程检验批一般项目质量检验标准和检验方法   表4-4-6

序号	项目	合格质量标准	检验方法
1	表面质量	金属门窗表面应洁净、平整、光滑、色泽一致，无锈蚀、无擦伤、无划痕和碰伤。漆膜或保护层应连续。型材的表面处理应符合设计要求及国家现行标准的有关规定	观察
2	开关力	对于金属门窗，推拉门窗扇开关力应不大于50N	用测力计检查
3	框与墙体间缝隙	金属门窗框与墙体之间的缝隙应填嵌饱满，并采用密封胶密封。密封胶表面应光滑、顺直，无裂纹	观察；轻敲门窗框检查；检查隐蔽工程验收记录
4	扇密封胶条或毛毡密封条	金属门窗扇的密封胶条或毛条装配平整、完好，不得脱槽，交角处应平顺	观察；开启和关闭检查
5	排水孔	有排水孔的金属门窗，排水孔应畅通，位置和数量应符合设计要求	观察
6	钢门窗安装允许偏差	钢门窗安装的留缝限值、允许偏差和检验方法应符合表4-4-7的规定	见表4-4-7
7	铝合金门窗安装允许偏差	铝合金门窗安装的允许偏差和检验方法应符合表4-4-8的规定	见表4-4-8
8	涂色镀锌钢板门窗安装允许偏差	涂色镀锌钢板门窗安装的允许偏差和检验方法应符合表4-4-9的规定	见表4-4-9

窗》GB/T 20909—2017以及《铝合金门窗》GB/T 8478—2020的规定。有的需方在货到后仅过数验收，对门窗的质量未在出厂前认真验收，进场也未验收检查造成一些门窗质量不合格。

镀锌钢板门窗主控项目和一般项目除允许偏差与铝合金门窗不一致外，其余同铝合金门窗，下面不再提及镀锌钢板门窗。

2）主控项目第二项

钢门窗是通过连接在外框上的燕尾铁脚与墙体等进行固定的，大面积的组合钢窗则是通过纵、横拼管与墙体等相互连接后，再将钢窗外框逐堂固定在拼管上。安装好的钢门窗在框与墙体填塞前必须检查预埋件的数量、位置、预埋深度、连接点的数量、电焊的质量等是否符合要求，并做好隐蔽记录。如有缺陷应及时处理，符合要求后及时做好框与墙体之间缝隙的填塞处理。

铝合金门窗是通过连接在外框上的铁件与墙体等进行固定的，在框与墙体填塞前必须检查预埋件的数量、位置、埋设方式与框的连结方式等是否符合要求，并做好隐蔽记录。在砌体上安装门、窗时严禁采用射钉固定。如有缺陷应及时处理，符合要求后及时做好框与墙体之间缝隙的填塞处理。

3）主控项目第三项

门窗扇万一脱落极易造成人身安全事故，对高层建筑来说危险性更大，故规范规定金属门窗和塑料门窗的推拉门窗扇必须有防脱落措施。铝合金门窗的防脱落措施一般是在内框上边加装防止卸掉的装置。

4）主控项目第四项

钢门窗的配件包括铰链、执手、支撑、门锁、地弹簧、闭门器、密封条、石棉条等；铝合金门窗的配件包括执手、支撑、门锁、地弹簧、闭门器、密封条等。本身质量应符合设计要求，所有应装的配件必须装全，包括连接螺栓均不得遗漏。螺母应拧紧，不得松动，如需现场焊接的，其焊接质量应符合要求。钢门窗的配件的安装，必须在墙面、平顶粉刷完毕后并在安装玻璃前进行。钢门窗进行校正达到关闭严密，开启灵活、无倒翘后方可安装配件。

（2）一般项目

1）一般项目第一项

门窗表面洁净、平整、光滑、色泽一致是门窗观感质量的要求，也是装饰效果能否达到设计要求的基本保障，因此，在验收前，施工单位必须按照设计要求进行检查、清理。金属锈蚀、擦伤、划痕和碰伤直接影响装修质量和使用寿命，因此，施工过程中保护膜和保护层必须连续，对于型材的表面处理也必须符合设计要求和规范规定。

2）一般项目第二项

对于推拉门窗扇的开关力，直接影响使用效果，开关力过大，推拉费力，使用不便，过小也不利于正常使用，原规范规定开关力不应大于 100N，现行验收标准把这一数值规定不应大于 50N。对使用者来讲，更为顺手方便。

3）一般项目第三项

对金属门窗来说，钢门窗和涂色镀锌钢板门窗除用燕尾钢脚与墙体联结外，还要对框与墙体间的缝隙填嵌密实，以增加其稳固和防止门窗边渗水，框与墙体间缝隙的填嵌材料，应符合设计要求，若设计无规定时，可用 1：2 水泥砂浆填嵌密实。严禁用石灰砂浆或混合砂浆嵌缝。同时，还要采用密封胶将其封闭，密封胶表面工艺要求光滑、顺直、无裂纹。只有这样，才能满足使用和耐久性的要求，才能满足气密性和水密性的要求。

铝合金门窗除用铁件（应进行镀锌处理）与墙体联结外，还要对框与墙体间的缝隙填嵌密实，以增加其稳固和防止门窗边渗水，框与墙体间缝隙的填嵌材料，应符合设计要求。窗框与墙体之间填嵌后应用密封胶密封。在检查时要注意铝合金横竖框接头处、下框铆钉处的打胶。

施工时，墙体洞口尺寸的大小应按设计要求留设，框边与洞壁结构的间隙应保持适当，一般不小于 2cm。

对于铝合金门窗，装入洞口应横平竖直，外框与洞口应弹性连接牢固，不得将门窗外框直接埋入墙体。铝合金门窗安装密封条时应留有伸缩余量，一般比门窗的装配边长 20～30mm，在转角处应斜面断开，并用胶粘剂粘牢固，以免产生收缩缝。门窗外框与墙体的缝隙填塞，应按设计要求处理。若设计无要求时，应采用闭孔弹性材料填塞，缝隙外表留 5～8mm 深的槽口，填嵌密封材料。有些工程在铝合金窗框与墙体间的缝隙中直接填塞水泥砂浆，必须予以纠正。

4）一般项目第四项

密封胶条或密封毛条关系到门窗的气密性和水密性能否满足使用要求，出现问题直接影响使用效果，装配平整、完好、不脱槽，交接处平顺直接影响最终的使用，因此，在验收时，应认真对待，逐个检查。

5）一般项目第五项

排水孔畅通才能保证雨水顺利排出，排水孔的位置和数量必须满足设计要求，也就是其位置、尺寸、数量必须满足设计要求。

6）金属门窗安装允许偏差和检验方法见表 4-4-7～表 4-4-9。

钢门窗安装的留缝限值、允许偏差和检验方法　　　　　　　表4-4-7

项次	项目		留缝限值（mm）	允许偏差（mm）	检验方法
1	门窗槽口宽度、高度	≤1500mm	—	2	用钢卷尺检查
		>1500mm	—	3	
2	门窗槽口对角线长度差	≤2000mm	—	3	用钢卷尺检查
		>2000mm	—	4	
3	门窗框的正、侧面垂直度		—	3	用1m垂直检测尺检查
4	门窗横框的水平度		—	3	用1m水平尺和塞尺检查
5	门窗横框标高		—	5	用钢卷尺检查
6	门窗竖向偏离中心		—	4	用钢卷尺检查
7	双层门窗内外框间距		—	5	用钢卷尺检查
8	门窗框、扇配合间隙		≤2	—	用塞尺检查
9	平开门窗框扇搭接宽度	门	≥6	—	用钢直尺检查
		窗	≥4	—	用钢直尺检查

项次	项目	留缝限值 (mm)	允许偏差 (mm)	检验方法
9	推拉门窗框扇搭接宽度	≥6	—	用钢直尺检查
10	无下框时门扇与地面间留缝	4~8	—	用塞尺检查

铝合金门窗安装的允许偏差和检验方法　　　　表4-4-8

项次	项目		允许偏差 (mm)	检验方法
1	门窗槽口宽度、高度	≤2000mm	2	用钢卷尺检查
		>2000mm	3	
2	门窗槽口对角线长度差	≤2500mm	4	用钢卷尺检查
		>2500mm	5	
3	门窗框的正、侧面垂直度		2	用1m垂直检测尺检查
4	门窗横框的水平度		2	用1m水平尺和塞尺检查
5	门窗横框标高		5	用钢卷尺检查
6	门窗竖向偏离中心		5	用钢卷尺检查
7	双层门窗内外框间距		4	用钢卷尺检查
8	推拉门窗扇与框搭接宽度	门	2	用钢直尺检查
		窗	1	

涂色镀锌钢板门窗安装的允许偏差和检验方法　　　　表4-4-9

项次	项目		允许偏差 (mm)	检验方法
1	门窗槽口宽度、高度	≤1500mm	2	用钢卷尺检查
		>1500mm	3	
2	门窗槽口对角线长度差	≤2000mm	4	用钢卷尺检查
		>2000mm	5	
3	门窗框的正、侧面垂直度		3	用1m垂直检测尺检查
4	门窗横框的水平度		3	用1m水平尺和塞尺检查
5	门窗横框标高		5	用钢卷尺检查
6	门窗竖向偏离中心		5	用钢卷尺检查
7	双层门窗内外框间距		4	用钢卷尺检查
8	推拉门窗扇与框搭接宽度		2	用钢直尺检查

4.2.1.4　塑料门窗安装分项工程

随着我国建筑业的发展，塑料门窗的生产规模不断扩大，使用塑料门窗的地域越来越广泛。为了保证塑料门窗的安装质量，住房和城乡建设部曾专门制定《塑料门窗安装及验收规范》JGJ 103—1996（现已废止，替代规范为《塑料门窗工程技术规程》JGJ 103—2008）。对于塑料门窗安装工程的质量验收，《建筑装饰装修工程质量验收标准》GB 50210—2018作出了明确的规定。

(1) 主控项目

塑料门窗安装分项工程检验批主控项目质量检验标准和检验方法见表4-4-10。

塑料门窗安装分项工程检验批主控项目质量检验标准和检验方法　　　　表4-4-10

序号	项目	合格质量标准	检验方法
1	门窗质量	塑料门窗的品种、类型、规格、尺寸、开启方向、安装位置、连接方式和填嵌密封处理应符合设计要求及国家现行标准的有关规定，内衬增强型钢的壁厚及设置应符合国家标准《建筑用塑料门》GB/T 28886—2012和《建筑用塑料窗》GB/T 28887—2012的规定	观察；尺量检查；检查产品合格证书、性能检测报告、进场验收记录和复验报告；检查隐蔽工程验收记录
2	框、扇安装	塑料门窗框、副框和扇的安装应牢固。固定片或膨胀螺栓的数量与位置应正确，连接方式应符合设计要求。固定点应距窗角、中横框、中竖框150～200mm，固定点间距应不大于600mm	观察；手扳检查；检查隐蔽工程验收记录
3	拼樘料与框连接	塑料组合门窗使用的拼樘料截面尺寸及内衬增强型钢的形状和壁厚应符合设计要求，承受风荷载的拼樘料应采用与其内腔紧密吻合的增强型钢作为内衬，其两端必须与洞口固定牢固。窗框应与拼樘料连接紧密，固定点间距应不大于600mm	观察；手扳检查；尺量检查；吸铁石检查；检查进场验收记录
4	框与洞口缝隙填嵌	窗框与洞口之间的伸缩缝内应采用聚氨酯发泡胶填充，发泡胶填充应均匀、密实。发泡胶成型后不宜切割。表面应采用密封胶密封。密封胶应粘结牢固，表面应光滑、顺直、无裂纹	观察；检查隐蔽工程验收记录
5	滑撑铰链安装	滑撑铰链的安装应牢固，紧固螺丝应使用不锈钢材质，螺钉与框扇连接处应进行防水密闭处理	观察；手扳检查；检查隐蔽工程验收记录
6	防脱落装置	推拉门窗扇应安装防脱落的装置	观察
7	门窗扇装	塑料门窗扇应严密、开关灵活	观察；尺量检查；开启和关闭检查
8	配件质量及安装	塑料门窗配件的型号、规格、数量应符合设计要求，安装应牢固，位置应正确，功能应满足使用要求	观察；手扳检查；尺量检查

关于塑料门窗分项工程检验批质量检验的说明：

1) 主控项目第一项

门窗的品种、类型、规格、外观、外形尺寸、装配质量、力学性能应符合国家现行标准的有关规定；门窗中竖框、中横框或拼樘料等主要受力杆件中的增强型钢，应在产品说明中注明规格、尺寸。门窗的抗风压、空气渗透、雨水渗漏三项基本物理性能应符合《建筑用塑料门》GB/T 28886—2012、《建筑用塑料窗》GB/T 28887—2012 中对这三项性能分级的规定及设计要求，供方应附有该等级的质量检测报告。如果设计对保温、隔声性能提出要求，其性能也应符合《建筑用塑料门》GB/T 28886—2012、《建筑用塑料窗》GB/T 28887—2012 的规定及设计要求。门窗产品应有出厂合格证。三项性能还需现场取样复验，进场时还要验收并做记录。

2) 主控项目第二项

门窗不得有焊角开焊、型材断裂等损坏现象，框和扇的平整度、直角度和翘曲度以及装配间隙应符合国家标准《建筑用塑料门》GB/T 28886—2012、《建筑用塑料窗》GB/T 28887—2012 的有关规定，并不得有下垂和翘曲变形，以免妨碍开关功能。

固定点的位置，验收做了明确的规定，距离窗角、中横框、中竖框必须在 150～200mm 之间（江苏省地方标准规定必须在 150～180mm 之间）。固定点之间的距离规范规定不得大于 600mm（江苏省地方标准规定不得大于500mm）。这样规定的原因在于确保门窗安装牢固。

3）主控项目第三项

建筑装饰装修经常采用组合窗，拼樘料不仅起连接作用，而且是组合窗的重要受力部件，故必须保证拼樘料的规格和质量。拼樘料的规格、尺寸、壁厚等应由设计给出，并应使组合窗能够承受该地区的瞬时风压值。

塑料组合门窗安装工程中经常遇到门窗框、扇变形的质量问题和拼樘料变形，其主要原因是使用的型材的内衬增强型钢设置不合理、拼樘料截面尺寸与增强型钢内衬的形状不符合设计要求，有的内衬增强型钢壁厚不够；有的型钢在型材腔内松旷、空隙大，不能与型材组合受力；有的少配型钢，分段插入型钢，甚至存在不匹配和不配型钢等的情况。对于承受风荷载的拼樘料，规范要求增强型刚与塑料型材内腔应紧密吻合，其两端还要与洞口牢固固定，为防止上述质量问题，规范规定内衬增强型钢的壁厚和设置应符合产品标准的要求。

4）主控项目第四项

窗框和洞口之间的伸缩缝在施工安装处理上经常会出现问题，造成门窗伸缩缝漏水、渗水，洇湿墙面使墙面装饰破坏水密性差，比如填充料聚氨酯发泡胶填充不均匀、不饱满、不密实。发泡胶成型后用刀裁割，使表面成型膜破坏，造成发泡胶呈海绵状，不利于防水。

聚氨酯发泡胶外面的密封胶粘结不牢固，封闭不严密，形成渗水，密封胶表面不光滑、顺直、裂缝、不连续，造成观感差等缺陷。

5）主控项目第五项

铰链安装牢固性是门窗使用安全的需要，对于滑撑铰链如果安装不牢固，使用上就会出问题，对于紧固螺丝要求使用不锈钢材质，一是装饰效果的需要，二是耐久性和牢固性的需要。是不是牢固需要认真检查。

6）主控项目第六项

推拉门窗扇极易出现脱落现象，影响使用，因此，必须安装防脱落装置，这些防脱落装置必须牢固、有效，真正起到防脱落作用。

7）主控项目第七项

门窗关闭必须严密，严密性是门窗的主要性能，门窗关闭不严密会影响气密性能、水密性能、隔热性能、隔声性能，开关灵活性会影响基本使用功能，因此，必须严格验收。

8）主控项目第八项

塑料门窗采用的紧固件、五金件、增强型钢等，应符合下列要求：

①紧固件、五金件、增强型钢及金属衬板等，应进行表面防腐处理。

②紧固件的镀锌金属及其厚度宜符合国家标准《紧固件 电镀层》GB/T

5267.1—2002 的有关规定，紧固件的尺寸、螺纹、公差、十字槽及机械性能等技术条件应符合国家标准《十字槽盘头自攻螺钉》GB/T 845—2017、《十字槽沉头自攻螺钉》GB/T 846—2017 的有关规定。

③五金件型号、规格和性能均应符合现行国家标准的有关规定；滑撑铰链不得使用铝合金材料。

④全防腐型门窗应采用相应的防腐型五金件及紧固件。

⑤固定片厚度应大于或等于 1.5mm，最小宽度应大于或等于 15mm，其材质应采用 A235-A 冷轧钢板，其表面应进行镀锌处理。

⑥长出 10 ~ 15mm。外窗的拼樘料截面尺寸及型钢形状、壁厚，应能使组合窗承受该地区的瞬时风压值。

塑料门窗装入洞口应横平竖直，外框与洞口应弹性连接牢固，不得将门窗外框直接埋入墙体。横向及竖向组合时，应采取套插，搭接形成曲面组合，搭接长度宜为 10mm，并用密封膏密封。安装密封条时应留有伸缩余量，一般比门窗的装配边长 20 ~ 30mm，在转角处应斜面断开，并用胶粘牢固，以免产生收缩缝。

安装后的门窗必须有可靠的刚性，必要时可增设加固件，并应作防腐处理。在使用闭孔泡沫塑料、发泡聚苯乙烯等弹性材料时应分层填塞，填塞不宜过紧。对于保温、隔声等级要求较高的工程，应采用相应的隔热、隔声材料填塞。填塞后，撤掉临时固定用木楔或垫块，其空隙也应采用闭孔弹性材料填塞。

塑料门窗的线性膨胀系数较大，由于温度升降易引起门窗变形或在门窗框与墙体间出现裂缝，为了防止上述现象，特规定塑料门窗框与墙体间缝隙应采用伸缩性能较好的闭孔弹性材料填嵌，并用密封胶密封。采用闭孔材料则是为了防止材料吸水导致连接件锈蚀，影响安装强度。

（2）一般项目（表 4-4-11）

（3）塑料门窗安装的允许偏差和检验方法（表 4-4-12）

4.2.1.5　特种门安装工程

（1）主控项目（表 4-4-13）

（2）一般项目

1）特种门的表面装饰应符合设计要求。

检验方法：观察

2）特种门的表面应洁净，应无划痕和碰伤。

检验方法：观察

3）推拉自动门的感应时间限值和检验方法应符合表 4-4-14 的规定。

4）人行自动门活动扇在启闭过程中对所要求保护的部位应留有安全间隙。安全间隙应小于 8mm 或大于 25mm。

检查方法：用钢直尺检查。

5）自动门安装的允许偏差和检验方法应符合表 4-4-15 的规定。

6）自动门切断电源，应能手动开启，开启力和检验方法应符合表 4-4-16 的规定。

塑料门窗安装分项工程检验批一般项目质量检验标准　　　　表4-4-11

序号	项目	合格质量标准	检验方法	检查数量
1	关闭严密性	安装后的门窗关闭时，密封面上的密封条应处于压缩状态，密封层数应符合设计要求，密封条应连续完整，装配后应均匀、牢固，应无脱槽、收缩和虚压等现象；密封条接口应严密，且位于窗的上方	观察	每个检验批应至少抽查5%，并不得少于3樘，不足3樘时应全数检查；高层建筑的外窗，每个检验批至少抽查10%，并不得少于6樘，不足6樘时应全数检查
2	门窗扇开关力	塑料门窗扇的开关力应符合下列规定： （1）平开门窗扇平铰链的开关力应不大于80N；滑撑铰链的开关力应不大于80N，并不小于30N （2）推拉门窗扇的开关力不大于100N	观察	
3	表面质量	塑料门窗表面应洁净、平整、光滑，颜色均匀一致。可视面应无划痕、碰伤等缺陷，门窗不得有焊角开裂和型材断裂等现象	观察；用弹簧秤检查	
4	旋转间隙	旋转窗间隙应均匀	观察	
5	排水孔	排水孔应畅通，位置和数量应符合设计要求		
6	安装允许偏差	塑料门窗安装的允许偏差和检验方法应符合表4-4-12的规定	见表4-4-12	

塑料门窗安装的允许偏差和检验方法　　　　表4-4-12

项次	项目		允许偏差（mm）	检验方法
1	门、窗框外形（高、宽）尺寸长度差	≤1500mm	2	用钢卷尺检查
		>1500mm	3	
2	门、窗框对角线长度差	≤2000mm	3	用钢卷尺检查
		>2000mm	5	
3	门、窗框（含拼樘料）正、侧面垂直度		3	用1m垂直检测尺检查
4	门、窗框（含拼樘料）的水平度		3	用1m水平尺和塞尺检查
5	门、窗下横框标高		5	用钢卷尺检查，与基准线比较
6	门、窗竖向偏离中心		5	用钢卷尺检查
7	双层门、窗内外框间距		4	用钢卷尺检查
8	平开门窗及上悬、下悬、中悬窗	门、窗扇与框搭接宽度	2	用深度尺或钢直尺检查
		同樘门、窗相邻扇的水平高度差	2	用靠尺和钢直尺检查
		门、窗框扇四周的配合缝隙	1	用楔形塞尺检查
9	推拉门窗	门、窗框扇搭接宽度	2	用深度尺或钢直尺检查
		门、窗扇与框或相邻扇立边平行度	2	用钢直尺检查
10	组合门窗	平整度	3	用2m靠尺和钢直尺检查
		缝直线度	3	用2m靠尺和钢直尺检查

特种门安装分项工程检验批主控项目质量检验标准   表4-4-13

序号	项目	合格质量标准	检验方法
1	质量和性能	特种门的质量和性能应符合设计要求	检查生产许可证、产品合格证书和性能检验报告
2	特种门质量	特种门的品种、类型、规格、尺寸、开启方向、安装位置、连接方式和防腐处理应符合设计要求及国家现行标准的有关规定	观察；尺量检查；检查进场验收记录和隐蔽工程验收记录
3	机械、自动或智能装置	带有机械装置、自动装置或智能化装置的特种门，其机械装置、自动装置或智能化装置的功能应符合设计要求	启动机械装置、自动装置或智能化装置，观察
4	安装牢固性	特种门的安装应牢固。预埋件及锚固件的数量、位置、埋设方式、与框的连接方式应符合设计要求	观察；手扳检查；检查隐蔽验收记录
5	配件质量及安装	特种门的配件应齐全，位置应正确，安装应牢固，功能应满足使用要求和特种门的性能要求	观察；手扳检查；检查产品合格证书、性能检验报告和进场验收记录

推拉自动门的感应时间限值和检验方法   表4-4-14

序号	项目	感应时间限值（s）	检验方法
1	开门响应时间	≤0.5	用秒表检查
2	堵门保护延时	16~20	用秒表检查
3	门扇全开启后保持时间	13~17	用秒表检查

自动门安装的允许偏差和检验方法   表4-4-15

序号	项目	允许偏差（mm）				检验方法
		推拉自动门	平开自动门	折叠自动门	旋转自动门	
1	上框、平梁水平度	1	1	1	—	用1m水平尺和塞尺检查
2	上框、平梁直线度	2	2	2	—	用钢直尺和塞尺检查
3	立框垂直度	1	1	1	1	用1m垂直检测尺检查
4	导轨和平梁平行度	2	—	2	2	用钢直尺检查
5	门框固定扇内侧对角线尺寸	2	2	2	2	用钢卷尺检查
6	活动扇与框、横梁、固定扇间隙差	1	1	1	1	用钢直尺检查
7	板材对接接缝平整度	0.3	0.3	0.3	0.3	用2m靠尺和塞尺检查

自动门手动开启力和检验方法   表4-4-16

序号	门的启闭方式	手动开启（N）	检验方法
1	推拉自动门	≤100	
2	平开自动门	≤100（门扇边框着力点）	用测力计检查
3	折叠自动门	≤100（垂直于门扇折叠处铰链推拉）	
4	旋转自动门	150~300（门扇边框着力点）	

4.2.1.6 门窗玻璃安装分项工程

由于玻璃材料良好的通透性和装饰性，在建筑装饰装修工程中采用玻璃的做法越来越多，除传统的门窗玻璃外，幕墙、隔墙、吊顶均有大量应用。近年来玻璃的品种和功能有很大发展，既有侧重安全性的钢化玻璃、夹层玻璃和夹丝玻璃，也有侧重节能的中空玻璃、反射玻璃和吸热玻璃。

门窗玻璃安装工程一般指采用平板、吸热、反射、中空、夹层、夹丝、磨砂、钢化、压花等玻璃进行安装的工程。

门窗玻璃安装分项工程检验批质量检验标准和检验方法见表4-4-17。

门窗玻璃安装分项工程检验批质量检验标准和检验方法 表4-4-17

项	序号	项目	合格质量标准	检验方法	检查数量
主控项目	1	玻璃质量	玻璃的层数、品种、规格、尺寸、色彩、图案和涂膜朝向应符合设计要求	观察；检查产品合格证书、性能检测报告和进场验收记录	每个检验批应至少抽查5%，并不得少于3樘，不足3樘时应全数检查；高层建筑的外窗，每个检验批应至少抽查10%，并不得少于6樘，不足6樘时应全数检查
	2	玻璃裁割与安装质量	门窗玻璃裁割尺寸应正确。安装后的玻璃应牢固，不得有裂纹、损伤和松动	观察；轻敲检查	
	3	安装方法、钉子或钢丝卡	玻璃的安装方法应符合设计要求。固定玻璃的钉子或钢丝卡的数量、规格应保证玻璃安装牢固	观察；检查施工记录	
	4	木压条	镶钉木压条接触玻璃处应与裁口边缘平齐。木压条应互相紧密连接，并与裁口边缘紧贴，割角应整齐	观察	
	5	密封条与玻璃	密封条与玻璃、玻璃槽口的接触应紧密、平整。密封胶与玻璃、玻璃槽口的边缘应粘结牢固、接缝平齐	观察	
	6	带密封条的玻璃压条	带密封条的玻璃压条，其密封条应与玻璃贴紧，压条与型材之间应无明显缝隙	观察；尺量检查	
一般项目	1	玻璃表面	玻璃表面应洁净，不得有腻子、密封胶和涂料等污渍。中空玻璃内外表面均应洁净，玻璃中空层内不得有灰尘和水蒸气。门窗玻璃不应直接接触型材	观察	
	2	腻子及密封胶	腻子及密封胶应填抹饱满、粘结牢固；腻子及密封胶边缘与裁口应平齐。固定玻璃的卡子不应在腻子表面显露	观察	
	3	密封条	密封条不得卷边、脱槽，密封条接缝应粘接	观察	

关于门窗玻璃安装工程检验批质量检验的说明：

（1）主控项目第一项

对玻璃质量进行检查时，不仅要对玻璃外观质量进行检查，还要检查玻璃构造、品种、规格、尺寸、图案和涂膜朝向是否符合设计要求，同时对合格证、性能检测报告进行检查，当门、窗玻璃大于$1.5m^2$时，应使用安全玻璃，安全玻璃系指钢化玻璃、夹层玻璃和夹丝玻璃。

（2）主控项目第二项

玻璃的裁割尺寸会直接影响安装质量，裁割尺寸必须正确，工艺缝隙必须保证，安装必须牢固，不能有裂纹、损伤的玻璃，不能松动。

（3）主控项目第三项

安装方法直接影响安装质量，因此，安装玻璃时，必须按照设计要求的安装方法进行安装，固定玻璃的钉子、钢丝卡、固定件的数量、规格必须保障，确保安装牢固。

（4）主控项目第四项

镶钉木压条接触玻璃的地方必须与裁口处平齐，凸出裁口影响装修质量，木压条相邻连接要紧密，不得有缝隙，与裁口边缘和割角要整齐服帖。

（5）主控项目第五项

密封条与玻璃、玻璃槽口接触时，必须紧密、平整，保证其密封性能，密封胶与玻璃、玻璃槽口的边缘必须粘贴牢固，接缝平齐、顺直，观感质量好。

（6）主控项目第六项

带密封条的玻璃压条安装时，必须与玻璃粘贴紧密，压条与型材之间连接紧密，不得有明显的缝隙。

（7）一般项目第一项

玻璃工程安装时注意玻璃的洁净，不得有腻子、密封胶和涂料等污染物，安装后应进行清理，以保证玻璃的清洁，竣工后的玻璃工程，表面应洁净，不得留有油灰、浆水、油漆等斑污。中空玻璃的内外也不得有灰尘和水蒸气等污染物，对于内部有灰尘和水蒸气的，在安装时将其剔除，不得安装到工程中。

（8）一般项目第二项

为防止门窗的框、扇型材胀缩、变形时导致玻璃破碎，门窗玻璃不应直接接触型材。油灰应用熟桐油等天然干性油拌制，用其他油料拌制的油灰，必须经试验合格后，方可使用。油灰应具有塑性，嵌抹时不断裂、不出麻面，在常温下，应在 20 昼夜内硬化。

为了观感好，腻子和密封胶边缘与框的裁口必须平齐，固定玻璃的钉子、钢丝卡和安装固定件不得露在腻子表面，影响观感。

安装玻璃前，应将裁口内污垢清理干净，沿裁口全长均匀涂抹 1 ~ 3mm 厚的底油灰，腻子应与玻璃挤紧、无缝隙。面腻子应刮成斜面，四角呈"八"字形，表面不得有流淌、裂缝和麻面。从斜面看不到裁口，从裁口面看不到灰边。

玻璃安装需要打底的，检查时一定要注意，凡未打底的应返工。腻子质量也存在一定问题，有的混有杂质或石蜡，有的油性小，粉质填料多；调拌不匀，太软不易成形，太硬不易刮平。加上操作技术不熟练、不认真，致使涂抹的腻子达不到质量标准，存在粘结不牢，出现皱皮、断裂、脱落等缺陷。

（9）一般项目第三项

密封条不得出现卷边、脱槽等现象，必须平整顺直，接缝必须粘接，确保观感质量。

4.2.2 细部工程质量检验

4.2.2.1 一般规定

（1）适应于橱柜制作与安装；窗帘盒、窗台板、散热器罩制作与安装；门窗套制作与安装；护栏和扶手制作与安装；花饰制作与安装分项工程的质量检查与验收。

（2）细部工程验收时应检查下列文件：

1）施工图、设计说明及其他设计文件。

2）材料的产品合格证书、性能检验报告、进场验收记录和复验报告。

3）隐蔽工程验收记录。

4）施工记录。

(3) 细部工程应对花岗岩的放射性和人造木板的甲醛释放量进行复验。

(4) 细部工程下列部位应进行隐蔽工程验收：

1) 预埋件（或后置埋件）；

2) 护栏与预埋件的连接节点。

(5) 各分项工程的检验批按下列规定划分：

1) 同类制品每50间（处）应划分为一个检验批，不足50间（处）也应划分为一个检验批；

2) 每部楼梯应划分为一个检验批。

(6) 橱柜、窗帘盒、窗台板、门窗套和室内花饰每个检验批至少抽查3间(处)，不足3间（处）时应全数检查；护栏、扶手和室外花饰每个检验批应全数检查。

4.2.2.2 橱柜制作与安装工程

1. 主控项目

(1) 橱柜制作与安装所用材料的材质、规格、性能、有害物质限量及木材的燃烧性能等级和含水率应符合设计要求及国家现行标准的有关要求。

检查方法：观察；检查产品合格证书、进场验收记录、性能检验报告和复验报告。

1) 细木制品常用木材的材质、性能、用途见表4-4-18。

2) 细木制品用木材的选材标准见表4-4-19。

细木制品常用木材的材质、性能、用途　　　　　　　表4-4-18

类别	树种		产地	表观密度 (kg/m³)	硬度	性能	在建筑上的用途
	名称	又名					
针叶类	红松	东北松、海松、果松	东北长白山、小兴安岭	440	软至甚软	干燥性能、加工性能良好，风吹日晒不易龟裂变形，松脂多，耐腐朽	门窗、地板、屋架、檩条、格栅、木墙裙
	鱼鳞云杉	鱼鳞松、白松	东北小兴安岭、长白山	551	中	易干燥，富弹性，加工性能好，弯挠性能极好	格栅、屋架、檩条、门窗、屋面板、搓板、家具
	杉木	沙木、沙树	长江流域以南各省	376	软	干燥性能好，韧性强，易加工，较耐久	门窗、屋架、地板、格栅、檩条、横板、屋面板、脚手杆、家具
阔叶类	水曲柳	—	东北长白山	686	中	富弹性、韧性、耐磨、耐湿、干燥困难、易翘裂	家具、地板、胶合板、室内装修、高级门窗
	柞木	蒙古栎、橡木	东北各省	756	甚硬	干燥困难，易于裂翘曲，耐水、耐腐性强，耐磨损，加工困难	地板、家具、高级门窗
	白皮榆	春榆、山榆、东北榆	东北、河北、山东、江苏、浙江	643	中	加工性能好，光泽美，干燥时易开裂翘曲	地板、胶合板、家具、室内木装修、高级门窗
	桦木	白桦、香桦	东北、华北	635	硬	力学强度高，干燥时易开裂翘曲，加工性能好，不耐腐	胶合板、家具、室内木装修、支撑、地板
	红桦	—	四川、陕西	596	硬	同桦木	同桦木

类别	树种		产地	表观密度 (kg/m³)	硬度	性能	在建筑上的用途
	名称	又名					
阔叶类	色木	枫树	东北、华北、安徽	709	硬	力学强度高、弹性大、干燥慢、常开裂、耐磨性好	地板、胶合板、家具、室内装修
	核桃楸	胡桃楸、楸木	东北、河北、河南	—	中	力学强度中等、富韧性、加工性能好、干燥不易变形、耐腐	地板、胶合板、家具、高级木装修、高级门窗
	黄菠萝	黄蘗、黄柏、黄柏栗	东北	—	中	易干燥、干缩性小、干后不易翘曲、耐腐性强	家具、胶合板、高级木装修
	槐木	豆槐、白槐、细叶槐	华北、华东	702	中	易加工、切削面滑、耐腐污、干燥宜缓慢	屋架、檩条、格栅、家具、门窗
	楠木	稚南、桢南、小叶南	湖北、四川、湖南、云南、贵州	610	中	易加工、切削面光滑、干燥时有翘曲现象、耐久性强	家具、胶合板、室内木装修、高级门窗
	阿必东	红杪、大花龙脑香	产于柬埔寨	—	甚硬	切削面光滑、不易干燥、树胶多、耐腐性强	胶合板、家具
	柳按	红柳按	产于菲律宾	—	中	易加工、干燥过程中稍有翘裂现象、胶接性良好	胶合板、家具

说明：硬度，指木材软硬程度，一般分五级。

1．甚软：＜30MPa。

2．软：30.1～50MPa。

3．中等：50.1～70MPa。

4．硬：70.1～100MPa。

5．甚硬：＞100MPa。

细木制品用木材的选材标准 表4-4-19

等级 / 制品名称 木材缺陷			楼梯扶手			压条、贴脸板、挂镜线			护墙板			窗台板、踢脚板及木楼梯		
			I	II	III	I	II	III	I	II	III	I	II	III
活节	节径	不计个数时应小于 (mm)	10	15	—	5			10	15	20	10	15	20
		计算个数时不应大于	材宽的			材宽的			(mm)			材宽的		
			1/4	1/3		1/4	1/3		20	30	40	1/3		1/2
	个数	任何1延米中不应超过	2	3	4	0	2	3	2	3	5	3	5	6
死节			允许，包括在活节总数中			不允许			允许，包括在活节总数中					
髓心			不露出表面的，允许			不允许			不露出表面的，允许					
裂缝			深度及长度不得大于厚度及材长的			不允许		允许可见裂缝	允许可见裂缝			深度及长度不得大于厚度及材长的		
			1/6	1/5	1/4							1/5	1/4	1/3
斜纹斜率不大于（%）			6	7	10	4	5	6	15	—	不限	10	12	15
油眼			I、II级非正面允许，III级不限											
其他			浪形纹理、圆形纹理、偏心及化学变色允许											

注：I级品不允许有虫眼，II、III级品允许有表层的虫眼。

（2）橱柜安装预埋件或后置埋件的数量、规格、位置应符合设计要求。

检验方法：检查隐蔽工程验收记录和施工记录。

（3）橱柜的造型、尺寸、安装位置、制作和固定方法应符合设计要求。橱柜安装应牢固。

检查方法：观察、尺量检查、手扳检查。

（4）橱柜配件的品种、规格应符合设计要求。配件应齐全。

检查方法：观察、手扳检查、检查进场验收记录。

（5）橱柜的抽屉和柜门应开关灵活、回位正确。

检查方法：观察、开启和关闭检查。

2. 一般项目

（1）橱柜表面应平整、洁净、色泽一致，不得有裂缝、翘曲及损坏。

检查方法：观察。

（2）橱柜裁口应顺直、拼缝应严密。

检查方法：观察。

（3）橱柜安装的允许偏差和检验方法应符合表 4-4-20 的规定。

橱柜安装的允许偏差和检验方法　　　　　　表4-4-20

项次	项目	允许偏差（mm）	检验方法
1	外形尺寸	3	用钢尺检查
2	立面垂直度	2	用1m垂直检测尺检查
3	门与框架的平行度	2	用钢尺检查

3. 施工过程质量控制

1）橱柜宜在室内湿作业完成后进行，以免橱柜受潮变形。

2）橱柜制作前应核对施工图与房屋的实际尺寸，以免因误差而使安装困难。

3）橱柜组装时应按下列要求进行控制：

①应将结构件全部用细刨刨光，然后逐件按顺序进行装配。

②装配时应注意构件的部位和正反面，需要涂胶的部位，应均匀涂刷，并及时将装配后挤出的胶液擦拭清洁。用锤击装配时，应将构件的锤击部位垫上木块，锤击不能过猛，如有拼合不严，应找出原因后采取可靠措施，切不可硬打。

③当用膨胀螺钉固定吊橱时，膨胀螺钉不得安装在多孔砧或加气砌块上。当碰到上述情况时应事先采取妥善的预埋件措施，预埋件或后置埋件的数量、规格、位置应符合设计要求，确保使用安全。

④安装后的橱柜造型、尺寸、安装位置、配件的品种、规格应符合设计要求。橱柜安装必须牢固，配件应齐全。

⑤橱柜的抽屉和柜门应开关灵活，回位正确、不翘力、无自开自关现象。

⑥橱柜裁口应顺直、拼缝应严密；表面应平整、洁净、色泽一致、不得有裂缝、翘曲及损坏。

⑦预埋件（或后置埋件）应进行隐蔽工程验收。

4. 检验规定

橱柜制作与安装工程施工质量检验批的合格判定：

①抽查样本均应符合验收规范主控项目 1 ~ 5 条的规定。

②抽查样本的 80% 以上应符合规范一般项目的规定，其余样本不得有影响使用功能或明显影响装饰效果的缺陷，其中有允许偏差的检验项目，其最大偏差不得超过规范允许偏差的 1.5 倍。凡达不到质量标准时，应按国家标准《建筑工程施工质量验收统一标准》GB 50300—2013 的规定处理。

4.2.2.3 窗帘盒、窗台板制作安装

1. 质量验收标准

（1）主控项目

1）窗帘盒和窗台板制作与安装所使用材料的材质、规格、性能、有害物质限量及木材的燃烧性能等级和含水率应符合设计要求及国家现行标准的有关规定。

检验方法：观察；检查产品合格证书、进场验收记录、性能检测报告和复验报告。

2）窗帘盒和窗台板的造型、规格、尺寸、安装位置和固定方法必须符合设计要求。窗帘盒和窗台板的安装必须牢固。

检验方法：观察；尺量检查；手扳检查。

3）窗帘盒配件的品种、规格应符合设计要求，安装应牢固。

检验方法：手扳检查；检查进场验收记录。

（2）一般项目

1）窗帘盒和窗台板表面应平整、洁净、线条顺直、接缝严密、色泽一致，不得有裂缝、翘曲及损坏。

检验方法：观察。

2）窗帘盒和窗台板与墙、窗框的衔接应严密，密封胶缝应顺直、光滑。

检验方法：观察。

3）窗帘盒和窗台板安装的允许偏差和检验方法应符合表 4-4-21 的规定。

2. 施工过程质量控制要求

1）窗帘盒的施工质量应按下列要求控制

①埋件标高、位置应一致。

窗帘盒和窗台板安装的允许偏差和检验方法　　　　　表4-4-21

项次	项目	允许偏差（mm）	检验方法
1	水平度	2	用1m水平尺和塞尺检查
2	上口、下口直线度	3	拉5m线，不足5m拉通线，用钢直尺检查
3	两端距窗洞口长度差	2	用钢直尺检查
4	两端出墙厚度差	3	用钢直尺检查

②在装窗帘盒的砖墙上或过梁上应预埋 2 ~ 3 个木砖或螺栓，如用燕尾扁铁时，应在砌墙时留洞后埋设。

③有后身板的窗帘盒，在安装时应用钉与木砖钉牢；无后身板的，应用木螺钉将预埋铁件和窗帘盒端头侧板拧紧，窗帘盒顶板应紧贴墙面，当在窗帘盒顶板上用"L"形角铁时，其"L"形角铁不应外露，以免影响美观。

④窗帘盒安装离窗口尺寸由设计规定，但两端应高低一致，离窗洞距离一致，盒身与墙面垂直。在同一房间内同标高的窗帘盒应拉线找平找齐，使其标高一致。

⑤预埋件（或后置埋件）应进行隐蔽工程验收。

2）窗台板的施工质量应按下列要求控制

①窗台板应按设计厚度、坡度制作，与墙接触处须刷防腐剂。

②安装窗台板时，其出墙与两侧伸出窗洞以外的长度要求一致，在同一房间内，安装标高应相同，并各自保持水平。宽度大于 150mm 的窗台板，拼合时应穿暗带。

③窗台板的两端牢固嵌入墙内，里边应插入窗框下冒头的槽内。

④木窗台板长度超过 1500mm 时，在窗台中间应埋设防腐木砖，木砖间距 500mm 左右，每樘窗不少于两块，再用扁头钉钉牢，并顺木纹冲入板内 3mm。板面略向室内倾斜，坡度约 1%。

⑤窗台板下靠墙处，应加钉一根三角木条。

⑥预埋件（或后置埋件）应进行隐蔽工程验收。

3）散热器罩施工质量应按下列要求控制

①散热器罩可采用实木板上下刻孔的做法，也可采用胶合板、硬质纤维板、硬木条等制作成格片，还可以作木雕装饰。为了便于散热器及管道的维修，散热器罩既要安装牢固，又要摘挂方便，因此与主体连接宜采用插装、挂接、钉接等方法。

②独立式散热器罩——散热器罩应呈五面箱体，散热器罩下端应开口让冷空气进入，顶面应设百叶片为热空气出口，散热器罩本身有独立支点落地。

③嵌入式散热器罩—— 一般在砌墙时先留出壁龛 120 ~ 250mm。散热器罩此时为一单片罩板，一般采用空透型，或用金属网编织花饰，四边作木框。散热器罩安装在壁龛外口。

④窗下式散热器罩——散热片在窗台下部，外侧用平板或花格板，放在散热片的中间高度，上下留出缝隙，利于热对流。

⑤沿墙式散热器罩——当散热片在室内墙壁处时，散热器罩为箱式，即沿散热片的外侧、顶部及两端均用百叶或花格罩住，其罩板内侧装铅丝网，以保冷热对流。

4）挂镜线施工质量应按下列要求控制

①挂镜线要根据已弹出的水平线安装。

②挂镜线的接头必须在预埋木砖上（混凝土墙、柱上可用冲击钻打洞敲

入木榫），预埋木砖（木榫）间距不大于 650mm。接头应斜坡压岔，背面应紧贴墙面。

③阴阳角要割角严密交圈，并用圆钉钉入木砖（木榫）中，钉帽要砸扁，并顺木纹冲入木条内 3mm。

④预埋件（或后置埋件）应进行隐蔽工程验收。

3. 检验规定

（1）检查数量应符合下列规定：

每个检验批应至少抽查 3 间（处），不足 3 间（处）时应全数检查。

（2）窗帘盒、窗台板和散热器罩制作安装工程施工质量检验批的合格判定：

1）抽查样本均应符合规范主控项目 1 ~ 3 条的规定。

2）抽查样本的 80% 以上应符合规范一般项目的规定，其余样本不得有影响使用功能或明显影响装饰效果的缺陷，其中有允许偏差的检验项目，其最大偏差不得超过规范允许偏差的 1.5 倍。

凡达不到质量标准时，应按国家标准《建筑工程施工质量验收统一标准》GB 50300—2013 的规定处理。

4. 常见质量问题

（1）窗帘盒高低不平等缺陷

1）现象

窗帘盒安装不平，靠墙处有空隙，两侧伸出窗口长度不一致，"L"形角铁外露。

2）原因分析

①弹线尺寸不准确，"L"形角铁位置装错。

②墙面抹灰不平，造成靠墙处有空隙。

（2）窗台板出墙的尺寸不一，窗台板有翘曲等

1）现象

窗台板挑出墙面的尺寸不一；两端有高低偏差；窗台板板面有翘曲。

2）原因分析

①窗框本身存在与墙面不平。

②内墙抹灰时标筋找平有变动，框两侧的抹灰厚度不一致。窗台板安装时，未按窗框中心线分均。

③窗台板安装时，拉线找平不够。

④窗台板木材含水率大，宽度大于 150mm 的窗台板，拼合时未穿暗带，因而变形大。

4.2.2.4　门窗套制作与安装工程

（1）材料质量控制要求

1）门窗套制作与安装所使用材料的材质、规格、花纹和颜色、木材的燃烧性能等级和含水率、花岗石的放射性及人造木板的甲醛含量应符合设计要求及国家现行标准的有关规定。对进场材料要作验收记录，并检查产品合格证书、

性能检测报告和复验报告。

2）门窗套工程应对人造木板的甲醛含量进行复验。

3）木材的选材必须符合设计要求。

(2) 质量验收标准

1）主控项目

①门窗套制作与安装所使用材料的材质、规格、花纹、颜色、性能、有害物质限量及木材的燃烧性能等级和含水率应符合设计要求及国家现行标准的有关规定。

检验方法：观察；检查产品合格证书、进场验收记录、性能检测报告和复验报告。

②门窗套的造型、尺寸和固定方法应符合设计要求，安装应牢固。

检验方法：观察；尺量检查；手扳检查。

2）一般项目

①门窗套表面应平整、洁净、线条顺直、接缝严密、色泽一致，不得有裂缝、翘曲及损坏。

检验方法：观察。

②门窗套安装的允许偏差和检验方法应符合表4-4-22的规定。

门窗套安装的允许偏差和检验方法 　　　　表4-4-22

项次	项目	允许偏差（mm）	检验方法
1	正、侧面垂直度	3	用1m垂直检测尺检查
2	门窗套上口水平度	1	用1m水平检测尺和塞尺检查
3	门窗套上口直线度	3	拉5m线，不足5m拉通线，用钢直尺检查

(3) 施工过程质量控制要求

1）门窗套制作与安装应按下列要求控制

①检查门窗是否方正垂直，门窗洞口是否比樘宽≥40mm，洞口比樘高出≥25mm，预埋木砖等有否遗漏，位置是否正确。若有问题，必须纠正。

②按洞口尺寸用木方制成龙骨架。骨架分三片制作，洞口上部一片，两侧各一片。门窗套一般设两根立杆，但若门窗套宽度大于500mm需要拼缝时，中间应增加立杆，立杆的厚度不应小于20mm。

③门窗套的横撑间距应根据面板用料厚度决定：板厚为5mm时，横撑间距≤300mm；板厚为10mm时，横撑间距≤400mm。横撑位置应与预埋件位置对应。先安装上面龙骨架，再安装两侧龙骨架。

④龙骨架与面板接触面应刨平，其他三面刷防腐剂。为了防潮，龙骨架与墙之间应干铺一层油毡。龙骨架必须牢固、方整。

⑤面板的颜色和木纹应进行挑选，近似者用在同一房间。接缝应避开视线位置，同时应注意木纹通顺，接头应留在横撑上。

⑥当使用厚板作面板时，为防止板面变形弯曲，应在板背面做宽10mm、深5～8mm，间距为100mm的卸力槽。

⑦门窗套面板里侧应装进门窗框预留的凹槽里，外侧要与墙面平齐，割角严密方正，用面板厚3倍的钉子，砸扁钉帽后顺木纹冲入面层1～2mm，钉距为100mm。

⑧预埋件（或后置埋件）应进行隐蔽工程验收。

2）贴脸板制作与安装应按下列要求控制

①加工时，应选用少节疤、顺直的好材，刨光顺序可先大面后小面，然后顺纹起线，线条须清秀，深浅一致，刨光面必须平直光滑。若加工品不光滑，在安装时应先刨光使其符合要求后再进行安装。

②贴脸板在门窗框上四周角边宽度应一致，允许偏差为2mm，其搭盖在墙上的宽度不应小于10mm，并应紧密地固定在门窗框上。

③贴脸板安装时的割角应准确、平整、交圈，接头用一形斜接、对缝应严密整齐，四周与抹灰面要严密接触。

④做圆门窗、曲线形门窗贴脸时，应先套样板，然后制作。

⑤装饰贴脸板时，钉距要均匀，钉帽要砸扁，并顺木纹冲入板内3mm。

（4）常见质量问题

门窗套与门框接触不严、不平。

1）现象

门窗套与门框入槽接触不严、表面不平、中间有波纹。

2）原因分析

①原门窗四周没有裁口，框背后有死弯或顺弯，致使面板贴不平。

②门框四周留槽与面板厚不协调，钉龙骨时亦未注意，致使接缝不严。

③制作及安装龙骨时表面平直度差，形成板面波纹。

4.2.2.5 护栏和扶手制作与安装工程

1. 材料质量控制要求

（1）护栏和扶手制作与安装所使用材料的材质、规格、数量和木材、塑料的燃烧性能等级应符合设计要求。对进场材料要作验收记录，并检查产品合格证书和性能检测报告。

（2）木材的选材必须符合设计要求。

2. 施工过程质量控制要求

（1）制作木扶手前，先按设计要求做出扶手横断面的足尺样板，将扶手底刨平直后，出中线，在其两端对好样板划出断面，刨出底部木槽，一般槽深为3～4mm，宽度视所用铁板而定，但不得超过40mm。用刨依顶头的断面出刨成形，但宜留半线。

（2）制作扶手弯头前，应做足尺样板。把弯头的整料先斜文出方，用样板画线，锯成皱型毛料（应比实际尺寸大10mm左右）。

先做准弯头底，用扶手样板在顶头划线，出刨成形，但宜留半线。

(3) 木扶手、弯头安装质量应按下列要求控制：

1) 按栏杆斜度配好起步弯头，再接扶手，扶手高度应符合设计要求，安装由下往上进行。扶手与弯头的接头要做暗榫，或用铁活铆固，用胶粘接。木扶手与栏杆铁板用木螺钉拧紧，螺帽不得外露，间距不应大于400mm。木扶手的宽度或厚度超过70mm时，接头必须做暗燕尾榫。

2) 栏杆的斜度必须同梯段一致，高度应保持一致，应待全部安装完后，再用刨、锉、磨逐一修整接头，务必使其弯曲自然。

3) 木扶手与弯头接缝应紧密，不应松动。

4) 在混凝土栏杆上安装扶手时，垫板应与木砖钉牢，其接头应做暗榫，花饰要均匀，并保持垂直，用螺钉拧紧，不得松动。

5) 在铁栏杆上安装扶手时，扶手下木槽应严密地卡在栏杆上，用螺钉拧紧，防止螺帽斜露不平。

6) 安装靠墙扶手时，先按图在墙上弹出坡度线，墙内埋好木砖，安好连接件，然后用螺钉将木扶手与连接件结合牢固。

7) 木纹花饰，应在花饰上做雄榫，垫板下的暗榫用木螺钉拧牢。

8) 安装扶梯铁栏杆时，栏杆必须与扶梯边进出一致，每节栏杆应高低一致，栏杆要与扶梯踏步面垂直，扶手弯势要缓顺。焊接不应有咬肉、夹渣、气泡，药皮要敲掉，铁扶手接头处要磨平。

(4) 护栏高度、栏杆间距、安装位置必须符合设计要求。护栏安装必须牢固。

(5) 护栏玻璃应使用公称厚度不小于12mm的钢化玻璃或钢化夹层玻璃。当护栏一侧距楼地面高度为5m及以上时，应使用钢化夹层玻璃。

(6) 预埋件（或后置埋件）应进行隐蔽验收。

(7) 护栏与预埋件的连接节点应进行隐蔽验收。

3. 质量验收标准

(1) 主控项目

1) 护栏和扶手制作与安装所使用材料的材质、规格、数量和木材、塑料的燃烧性能等级应符合设计要求。

检验方法：观察；检查产品合格证书、进场验收记录和性能检测报告。

2) 护栏和扶手的造型、尺寸及安装位置应符合设计要求。

检验方法：观察；尺量检查；检查进场验收记录。

3) 护栏和扶手安装预埋件的数量、规格、位置以及护栏与预埋件的连接节点应符合设计要求。

检验方法：检查隐蔽工程验收记录和施工记录。

4) 护栏高度、栏杆间距、安装位置必须符合设计要求。护栏安装必须牢固。

检验方法：观察；尺量检查；手扳检查。

5) 护栏玻璃的使用应符合设计要求和行业标准《建筑玻璃应用技术规程》JGJ 113—2015的规定。

检验方法：观察；尺量检查；检查产品合格证书和进场验收记录。

（2）一般项目

1）护栏和扶手转角弧度应符合设计要求，接缝应严密，表面应光滑，色泽应一致，不得有裂缝、翘曲及损坏。

检验方法：观察；手摸检查。

2）护栏和扶手安装的允许偏差和检验方法应符合表4-4-23的规定。

护栏和扶手安装的允许偏差和检验方法　　　　表4-4-23

项次	项目	允许偏差（mm）	检验方法
1	护栏垂直度	3	用1m垂直检测尺检查
2	栏杆间距	0，-6	用钢尺检查
3	扶手直线度	4	拉通线，用钢直尺检查
4	扶手高度	+6，0	用钢尺检查

（3）检验规定

1）检查数量

每个检验批的护栏和扶手应全部检查。

2）护栏和扶手制作与安装工程施工质量检验批的合格判定：

①抽查样本均应符合规范主控项目1～5条的规定。

②抽查样本的80%以上应符合规范一般项目的规定，其余样本不得有影响使用功能或明显影响装饰效果的缺陷，其中有允许偏差检查项目的，其最大偏差不得超过规范允许偏差的1.5倍。

凡达不到质量标准时，应按国家标准《建筑工程施工质量验收统一标准》GB 50300—2013的规定处理。

4.常见质量问题

（1）扶梯栏杆高低不一

1）现象

扶梯栏杆安装后，每梯段起步与收步处栏杆高低不一。

2）原因分析

操作施工不认真，拿来就装，不按扶梯斜度装。

（2）扶手与弯头连接处裂缝、脱胶、拨缝

1）现象

扶手与弯头挠曲变形，在接缝处出现裂缝、脱胶、拨缝。

2）原因分析

①木材含水率过高，干缩后产生挠曲、变形、脱胶、拨缝。

②制作不规范、连接没有做暗燕尾榫。

（3）铁扶手不直，接头焊渣不平

1）现象

目测铁扶手弯曲不直，焊接接头不平。

2）原因分析

①工厂加工成形的梯段铁栏杆，在搬运及堆放过程中产生挠曲变形，安装前未整修，拿来就装，造成梯段弯曲。

②焊接质量差，有漏焊咬肉、夹渣现象，焊渣未清理干净，且未用砂轮打磨或锉平。

4.2.2.6 花饰制作与安装工程

1.材料质量控制要求

（1）材料质量控制

1）花饰制作与安装所使用材料的材质、规格应符合设计要求。对进场材料要作验收记录，并观察和检查产品合格证书。

2）花饰制作与安装所使用主要材料的材质，如水泥（强度等级42.5的普通硅酸盐水泥、白色硅酸盐水泥）、石灰、砂（宜用中砂、粗砂或中粗砂混用）、麻刀（长度根据需要而定）、纸筋、石膏等应符合有关规定。

石渣宜用中八厘、小八厘、小豆石。

常用辅料尚有明胶、水胶、滑石粉、甘油、漆片、凡立水、明矾、铜丝及镀锌钢丝、颜料、凡士林、稀机油、煤油等。

（2）施工过程质量控制要求

1）石膏花饰安装质量应按下列要求控制：

花饰安装，清理被粘结体，在其表面刷一遍108胶水溶液。在顶棚四周弹线找平，弹出花饰位置的中心线。检查预埋件位置是否正确、牢固。对复杂分块花饰在安装前，必须预先试拼，并分块编号。花饰安装时，把每块石膏花饰的边缘抹好石膏腻子，然后用竹片或木片临时支柱并加以固定，用镀锌木螺钉固定，但螺钉不宜拧得过紧，以防损坏石膏花饰。一般临时支柱在12h后拆除。支柱拆除后，花饰间的相邻缝隙应用石膏腻子填平，待凝固后打磨平整。花饰上的螺钉孔应用石膏修平。薄浮雕和高凸浮雕安装宜与镶贴饰面板、砌同时进行。应待抹灰层硬化后，才能在其上安装花饰。安装花饰时应防止灰浆等污染顶棚、墙面。在不易安装木椿的部位，可用铜丝将花饰吊牢。花饰必须安装牢固，允许偏差应符合规范要求。石膏花饰可用石膏灰胶粘剂粘贴，其配合比见表4-4-24。

石膏灰胶粘剂的配合比（重量比）　　　　　　表4-4-24

材料名称	半水石膏	108胶	2%羧甲基纤维素
配合比	100	35	35

2）水泥石渣花饰安装质量按下列要求控制：

①花饰制作后，要平放养护，在未达到一定强度前，不应进行安装。

②花饰安装，在墙上按设计要求进行弹线找平定花饰中心线，当安装重量较轻的花饰时，将花饰背面稍浸水，并在花饰背面及其贴花饰的墙面位置刮一层1:2水泥砂浆，将花饰中预留的安装孔对准墙上木椿，用木螺钉或钢筋进行固定；当安装重量较重的花饰时，定位要求同上，花饰就位后，将留在花

饰高处的螺钉帽拧紧，检查稳妥后在其底下及两侧涂上石膏浆，用 1：2 水泥砂浆分次灌注，也可以用铜丝把花饰的筋与墙上钢筋绑扎牢，随后用上法进行灌浆，操作时应清除花饰周围及墙上的砂浆，待砂浆凝固后，固定水刷石、斩假石花饰的钉孔应用同色水泥砂浆填嵌密实。

2. 质量验收标准

（1）主控项目

1）花饰制作与安装所使用材料的材质、规格应符合设计要求。

检验方法：观察；检查产品合格证书和进场验收记录。

2）花饰的造型、尺寸应符合设计要求。

检验方法：观察；尺量检查。

3）花饰的安装位置和固定方法必须符合设计要求，安装必须牢固。

检验方法：观察；尺量检查；手扳检查。

（2）一般项目

1）花饰表面应洁净，接缝应严密吻合，不得有歪斜、裂缝、翘曲及损坏。

检验方法：观察。

2）花饰安装的允许偏差和检验方法应符合表 4-4-25 的规定。

花饰安装的允许偏差和检验方法 表4-4-25

项次	项目		允许偏差（mm）		检验方法
			室内	室外	
1	条型花饰的水平度或垂直度	每米	1	3	拉线和用1m垂直检测尺检查
		全长	3	6	
2	单独花饰中心位置偏移		10	15	拉线和用钢直尺检查

（3）检验规定

1）检查数量应符合下列规定：

①室外每个检验批应全部检查。

②室内每个检验批应至少抽查 3 间（处）；不足 3 间（处）时应全数检查。

2）花饰制作与安装工程施工质量检验批的合格判定：

①抽查样本均应符合规范主控项目 1～3 条的规定。

②抽查样本的 80% 以上应符合规范一般项目的规定，其余样本不得有影响使用功能或明显影响装饰效果的缺陷，其中有允许偏差的检验项目，其最大偏差不得超过规范允许偏差的 1.5 倍。

凡达不到质量标准时，应按国家标准《建筑工程施工质量验收统一标准》GB 50300—2013 的规定处理。

3. 常见质量问题

（1）石膏花饰饰面不平

1）现象

花饰间接缝不平，且缝隙不匀，饰面不平。

2）原因分析

①制作花饰厚薄不一，且有翘曲变形，安装前未认真剔选。

②在固定花饰前找平不认真。

③安装操作不小心，在砂浆凝结前碰动花饰而产生移位。

（2）石膏花饰图案不规则

1）现象

目测花饰图案不端正。

2）原因分析

①施工前对花饰没有进行试拼、编号。

②施工前找平弹线工作未做好，或施工时未按弹线拼装，使花饰走样。

（3）水泥花饰空鼓

1）现象

用小锤轻击花饰，有空鼓声。

2）原因分析

①安装花饰的基层未清理干净，或未润水。

②花饰背面未刷净浮灰，且浸水不足。

③水泥砂浆结合层涂刷不均匀，或涂刷时间过长。

④灌浆不密实。

（4）水泥花饰饰面污染

1）现象

安装后的水泥花饰饰面不清、有斑痕。

2）原因分析

①安装花饰时没有及时清除遗留在饰面上的水泥砂浆等污染物。

②安装花饰后没有及时做产品保护，或做得不够，被后道工序污染。

4.2.3 卫生器具安装

4.2.3.1 材料质量要求

（1）卫生器具的型号、规格、质量必须符合设计要求，并有出厂产品合格证。

（2）卫生器具表面应平整、光滑、无裂纹、排水口尺寸正确，支架固定孔及给水排水管连接孔良好。

4.2.3.2 施工过程质量控制

1. 卫生器具镶接质量控制

（1）与土建配合

1）与土建装饰施工配合的时机应恰当，如浴盆安装必须在抹灰底层以后、贴瓷砖之前就位，台式面盆必须与土建大理石台面的安装工作配合进行。其他卫生器具的安装大多需在粉刷完成后进行。

2）对卫生器具都应做好产品保护。例如在浴盆上糊牛皮纸防止污染，遮盖木屑板防止敲坏卫生器具，临时堵塞好排水口，不让水泥浆和施工垃圾进入管道，以免管道堵塞。

3）卫生器具的进水管及排水管的标高及位置应与土建装饰配合预埋正确。

（2）卫生器具与排水管的连接

卫生器具与排水管的连接，凡不用下水栓而直接由卫生器具排水口与排水承口直接连接的，一般以纸筋水泥或油灰作密封填料。在器具排水口均匀地涂抹，然后按划线正确就位。安装完后应用水冲洗器具，冲去可能进入管内的多余填料。

（3）卫生器具安装

1）卫生器具的安装应采用预埋螺栓或膨胀螺栓安装固定。

2）卫生器具安装前应进行检查，器具应完好无损，并应清除器具内杂物。

3）卫生器具的安装高度如设计无要求时，应符合表4-4-26的规定。

卫生器具的安装高度 表4-4-26

项次	卫生器具名称		卫生器具安装高度（mm）		备注
			居住和公共建筑	幼儿园	
1	污水盆（池）	架空式落地式	800	800	—
			500	500	
2	洗涤盆（池）		800	800	自地面至器具上边缘
3	洗脸盆、洗手盆（有塞、无塞）		800	500	
4	盥洗槽		800	500	
5	浴盆		520	—	
6	蹲式大便器	高水箱	1800	1800	自台阶面至高水箱底
		低水箱	900	900	自台阶面至低水箱底
7	坐式大便器	高水箱	1800	1800	自地面至高水箱底 自地面至低水箱底
	低水箱	外露排水管式	510	370	
		虹吸喷射式	470	—	
8	小便器	挂式	600	450	自地面至下边缘
9	小便槽		200	150	自地面至台阶面
10	大便槽冲洗水箱		＜2000	—	自台阶面至水箱底
11	妇女卫生盆		360	—	自地面至器具上边缘
12	化验盆		800	—	自地面至器具上边缘

4）有饰面的浴盆，应留有通向浴盆排水口的检修门。

5）小便槽冲洗管，应采用镀锌钢管或硬质塑料管。冲洗孔应斜向下方安装，冲洗水流同墙面成45°角。镀锌钢管钻孔后应进行二次镀锌。

2. 排水栓和地漏安装质量控制

（1）排水栓的连接

瓷盆的排水栓下应涂油灰，盆底应垫好橡胶圈，用紧锁螺母紧固使排水栓与瓷盆连接牢固且紧密，水泥制作的盆槽，应将排水口仔细凿平，并在排水栓外涂上纸筋石灰水泥，在水槽下部用紧锁螺母紧固。排水栓应低于排水表面，周边无渗漏。

（2）地漏标高

地漏应安装在地面最低处，水封高度不得小于 50mm。

（3）地面排水栓及地漏安装后，应采取措施将口密封，防止建筑垃圾落入，堵塞管道。

4.2.3.3　质量验收标准

1. 主控项目

（1）排水栓和地漏的安装应平整、牢固、低于排水表面，周边无渗漏。地漏水封高度不得小于 50mm。

检验方法：试水观察检查。

（2）卫生器具交工前应做满水和通水试验。

检验方法：满水后各连接件不渗不漏；通水试验给水、排水畅通。

2. 一般项目

（1）有饰面的浴盆，应留有通向浴盆排水口的检修门。

检验方法：观察检查。

（2）小便槽冲洗管，应采用镀锌钢管或硬质塑料管。冲洗孔应斜向下方安装，冲洗水流同墙面成 45°角。镀锌钢管钻孔后应进行二次镀锌。

检验方法：观察检查。

（3）卫生器具安装的允许偏差应符合表 4-4-27 的规定。

卫生器具安装的允许偏差和检验方法　　　　　　　　表4-4-27

项次	项目		允许偏差（mm）	检验方法
1	坐标	单独器具	10	拉线、吊线和尺量检查
		成排器具	5	
2	标高	单独器具	±15	
		成排器具	±10	
3	器具水平度		2	用水平尺和尺量检查
4	器具垂直度		3	吊线和尺量检查

（4）卫生器具的支、托架必须防腐良好，安装平整、牢固，与器具接触紧密、平稳。

检验方法：观察；手扳检查。

3. 质量验收资料

（1）卫生器具出厂合格证。

（2）卫生器具通水检查记录。

4.2.3.4　常见质量问题

1. 排水不畅或堵塞

（1）现象

卫生器具或地漏排水不畅。

（2）原因分析

未做好产品保护，排水管存水弯内存有水泥砂浆或建筑垃圾。

2. 地板漏水

(1) 现象

地面水从管壁外漏至下层。

(2) 原因分析

毛坯排水支管安装后,补洞不仔细而漏水。

3. 卫生器具位置偏心

(1) 现象

卫生器具与建筑隔间偏心。

(2) 原因分析

未很好核对建筑与安装的施工图纸,毛坯排水管未按建筑隔间中心安装。

4. 蹲式大便器安装不良

(1) 现象

大便器中无存水,安装未考虑检修。

(2) 原因分析

1) 大便器后部太高,使器具中存水少,影响卫生。

2) 卫生器具排水口与排水管承口的连接用水泥捂死,检修时无法拆开。

3) 蹲式大便器的四周被砖砌踏步砌死、水泥砂浆粉刷牢固,使蹲式大便器无法与踏步凿开,拆除检修。大便器与踏步间应留有一圈砂填充层,上面粉水泥砂浆才能便于凿开检修。

5. 大便器漏水

(1) 现象

大便器周围地坪常湿或向下层滴水。

(2) 原因分析

1) 水箱冲水管与大便器的连接处渗漏,使水滴在地面上。

2) 大便器与排水管的接口处渗漏,使水从排水口溢出淌至地面,如地坪补洞不良,则造成向下层滴水。

3) 大便器下部连接支管上的门弯或存水弯的检查口密封不严密,造成向下滴水。

4.2.4 卫生器具给水配件安装

4.2.4.1 材料质量要求

(1) 卫生器具的给水配件应有产品合格证。凡采用新产品,该产品必须是经技术鉴定合格后投产的合格产品。

(2) 安装前应对产品进行检查,镀铬件表面应无锈斑及起壳等缺陷。

(3) 水箱配件应为节水产品。

4.2.4.2 施工过程质量控制

卫生器具给水配件连接尺寸及外观检查质量控制:

(1) 卫生器具给水配件的安装高度,如设计无要求时,应符合表4—4—28

项次	给水配件名称		配件中心距地面高度（mm）	冷热水龙头距离（mm）
1	架空式污水盆（池）水嘴（水龙头）		1000	—
2	落地式污水盆（池）水嘴		800	—
3	洗涤盆（池）水嘴		1000	150
4	住宅集中给水嘴		1000	—
5	洗脸盆水嘴		1000	—
6	洗脸盆	水嘴（上配水）	1000	150
		水嘴（下配水）	800	150
		角阀（下配水）	450	—
7	盥洗槽	水嘴	1000	150
		热冷水管上下并行，其中热水嘴	1100	150
8	浴盆	水嘴（上配水）	670	150
9	淋浴器	截止阀	1150	95
		混合阀	1150	—
		淋浴喷头下沿	2100	—
10	蹲式大便器 （从台阶面算起）	高水箱角阀及截止阀	2040	
		低水箱角阀	250	
		手动式自闭冲洗阀	600	
		脚踏式自闭冲洗阀	150	
		拉管式冲洗阀（从地面算起）	1600	
		带防污助冲器阀门（从地面算起）	900	
11	坐式大便器	高水箱角阀及截止阀	2040	
		低水箱角阀	150	
12	大便槽冲洗水箱截止阀（从台阶面算起）		≮2400	
13	立式小便器角阀		1130	
14	挂式小便器角阀及截止阀		1050	
15	小便槽多孔冲洗管		1100	
16	实验室化验水嘴		1000	
17	妇女卫生盆混合阀		360	

注：装设在幼儿园内的洗手盆、洗脸盆和盥洗槽水嘴中心离地面安装高度应为700mm，其他卫生器具给水配件的安装高度，应按卫生器具实际尺寸相应减少。

的规定。

（2）安装镀铬的卫生器具给水配件应使用扳手，不得使用管子钳，以保护镀铬表面完好无损。接口应严密、牢固、不漏水。

（3）镶接卫生器具的铜管，弯管时弯曲应均匀，弯管椭圆度应小于8%，并不得有凹凸现象。

（4）给水配件应安装端正，表面洁净并清除外露油麻。

（5）浴盆软管淋浴器挂钩的高度，如设计无要求，应距地面1.8m。

（6）给水配件的启闭部分应灵活，必要时应调整阀杆压盖螺母及填料。

4.2.4.3 质量验收标准

1. 主控项目

卫生器具给水配件应完好无损伤、接口严密，启闭部分灵活。

检验方法：观察及手扳检查。

2．一般项目

（1）浴盆软管淋浴器挂钩的高度，如设计无要求，应距地面1.8m。

检验方法：尺量检查。

（2）卫生器具给水配件安装标高的允许偏差应符合表4-4-29的规定。

卫生器具给水配件安装标高的允许偏差和检验方法　　表4-4-29

项次	项目	允许偏差（mm）	检验方法
1	大便器高、低水箱角阀及截止阀	±10	尺量检查
2	水嘴	±10	
3	淋浴器喷头下沿	±15	
4	浴盆软管淋浴器挂钩	±20	

3．质量资料

卫生器具配件出厂合格证。

4.2.4.4　常见质量问题

卫生器具给水配件连接不美观。

1）现象

连接铜管弯曲瘪陷，镀铬件磨毛。

2）原因分析

对于毛坯预留头偏差太大的应修改毛坯管子后再镶接。安装镀铬件应使用活络扳手，禁止用管子钳。

4.3　项目单元

4.3.1　门窗工程验收记录

4.3.1.1　木门窗安装质量检验批验收记录

木门窗安装分项工程检验批质量验收记录（表4-4-30）

4.3.1.2　金属门窗质量验收记录

（1）金属门窗安装分项工程（铝合金门窗）检验批质量验收记录（表4-4-31）

（2）金属门窗安装分项工程（涂色镀锌钢板门窗）检验批质量验收记录（表4-4-32）

4.3.1.3　塑料门窗安装质量验收记录表

塑料门窗安装分项工程检验批质量验收记录（表4-4-33）

4.3.1.4　特种门安装质量验收记录

（1）特种门安装分项工程（推拉自动门）检验批质量验收记录（表4-4-34）

（2）特种门安装分项工程（旋转门）检验批质量验收记录（表4-4-35）

4.3.1.5　门窗玻璃安装分项工程检验批质量验收记录（表4-4-36）

工程名称		检验批部位		施工执行标准名称及编号		
施工单位		项目经理		专业工长		
分包单位		分包项目经理		施工班组长		
序号		GB 50210—2018的规定		施工单位检查评定记录		监理（建设）单位验收记录

主控项目	序号	GB 50210—2018的规定	施工单位检查评定记录	监理（建设）单位验收记录
主控项目	1	木门窗的品种、类型、规格、尺寸、开启方向、安装位置、连接方式及性能应符合设计要求		
	2	木门窗应采用烘干的木材，含水率及饰面质量应符合现行国家标准的有关规定		
	3	木门窗的防火、防腐、防虫处理应符合设计要求		
	4	木门窗框的安装必须牢固，预埋木砖的防腐处理、木窗框固定点的数量、位置及固定方法应符合设计要求		
	5	木门窗扇必须安装牢固，并应开关灵活，关闭严密，无倒翘		
	6	木门窗配件的型号、规格、数量应符合设计要求，安装应牢固，位置应正确，功能应满足使用要求		

一般项目																
	1	木门窗表面应洁净，不得有刨痕和锤印														
	2	割角和拼缝应严密平整。门窗框、扇裁口应顺直，刨面应平整														
	3	木门窗上的槽和孔应边缘整齐，无毛刺														
	4	木门窗与墙体间缝隙的填嵌材料应符合设计要求，填嵌应饱满。寒冷地区外门窗（或门窗框）与砌体间的空隙应填充保温材料														
	5	木门窗批水、盖口条、压缝条和密封条的安装应顺直，与门窗结合应牢固、严密														

	项次	项目		留缝限值（mm）	允许偏差（mm）	1	2	3	4	5	6	7	8	9	10	
一般项目	1	门窗框的正、侧面垂直度		—	2											
	2	框与扇接缝高低差		—	1											
		扇与扇接缝高低差			1											
	3	门窗扇对口缝		1～4	—											
	4	工业厂房、围墙双扇大门对口缝		2～7	—											
	5	门窗扇与上框间留缝		1～3	—											
	6	门窗扇与合页侧框间留缝		1～3	—											
	7	室外门与锁侧框间留缝		1～3	—											
	8	门扇与下框间留缝		3～5	—											
	9	窗扇与下框间留缝		1～3	—											
	10	双层门窗内外框间距		—	4											
	11	无下框时门扇与地面间留缝	室外门	4～7	—											
			室内门	4～8	—											
			卫生间门	8～10	—											
			厂房大门	10～20	—											
			围墙大门		—											
	12	框与扇搭接宽度	门	—	2											
			窗	—	1											

施工单位检查评定结果	项目专业质量检查员：　　　　　　　　　　　　　　　　年　月　日
监理（建设）单位验收结论	监理工程师（建设单位项目专业技术负责人）：　　　　　　年　月　日

工程名称		检验批部位											项目经理		
施工单位		分包项目经理											专业工长		
分包单位		施工执行标准名称及编号											施工班组长		

序号		GB 50210—2018的规定											施工单位检查评定记录		监理（建设）单位验收记录
主控项目	1	金属门窗的品种、类型、规格、尺寸、性能、开启方向、安装位置、连接方式及铝合金门窗的型材壁厚应符合设计要求及国家现行标准的有关规定。金属门窗的防雷、防腐处理及填嵌、密封处理应符合设计要求													
	2	金属门窗框和副框的安装应牢固。预埋件及锚固件的数量、位置、埋设方式、与框的连接方式必须符合设计要求													
	3	金属门窗扇应安装牢固、开关灵活、关闭严密、无倒翘、推拉门窗扇应有防止脱落装置													
	4	金属门窗配件的型号、规格、数量应符合设计要求，安装应牢固，位置应正确，功能应满足使用要求													
一般项目	1	金属门窗表面应洁净、平整、光滑、色泽一致，无锈蚀、无擦伤、无划痕和碰伤。漆膜或保护层应连续。型材的表面处理应符合设计要求及国家现行标准的有关规定													
	2	对于金属门窗推拉门窗扇开关力应不大于50N													
	3	金属门窗框与墙体之间的缝隙应填嵌饱满，并采用密封胶密封。密封胶表面应光滑、顺直，无裂纹													
	4	金属门窗扇的密封胶条或毛条装配平整、完好，不得脱槽，交角处应平顺													
	5	有排水孔的金属门窗，排水孔应畅通，位置和数量应符合设计要求													

一般项目	6	项次	项目	留缝限值 (mm)	允许偏差 (mm)	1	2	3	4	5	6	7	8	9	10		
		1	门窗槽口宽度、高度	—	2												
				—	3												
				—	3												
				—	4												
		2	门窗槽口对角线长度差	—	3												
				—	3												
		3	门窗框的正、侧面垂直度	—	5												
		4	门窗横框的水平度	—	4												
		5	门窗横框标高	—	5												
		6	门窗竖向偏离中心	≤2	—												
		7	双层门窗内外框间距	≥6	—												
		8	门窗框、扇配合间隙	≥4	—												
		9	平开门窗框扇搭接宽度	≥6	—												
				4~8	—												
			推拉门窗框扇搭接宽度	—	2												
		10	无下框时门扇与地面间留缝	—	3												

施工单位检查评定结果	项目专业质量检查员： 年 月 日
监理（建设）单位验收结论	监理工程师（建设单位项目专业技术负责人）： 年 月 日

工程名称		检验批部位		项目经理	
施工单位		分包项目经理		专业工长	
分包单位		施工执行标准名称及编号		施工班组长	

序号		GB 50210—2018的规定												施工单位检查评定记录	监理（建设）单位验收记录

主控项目	1	金属门窗的品种、类型、规格、尺寸、性能、开启方向、安装位置、连接方式及铝合金门窗的型材壁厚应符合设计要求及国家现行标准的有关规定。金属门窗的防雷、防腐处理及填嵌、密封处理应符合设计要求		
	2	金属门窗框和副框的安装应牢固。预埋件及锚固件的数量、位置、埋设方式、与框的连接方式必须符合设计要求		
	3	金属门窗扇应安装牢固、开关灵活、关闭严密、无倒翘。推拉门窗扇应有防止脱落装置		
	4	金属门窗配件的型号、规格、数量应符合设计要求，安装应牢固，位置应正确，功能应满足使用要求		

一般项目	1	金属门窗表面应洁净、平整、光滑、色泽一致，无锈蚀、无擦伤、无划痕和碰伤。漆膜或保护层应连续。型材的表面处理应符合设计要求及国家现行标准的有关规定
	2	对于金属门窗推拉门窗扇开关力应不大于50N
	3	金属门窗框与墙体之间的缝隙应填嵌饱满，并采用密封胶密封。密封胶表面应光滑、顺直，无裂纹
	4	金属门窗扇的密封胶条或毛条装配平整、完好，不得脱槽，交角处应平顺
	5	有排水孔的金属门窗，排水孔应畅通，位置和数量应符合设计要求

项次		项目		留缝限值（mm）	允许偏差（mm）	1	2	3	4	5	6	7	8	9	10
6	1	门窗槽口宽度、高度	≤1500mm	—	2										
			>1500mm	—	3										
	2	门窗槽口对角线长度差	≤2000mm	—	3										
			>2000mm	—	4										
	3	门窗框的正、侧面垂直度		—	3										
	4	门窗横框的水平度		—	3										
	5	门窗横框标高		—	5										
	6	门窗竖向偏离中心		—	4										
	7	双层门窗内外框间距		—	5										
	8	门窗框、扇配合间隙		≤2	—										
	9	平开门窗框扇搭接宽度	门	≥6	—										
			窗	≥4	—										
		推拉门窗框扇搭接宽度		≥6	—										
	10	无下框时门扇与地面间留缝		4~8	—										

施工单位检查评定结果	项目专业质量检查员：	年 月 日
监理（建设）单位验收结论	监理工程师（建设单位项目专业技术负责人）：	年 月 日

表4-4-33

塑料门窗安装分项工程检验批质量验收记录

工程名称		检验批部位		项目经理	
施工单位		分包项目经理		专业工长	
分包单位		施工执行标准名称及编号		施工班组长	

序号		GB 50210—2018的规定		施工单位检查评定记录	监理（建设）单位验收记录

<table>
<tr><td rowspan="8">主控项目</td><td>1</td><td colspan="3">塑料门窗的品种、类型、规格、尺寸、开启方向、安装位置、连接方式和填嵌密封处理应符合设计要求及国家现行标准的有关规定，内衬增强型钢的壁厚及设置应符合国家标准《建筑用塑料门》GB/T 28886—2012和《建筑用塑料窗》GB/T 28887—2012的规定</td></tr>
<tr><td>2</td><td colspan="3">塑料门窗框、副框和扇的安装应牢固。固定片或膨胀螺栓的数量与位置应正确，连接方式应符合设计要求。固定点应距窗角、中横框、中竖框150～200mm，固定点间距应不大于600mm</td></tr>
<tr><td>3</td><td colspan="3">塑料组合门窗使用的拼樘料截面尺寸及内衬增强型钢的形状和壁厚应符合设计要求，承受风荷载的拼樘料应采用与其内腔紧密吻合的增强型钢作为内衬，其两端必须与洞口固定牢固。窗框应与拼樘料连接紧密，固定点间距应不大于600mm</td></tr>
<tr><td>4</td><td colspan="3">窗框与洞口之间的伸缩缝内应采用聚氨酯发泡胶填充，发泡胶填充应均匀、密实，发泡胶成形后不宜切割。表面应采用密封胶密封。密封胶应粘结牢固，表面应光滑、顺直、无裂纹</td></tr>
<tr><td>5</td><td colspan="3">滑撑铰链的安装应牢固，紧固螺钉应使用不锈钢材质，螺钉与框扇连接处应进行防水密闭处理</td></tr>
<tr><td>6</td><td colspan="3">推拉门窗扇应安装防脱落的装置</td></tr>
<tr><td>7</td><td colspan="3">塑料门窗扇应严密、开关灵活</td></tr>
<tr><td>8</td><td colspan="3">塑料门窗配件的型号、规格、数量应符合设计要求，安装应牢固，位置应正确，功能应满足使用要求</td></tr>
<tr><td rowspan="24">一般项目</td><td>1</td><td colspan="3">安装后的门窗关闭时，密封面上的密封条应处于压缩状态，密封层数应符合设计要求，密封条应连续完整，装配后应均匀、牢固，应无脱槽、收缩和虚压等现象，密封条接口应严密，且位于窗的上方</td></tr>
<tr><td>2</td><td colspan="3">塑料门窗扇的开关力应符合下列规定：
（1）平开门窗扇平铰链的开关力应不大于80N；滑撑铰链的开关力应不大于80N，并不小于30N
（2）推拉门窗扇的开关力应不大于100N</td></tr>
<tr><td>3</td><td colspan="3">塑料门窗表面应洁净、平整、光滑，颜色均匀一致。可视面应无划痕、碰伤等缺陷，门窗不得有焊角开裂和型材断裂等现象</td></tr>
<tr><td>4</td><td colspan="3">旋转窗间隙应均匀</td></tr>
<tr><td>5</td><td colspan="3">排水孔应畅通，位置和数量应符合设计要求</td></tr>
<tr><td rowspan="19">6</td><td>项次</td><td>项目</td><td>允许偏差(mm)　1 2 3 4 5 6 7 8 9 10</td></tr>
<tr><td rowspan="2">1</td><td>门、窗框外形（高、宽）尺寸长度差　≤1500mm</td><td>2</td></tr>
<tr><td>＞1500mm</td><td>3</td></tr>
<tr><td rowspan="2">2</td><td>门、窗框对角线长度差　≤2000mm</td><td>3</td></tr>
<tr><td>＞2000mm</td><td>5</td></tr>
<tr><td>3</td><td>门、窗框（含拼樘料）正、侧面垂直度</td><td>3</td></tr>
<tr><td>4</td><td>门、窗框（含拼樘料）的水平度</td><td>3</td></tr>
<tr><td>5</td><td>门、窗下横框标高</td><td>5</td></tr>
<tr><td>6</td><td>门、窗竖向偏离中心</td><td>5</td></tr>
<tr><td>7</td><td>双层门、窗内外框间距</td><td>4</td></tr>
<tr><td rowspan="3">8</td><td>平开门窗及上悬、下悬、中悬窗　门、窗扇与框搭接宽度</td><td>2</td></tr>
<tr><td>同樘门、窗相邻扇的水平高度差</td><td>2</td></tr>
<tr><td>门、窗扇与框四周的配合缝隙</td><td>1</td></tr>
<tr><td rowspan="2">9</td><td>推拉门窗　门、窗扇与框搭接宽度</td><td>2</td></tr>
<tr><td>门、窗扇与框或相邻扇立边平行度</td><td>2</td></tr>
<tr><td rowspan="2">10</td><td>组合门窗　平整度</td><td>3</td></tr>
<tr><td>缝直线度</td><td>3</td></tr>
</table>

施工单位检查评定结果	项目专业质量检查员：			年　月　日
监理（建设）单位验收结论	监理工程师（建设单位项目专业技术负责人）：			年　月　日

表4-4-34

特种门安装分项工程（推拉自动门）检验批质量验收记录

工程名称		检验批部位			项目经理		
施工单位		分包项目经理			专业工长		
分包单位		施工执行标准 名称及编号			施工班组长		

序号		GB 50210—2018的规定											施工单位检查评定记录	监理（建设）单位验收记录
主控项目	1	特种门的质量和性能应符合设计要求												
	2	特种门的品种、类型、规格、尺寸、开启方向、安装位置、连接方式和防腐处理应符合设计要求及国家现行标准的有关规定												
	3	带有机械装置、自动装置或智能化装置的特种门，其机械装置、自动装置或智能化装置的功能应符合设计要求												
	4	特种门的安装应牢固。预埋件及锚固件的数量、位置、埋设方式、与框的连接方式应符合设计要求												
	5	特种门的配件应齐全，位置应正确，安装应牢固，功能应满足使用要求和特种门的性能要求												

一般项目	1	特种门的表面装饰应符合设计要求													
	2	特种门的表面应洁净，无划痕、碰伤													
	3	项次	项目	感应时间限值（s）	1	2	3	4	5	6	7	8	9	10	
		1	开门响应时间	≤0.5											
		2	堵门保护延时	16~20											
		3	门扇全开启后保持时间	13~17											

施工单位 检查评定结果	项目专业质量检查员： 年　月　日
监理（建设）单位验收结论	监理工程师（建设单位项目专业技术负责人）： 年　月　日

特种门安装分项工程（旋转门）检验批质量验收记录

表4-4-35

工程名称			检验批部位			项目经理	
施工单位			分包项目经理			专业工长	
分包单位			施工执行标准 名称及编号			施工班组长	

序号		GB 50210—2018的规定					施工单位检查评定记录	监理（建设）单位验收记录
主控项目	1	特种门的质量和各项性能应符合设计要求						
	2	特种门的品种、类型、规格、尺寸、开启方向、安装位置及防腐处理应符合设计要求及国家现行标准的有关规定						
	3	带有机械装置、自动装置或智能化装置的特种门，其机械装置、自动装置或智能化装置的功能应符合设计要求						
	4	特种门的安装应牢固。预埋件及锚固件的数量、位置、埋设方式、与框的连接方式应符合设计要求						
	5	特种门的配件应齐全，位置应正确，安装应牢固，功能应满足使用要求和特种门的性能要求						

一般项目									
	1	特种门的表面装饰应符合设计要求							
	2	特种门的表面应洁净，无划痕、碰伤							

一般项目	3	项次	项目	允许偏差（mm）				实测偏差值	
				推拉自动门	平开自动门	折叠自动门	旋转自动门		
		1	上框、平梁水平度	1	1	1	—		
		2	上框、平梁直线度	2	2	2	—		
		3	立框垂直度	1	1	1	1		
		4	导轨和平梁平行度	2	—	2	2		
		5	门框固定扇内侧对角线尺寸	2	2	2	2		
		6	活动扇与框、横梁、固定扇间隙差	1	1	1	1		
		7	板材对接接缝平整度	0.3	0.3	0.3	0.3		

施工单位检查评定结果	项目专业质量检查员： 年 月 日
监理（建设）单位验收结论	监理工程师（建设单位项目专业技术负责人）： 年 月 日

工程名称			检验批部位		施工执行标准名称及编号	
施工单位			项目经理		专业工长	
分包单位			分包项目经理		施工班组长	
序号		GB 50210—2018的规定			施工单位 检查评定记录	监理（建设） 单位验收记录
主控项目	1	玻璃的层数、品种、规格、尺寸、色彩、图案和涂膜朝向应符合设计要求				
	2	门窗玻璃裁割尺寸应正确。安装后的玻璃应牢固，不得有裂纹、损伤和松动				
	3	玻璃的安装方法应符合设计要求。固定玻璃的钉子或钢丝卡的数量、规格应保证玻璃安装牢固				
	4	镶钉木压条接触玻璃处应与裁口边缘平齐。木压条应互相紧密连接，并与裁口边缘紧贴，割角应整齐				
	5	密封条与玻璃、玻璃槽口的接触应紧密、平整。密封胶与玻璃、玻璃槽口的边缘应粘结牢固、接缝平齐				
	6	带密封条的玻璃压条，其密封条必须与玻璃全部贴紧，压条与型材之间应无明显缝隙				
一般项目	1	玻璃表面应洁净，不得有腻子、密封胶、涂料等污渍。中空玻璃内外表面均应洁净，玻璃中空层内不得有灰尘和水蒸气。门窗玻璃不应直接接触型材				
	2	腻子及密封胶应填抹饱满、粘结牢固；腻子及密封胶边缘与裁口应平齐。固定玻璃的卡子不应在腻子表面显露				
	3	密封条不得卷边、脱槽，密封条接缝应粘接				
施工单位检查评定结果						
		项目专业质量检验员：				年　月　日
监理（建设）单位验收结论						
		监理工程师（建设单位项目专业技术负责人）：				年　月　日

4.3.2 室内外构配件安装验收记录

　　4.3.2.1 橱柜制作与安装分项工程检验批质量验收记录（表 4-4-37）

　　4.3.2.2 窗帘盒、窗台板和散热器罩制作与安装分项工程检验批质量验收记录（表 4-4-38）

4.3.2.3 门窗套制作与安装分项工程检验批质量验收记录（表4-4-39）

4.3.2.4 护栏和扶手制作与安装分项工程检验批质量验收记录(表4-4-40)

橱柜制作与安装分项工程检验批质量验收记录

表4-4-37

工程名称			检验批部位			施工执行标准名称及编号		
施工单位			项目经理			专业工长		
分包单位			分包项目经理			施工班组长		
序号		GB 50210—2018的规定			施工单位检查评定记录		监理（建设）单位验收记录	
主控项目	1	橱柜制作与安装所用材料的材质、规格、性能、有害物质限量及木材的燃烧性能等级和含水率应符合设计要求及国家现行标准的有关要求						
	2	橱柜安装预埋件或后置埋件的数量、规格、位置应符合设计要求						
	3	橱柜的造型、尺寸、安装位置、制作和固定方法应符合设计要求。橱柜安装必须牢固						
	4	橱柜配件的品种、规格应符合设计要求。配件应齐全，安装应牢固						
	5	橱柜的抽屉和柜门应开关灵活、回位正确						
一般项目	1	橱柜表面应平整、洁净、色泽一致，不得有裂缝、翘曲及损坏						
	2	橱柜裁口应顺直、拼缝应严密						

		项次	项目	允许偏差(mm)	1	2	3	4	5	6	7	8	9	10	
一般项目	3	1	外形尺寸	3											
		2	立面垂直度	2											
		3	门与框架的平行度	2											

施工单位检查评定结果	项目专业质量检查员： 年 月 日
监理（建设）单位验收结论	监理工程师（建设单位项目专业技术负责人）： 年 月 日

工程名称			检验批部位		施工执行标准名称及编号	
施工单位			项目经理		专业工长	
分包单位			分包项目经理		施工班组长	

序号		GB 50210—2018的规定	施工单位检查评定记录	监理（建设）单位验收记录

主控项目	1	窗帘盒和窗台板制作与安装所使用材料的材质、规格、性能、有害物质限量及木材的燃烧性能等级和含水率应符合设计要求及国家现行标准的有关规定		
	2	窗帘盒和窗台板的造型、规格、尺寸、安装位置和固定方法必须符合设计要求。窗帘盒和窗台板的安装必须牢固		
	3	窗帘盒配件的品种、规格应符合设计要求，安装应牢固		

一般项目

1	窗帘盒和窗台板表面应平整、洁净、线条顺直、接缝严密、色泽一致，不得有裂缝、翘曲及损坏												
2	窗帘盒和窗台板与墙、窗框的衔接应严密，密封胶缝应顺直、光滑												

	项次	项目	允许偏差(mm)	1	2	3	4	5	6	7	8	9	10
3	1	水平度	2										
	2	上口、下口直线度	3										
	3	两端距窗洞口长度差	2										
	4	两端出墙厚度差	3										

施工单位检查评定结果	
	项目专业质量检查员： 年 月 日

监理（建设）单位验收结论	
	监理工程师（建设单位项目专业技术负责人）： 年 月 日

门窗套制作与安装分项工程检验批质量验收记录

表4-4-39

工程名称		检验批部位		施工执行标准名称及编号			
施工单位		项目经理		专业工长			
分包单位		分包项目经理		施工班组长			

序号				GB 50210—2018的规定		施工单位检查评定记录							监理（建设）单位验收记录
主控项目	1			门窗套制作与安装所使用材料的材质、规格、花纹、颜色、性能、有害物质限量及木材的燃烧性能等级和含水率应符合设计要求及国家现行标准的有关规定									
	2			门窗套的造型、尺寸和固定方法应符合设计要求，安装应牢固									
一般项目	1			门窗套表面应平整、洁净、线条顺直、接缝严密、色泽一致，不得有裂缝、翘曲及损坏									
	2	项次	项目	允许偏差（mm）									
		1	正、侧面垂直度	3									
		2	门窗套上口水平度	1									
		3	门窗套上口直线度	3									

施工单位检查评定结果	项目专业质量检查员：	年 月 日
监理（建设）单位验收结论	监理工程师（建设单位项目专业技术负责人）：	年 月 日

护栏和扶手制作与安装分项工程检验批质量验收记录

表4-4-40

工程名称		检验批部位		施工执行标准名称及编号		
施工单位		项目经理		专业工长		
分包单位		分包项目经理		施工班组长		

序号		GB 50210—2018的规定	施工单位检查评定记录	监理（建设）单位验收记录
主控项目	1	护栏和扶手制作与安装所使用材料的材质、规格、数量和木材、塑料的燃烧性能等级应符合设计要求		
	2	护栏和扶手的造型、尺寸及安装位置应符合设计要求		
	3	护栏和扶手安装预埋件的数量、规格、位置以及护栏与预埋件的连接节点应符合设计要求		

序号		GB 50210—2018的规定			施工单位检查评定记录											监理（建设）单位验收记录
主控项目	4	护栏高度、栏杆间距、安装位置必须符合设计要求。护栏安装必须牢固														
	5	护栏玻璃应使用公称厚度不小于12mm的钢化玻璃或钢化夹层玻璃。当护栏一测距楼地面高度为5m及以上时，应使用钢化夹层玻璃														
一般项目	1	护栏和扶手转角弧度应符合设计要求，接缝应严密，面应光滑，色泽应一致，不得有裂缝、翘曲及损坏														
	2	项次	项目	允许偏差（mm）	1	2	3	4	5	6	7	8	9	10		
		1	护栏垂直度	3												
		2	栏杆间距	0，−6												
		3	扶手直线度	4												
		4	扶手高度	+6，0												

施工单位检查评定结果	项目专业质量检查员：	年　月　日
监理（建设）单位验收结论	监理工程师（建设单位项目专业技术负责人）：	年　月　日

防水工程、混凝土工程、精装修工程、抹灰工程、砌体工程和设备安装工程实体质量标准及测量手法演示见二维码4−1。

二维码4−1　防水工程、混凝土工程、精装修工程、抹灰工程、砌体工程和设备安装工程实体质量标准及测量手法演示

【思考与习题】

1. 门窗工程质量检查与验收时需要哪些保证资料？

2. 金属外门窗需要进行哪些项目的复试？

3. 门窗工程哪些项目需要进行隐蔽验收？

4. 门窗工程质量验收需要检查和检测的项目有哪些？

5. 塑料门窗现场如何进行检查和验收？

6. 装饰用木材有什么要求？

5

模块5　建筑装饰材料检验检测

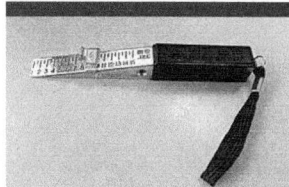

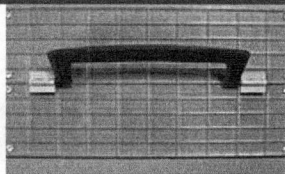

知识点

建筑装饰材料；建筑装饰材料的取样；建筑装饰材料试验；建筑装饰材料验收。

学习目标

通过建筑装饰材料检验检测的学习，使学生能够依据建筑装饰工程特点，会对建筑装饰材料进行取样复试，会编制试验方案，会使用试验工具和检测仪器，能读懂实验报告。

项目1 建筑装饰材料的检验与检测

建筑装饰工程是由建筑装饰材料经过一定的施工工艺而形成的，建筑装饰材料对建筑装饰工程的作用至关重要。建筑装饰工程在美化人们生活的同时，必须为人民身体健康着想，装饰材料必须是环保的、健康的，同时，还必须达到产品的质量标准，因此，多数装饰材料必须进行见证取样，经过复试，合格后才能使用。进场的建筑装饰材料必须按照验收方案，采用一定的检查方法进行验收。

建筑装饰材料在工程中得到大量的使用，其装饰质量和环境质量越来越受到人们的重视，如外装饰中大量使用的饰面砖、石料块材及建筑门窗质量，内装饰中大量使用的石膏板、轻钢龙骨及铝合金（塑料）建筑型材质量等。而要保证这些装饰材料在工程中使用的安全性、功能性和耐久性，又不影响工程的环境性，就有必要加强建筑装饰材料、装饰工程施工质量以及环境质量的检测。材料试验主要包括石膏板、墙地饰面砖、饰面石材、外墙饰面砖粘结强度、轻钢龙骨力学性能、铝合金建筑型材、塑料建筑型材以及建筑门窗的物理性能、饰面石材、墙地饰面砖、混凝土等材料的放射性检测、土壤氡气的检测及室内环境的检测。

1.1 学习目标

通过建筑装饰材料质量检验的学习，使学生能够依据建筑装饰材料的特点，正确进行见证取样，会使用简单的检测工具和检测仪器对现场材料质量进行检查，能读懂试验报告和型式检验报告，会组织材料进场验收，能独立完成材料检验批的检查与验收。

1.2 相关知识

1.2.1 建筑装饰材料的检验

建筑装饰材料的检验工作主要是对建筑装饰材料中的石膏板、墙地饰面砖、饰面石材、外墙饰面砖粘结强度、轻钢龙骨力学性能、铝合金建筑型材、塑料建筑型材以及建筑门窗的物理性能进行检验，本项目单元的内容能让学生学会有关材料的取样和有关技术要求。

石膏板的检测

石膏板是在建筑石膏中加入适量促凝剂或缓凝剂、发泡剂和胶材，加水搅拌，浇筑成形，凝固脱模、修边干燥后制成，作为装饰性材料，其主要应用于隔墙材和吊顶料。石膏板的种类有：石膏空心条板、纸面石膏板（普通纸面石膏板、耐水纸面石膏板、耐火纸面石膏板）、纤维石膏板、装饰石膏板、嵌装式装饰石膏板等。

(1）检测依据及技术要求

1）标准名称与代号

①《纸面石膏板》GB/T 9775—2008

②《装饰石膏板》JC/T 799—2016

③《嵌装式装饰石膏板》JC/T 800—2007

2）检测参数

纸面石膏板、装饰石膏板、嵌装式装饰石膏板应检参数见表5-1-1。

纸面石膏板、装饰石膏板、嵌装式装饰石膏板应检参数表　　　表5-1-1

产品名称	应检参数（✓)								
	外观质量	尺寸偏差	含水率	吸水率	表面吸水量	单位面积质量	断裂荷载	受潮挠度	护面纸与石膏芯的粘结
纸面石膏板 GB/T 9775—2008	✓	✓		✓	✓	✓	✓		✓
装饰石膏板 JC/T 799—2016	✓	✓	✓	✓		✓	✓	✓	
嵌装式装饰石膏板 JC/T 800—2007	✓	✓	✓			✓	✓		

3）技术参数

①外观质量

纸面石膏板表面应平整，不得有影响使用的破损、波纹、沟槽、污痕、过烧、亏料、边部漏料和纸面脱开等缺陷。

装饰石膏板和嵌装式装饰石膏板正面不得有影响装饰效果的气孔、污痕、裂纹、缺角、色彩不均和图案不完整等缺陷。

②尺寸偏差

石膏板尺寸允许偏差见表5-1-2。

石膏板尺寸允许偏差（mm）　　　表5-1-2

类别	项目		优等品	一等品	合格品
纸面石膏板 GB/T 9775—2008	长度		0 −6		
	宽度		0 −5		
	厚度	9.5	±0.5		
		≥12.0	±0.6		
装饰石膏板 JC/T 799—2016	边长		0 −2	+1 −2	
	厚度		±0.5	±1.0	
嵌装式装饰石膏板 JC/T 800—2007	边长L		±1		+1 −2
	边厚S	L=500	≥25		
		L=600	≥28		

③含水率

装饰石膏板和嵌装式装饰石膏板板材必须经过干燥，各等级石膏板的含水率应不大于表5-1-3中的要求。

石膏板含水率（%）　　　　　　　　　　表5-1-3

类别	项目	优等品	一等品	合格品
装饰石膏板 JC/T 799—2016	平均值	2.0	2.5	3.0
	最大值	2.5	3.0	3.5
嵌装式装饰石膏板 JC/T 800—2007	平均值	2.0	3.0	4.0
	最大值	3.0	4.0	5.0

④吸水率

各等级纸面石膏板和装饰石膏板吸水率应不大于表5-1-4的要求。

石膏板吸水率（%）　　　　　　　　　　表5-1-4

类别	项目	优等品	一等品	合格品
纸面石膏板 （仅适用于耐水纸面石膏板）	平均值		10.0	
装饰石膏板 （仅适用于防潮板）	平均值	5.0	8.0	10.0
	最大值	6.0	9.0	11.0

⑤单位面积质量

纸面石膏板、装饰石膏板和嵌装式装饰石膏板单位面积质量应不大于表5-1-5的要求。

石膏板单位面积质量（kg/m²）　　　　　　　　　　表5-1-5

类别	代号	厚度（mm）	项目	优等品	一等品	合格品
装饰石膏板 JC/T 799—2016	P、K、FP、FK	9	平均值	8.0	10.0	12.0
			最大值	9.0	11.0	13.0
		11	平均值	10.0	12.0	14.0
			最大值	11.0	13.0	15.0
	D、FD	9	平均值	11.0	13.0	15.0
			最大值	12.0	14.0	16.0
纸面石膏板 GB/T 9775—2008	—	9.5	平均值		9.5	
		12.0			12.0	
		15.0			15.0	
		18.0			18.0	
		21.0			21.0	
		25.0			25.0	
嵌装式装饰石膏板 JC/T 800—2007	—	—	平均值		16.0	
			最大值		18.0	

⑥断裂荷载

纸面石膏板、装饰石膏板和嵌装式装饰石膏板断裂荷载应不小于表5-1-6中规定的要求。

石膏板断裂荷载（N） 表5-1-6

类别	代号	厚度（mm）	项目	优等品	一等品	合格品
装饰石膏板 JC/T 799—2016	P、K、FP、FK	—	平均值	176	147	118
			最小值	159	132	106
	D、FD	—	平均值	186	167	147
			最小值	168	150	132
嵌装式装饰石膏板 JC/T 800—2007	—	—	平均值	196	176	157
			最小值	176	157	127

类别	代号	厚度（mm）	项目	纵向	横向
纸面石膏板 GB/T 9775—2008	—	9.5	平均值	360	140
		12.0		500	180
		15.0		650	220
		18.0		800	270
		21.0		950	320
		25.0		1100	370

⑦受潮挠度

各等级装饰石膏板中防潮板的受潮挠度应不大于表5-1-7的要求。

石膏板受潮挠度（mm） 表5-1-7

类别	项目	优等品	一等品	合格品
装饰石膏板（仅适用防潮板）	平均值	5	10	15
	最大值	7	12	17

⑧表面吸水量

纸面石膏板（仅适用于耐水纸面石膏板）板材的表面吸水量应不大于160kg/m²。

⑨护面纸与石膏芯的粘结

纸面石膏板护面纸与石膏芯应粘结良好，按规定方法测定时石膏芯应不裸露。

（2）仪器设备及环境

1）仪器设备

钢卷尺：最大量程5000mm，分度值1mm；

钢直尺：最大量程1000mm，分度值1mm；

板厚测定仪：最大量程30mm，分度值0.01mm；

游标卡尺：0～300mm，精度0.02mm；

天平：最大称量 5kg，感量 1g；

电热鼓风干燥箱：最高温度 300℃，控温器灵敏度 ±1℃；

受潮挠度测定仪；

板材抗折机：最大量程 2000N，示值误差 ±1%；

护面纸与石膏芯粘结试验仪。

2）环境要求

单位面积质量、断裂荷载、受潮挠度、试件吸水率测定、烘干恒重的干燥温度：40℃ ±2℃；

吸水率测定时，水温为 20℃ ±3℃；

受潮挠度测定时，温度为 32℃ ±2℃，空气相对湿度 90%±3%。

（3）试样及制备要求

1）纸面石膏板试样

纸面石膏板以每 2500 张同品种、同型号、同规格的产品为一批，不足对应数量时，按一批计。取 5 张整板试样为一组，依次观测其外观质量、尺寸偏差后，距板四周大于 100mm 处按表 5-1-8 规定的方向、尺寸和数量切取试样，进行编号，供其余各项试验用。

纸面石膏板制样要求 表5-1-8

试件用途	试件代号	纵向（mm）		横向（mm）		每张板切取试件数
		基本尺寸	允许偏差	基本尺寸	允许偏差	
纵向断裂荷载单位面积质量	Z	400	±1.5	300	±1.5	1
横向断裂荷载单位面积质量	H	300		400		1
吸水率	S	300		300		1
面纸与石膏芯粘结	M	120	±1.0	50	±1.0	1
背纸与石膏芯粘结	D					1
表面吸水量	B	125		125		1

2）装饰石膏板试样

①试样要求

装饰石膏板以每 500 块同品种、同型号、同规格的产品为一批，不足对应数量时，按一批计。

对于平板、孔板及浮雕板，以 3 块整板作为一组试样，用于检查和测定外观质量、尺寸偏差、含水率、单位面积质量和断裂荷载。

对于防潮板，以 9 块整板作为一组试样，其中 3 块的用途与平板、孔板及浮雕板的规定相同；另外 3 块用于测定吸水率；余下的 3 块则从每块板上锯取 1/2，组成 3 个 500mm×250mm 或 600mm×300mm 的试件，用于受潮挠度的测定。

②试件的处理

用于单位面积质量、断裂荷载、受潮挠度和吸水率测定的试件，应预先在电热鼓风干燥箱中，在40℃±2℃条件下烘干至恒重（试件在24h内的质量变化小于5g即为恒重），并在不吸湿的条件下冷却至室温，再进行试验。

3）嵌装式装饰石膏板

①试样要求

嵌装式装饰石膏板以每500块同品种、同型号、同规格的产品为一批，不足对应数量时，按一批计，以3块整板作为一组试样，用于检查和测定外观质量、尺寸偏差、含水率、单位面积质量和断裂荷载。

②试件的处理

用于单位面积质量和断裂荷载测定的试件，应预先放入电热鼓风干燥箱中，在40℃±2℃的条件下烘干至恒重（试件在24h内的重量变化小于5g时即为恒重），并在不吸湿的条件下冷却至室温，然后进行试验。

（4）试验方法及步骤

1）外观质量的检查

在0.5m远处光照明亮的条件下，纸面石膏板外观质量检查时，对试样逐张进行检查，记录每张板影响使用的破损、波纹、沟槽、污痕、过烧、亏料、边部漏料和纸面脱开等缺陷情况。装饰石膏板和嵌装式装饰石膏板外观质量检查时，分别对3块试件的正面逐个进行目测检查，记录每个试件影响装饰效果的气孔、污痕、裂纹、缺角、色彩不均匀和图案不完整等缺陷。

2）尺寸偏差的测定

①仪器设备

钢直尺：最大量程1000mm，分度值1mm；

板厚测定仪：最大量程30mm，分度值0.01mm。

②试验方法

A. 长度的测定

对纸面石膏板试样测量时，钢卷尺与石膏板的棱边平行，每张板测定3个长度值，测点分布于距棱边50mm处和对称轴上，记录每张板上3个长度值，并以最大偏差值作为该试样的长度偏差，精确至1mm。

B. 对边长的测定

装饰石膏板，用钢直尺测量3块试件，精确至1mm，一般在试件正面测定，如果棱边有倒角时，应以背面测得的边长尺寸为准，每块试样在互相垂直的方向上各测3个值，其中两个值在离棱边20mm处测定，一个值在对称轴上测定，记录每块试件两个垂直方向上各3个值的平均值，精确至1mm。

对嵌装式装饰石膏板用钢直尺测量试件正面边部的长度后，直接计算每个试件4个边长的平均值。

C. 宽度的测定

测量时，直尺应与石膏板的棱边垂直。如果板材具有倒角，应测定板材背面的宽度。每张试样测定3个宽度值，测点分布于距端头30mm处和对称轴上。

记录每张板上 3 个宽度值，并以最大偏差值作为该试样的宽度偏差，精确至 1mm。

D. 厚度的测定

纸面石膏板试样在每张板任一端头的宽度上，等距离布置 6 个测点，用板厚测定仪测量。测点距板的端头不小于 25mm，距板棱边不小于 80mm。记录每张板上 6 个厚度测量值，并以最大偏差值，作为试件的厚度偏差，精确至 0.1mm。

装饰石膏板试样用板厚测定仪逐个测量 3 块试件，精确至 0.1m。测定时，在每块试件棱边的中点布置 4 个测点。记录每块试件 4 个值的平均值，精确至 0.1mm。

嵌装式装饰石膏板在边长中点离板边 30mm 处布置 4 个测点，用板厚测定仪测定试件的厚度，精确至 1mm。计算每个试件 4 个测点的平均值作为试件的厚度。

3）含水率的测定

①仪器设备

电热鼓风干燥箱：最高温度 300℃，控温器灵敏度 ±1℃；

天平：最大称量 5kg，感量 1g。

②试验方法

分别称量 3 块试件的质量 G_{h1}（试件尺寸见纸面石膏板试样的要求），再把试件置入 40℃ ±2℃ 条件的电热鼓风干燥箱中烘干至恒重（试件在 24h 内的重量变化小于 5g 时即为恒重），并在不吸湿的条件下冷却至室温，称量试件的干燥后质量 G_{h2}，精确至 5g，试件含水率的计算见式（5-1）：

$$W_h = (G_{h1} - G_{h2}) / G_{h2} \times 100 \tag{5-1}$$

式中　W_h——试件含水率（%）；

　　　G_{h1}——试件烘干前的质量（g）；

　　　G_{h2}——试件烘干后的质量（g）。

计算 3 块试件含水率的平均值，并记录其中最大值，精确至 0.5%。

4）吸水率的测定

①仪器设备

电热鼓风干燥箱：最高温度 300℃，控温器灵敏度 ±1℃；

天平：最大称量 5kg，感量 1g。

②试验方法

将经恒重的试件称量（G_1），然后浸入温度为 20℃±3℃ 的水中，试件上表面低于水面 30mm。试件互相不紧贴，也不与水槽底部紧贴。浸水 2h 后取出试件，用湿毛巾吸去试件表面的水，称量（G_2）。试件的吸水率按式（5-2）计算，精确到 1%。

$$W_1 = (G_2 - G_1) / G_1 \times 100 \tag{5-2}$$

式中　W_1——试件吸水率（%）；

　　　G_1——试件浸水前的质量（g）；

　　　G_2——试件浸水后的质量（g）。

5）单位面积质量的测定

①仪器设备

钢直尺：最大量程 1000mm，分度值 1mm；

天平：最大称量 5kg，感量 1g。

②试验方法

纸面石膏板取 10 个用于断裂荷载测定的试件进行单位面积质量的测定。在 40℃ ±2℃条件的电热鼓风干燥箱中烘干至恒重（试件在 24h 内的质量变化小于 5g 时即为恒重）。根据其面积计算每张板上两个试件单位面积质量的平均值，精确至 0.1kg/m²。

装饰石膏板和嵌装式装饰石膏板称量试件（3块）的干燥后质量 G_{h2}，计算平均值，并记录其中的最大值，分别乘以折算系数（500mm × 500mm 取 4.0；600mm × 600mm 取 2.8），即可得板材的单位面积质量的平均值和最大值。

6）断裂荷载的测定

①仪器设备

钢直尺：最大量程 1000mm，分度值 1mm；

板材抗折机：最大量程 2000N，示值误差 ±1%。

②试验方法

纸面石膏板取 10 个试件，分别进行断裂荷载的测定。

测定时，将试件置于板材抗折机的支座上。沿板材纵向切取的试件（代号 Z）正面向下放置，板材横向切取的试件（代号 H）背面向下放置。支座中心距为 350mm。在跨距中央，通过加荷辊沿平行于端支座的方向施加荷载，加荷速度为 250N/min±50N/min，直至试件断裂。记录断裂时的荷载，精确至 1N。

装饰石膏板和嵌装式装饰石膏板取单位面积质量测定后的 3 块试件分别进行断裂荷载的测定。将试件置于板材抗折机的上下压辊之间，试件正面向下放置，下压辊中心间距为试件长度减去 50mm。在跨距中央，通过上压辊施加荷载，加荷速度为 4.9N/s±1N/s，直至试件断裂。计算 3 块试件断裂荷载的平均值，并记录其中的最小值，精确至 1N。

7）受潮挠度的测定

①仪器设备

钢直尺：最大量程 1000mm，分度值 1mm；

电热鼓风干燥箱：最高温度 300℃，控温器灵敏度 ±1℃；

受潮挠度测定仪。

②试验方法

将 3 块整板分别锯取 1/2，组成 3 个 500mm × 250mm 或 600mm × 300mm

的试件，置入 40℃ ±2℃ 的电热鼓风干燥箱中烘干至恒重（试件在 24h 内的质量变化小于 5g 时即为恒重）。然后将每块试件正面向下，分别悬放在受潮挠度测定仪试验箱中 3 个试验架的支座上，支座中心距为试件长减去 20mm。在温度为 32℃ ±2℃，空气相对湿度为 90%±3% 条件下，将试件放置 48h。然后将试件连同试验架从试验箱中取出，利用专用的测量头，分别测定每个试验架上试件中部的下垂挠度。计算 3 个试件受潮挠度的平均值，并记录其中的最大值，精确至 1mm。

8）表面吸水量的测定

①仪器设备

标准圆桶；

天平：最大称量 5kg，感量 1g。

②试验方法

试件于 40℃ ±2℃ 的条件下干燥至恒重，在干燥器中冷却至室温。将试件水平放在支架上，面纸向上，在试件上放置一个内径为 113mm 的圆筒，试件与圆筒接触处用油腻子密封，称量 G_3，往圆筒内注入 20℃ ±3℃ 的水，其高度为 25mm，静置 2h，倒去水并用吸水纸吸去试件表面和圆筒内壁的附着水，称量 G_4，称量精确至 0.1g。

9）护面纸与石膏芯粘结的测定

①仪器设备

电热鼓风干燥箱：最高温度 300℃，控温器灵敏度 ±1℃；

护面纸与石膏芯粘结试验仪。

②试验方法

试件在 40℃ ±2℃ 的条件下干燥至恒重后，在试件长边距端头 20mm 处锯一条缝，把石膏折断，但不得破坏另一面的护面纸。测定背纸与石膏芯粘结的试件（代号 D），锯缝在试件的正面；测定面纸与石膏芯粘结的试件（代号 M），锯缝在试件的背面。

将试件固定在护面纸与石膏芯粘结试验仪上，在试件沿锯缝弯折的部分挂上 20N 荷重（包括夹具质量），慢慢松开手使护面纸剥离。观察每张板上两个试件护面纸剥离后的状况。

(5) 检验规则

1）出厂检验

产品出厂必须进行出厂检验。

纸面石膏板出厂检验项目为：外观质量、尺寸偏差、对角线长度差、楔形棱边断面尺寸、断裂荷载、护面纸与石膏芯的粘结、吸水率、表面吸水量。

装饰石膏板出厂检验项目为：外观质量、尺寸偏差、不平度、直角偏离度、单位面积重量、含水率和断裂荷载。对于防潮板还应包括吸水率和受潮挠度两项。

嵌装式装饰石膏板出厂检验项目为：外观质量、边长、厚度、不平度、铺设高度、直角偏离度、单位面积重量、含水率和断裂荷载。

2）型式检验

型式检验的项目为标准的全部技术要求。有下列情况之一时，应进行型式检验：

①原料、配方、工艺有较大改变时；

②产品停产满半年以上恢复生产时；

③正常生产满半年时；

④国家产品质量监督抽查时。

3）判定规则

对板材试件的外观质量、尺寸偏差、护面纸与石膏芯粘结等质量指标，其中有一项不合格，即为不合格。不合格试件多于一件时则该批产品判为批不合格。

对板材试件的含水率、吸水率、单位面积质量、断裂荷载、受潮挠度、表面吸水量等质量指标全部试件均需合格，否则该批产品判为批不合格。

对于以上两条判为不合格的批，允许再抽取两组试样，对不合格的项目进行重检，重检结果的判定规则同上，若两组试样均合格，则判为批合格，如有一组试样不合格，则判为批不合格。

1.2.2 墙地饰面砖检测

陶瓷砖是由黏土或其他无机非金属原料，经成形、烧结等工艺处理，用于装饰与保护建筑物、构筑物墙面及地面的板状或块状陶瓷制品，也可称为陶瓷饰面砖。

陶瓷砖根据吸水率不同分为：瓷质砖（吸水率 $E \leqslant 0.5\%$）、炻瓷砖（吸水率 $0.5\% < E \leqslant 3\%$）、细炻砖（吸水率 $3\% < E \leqslant 6\%$）、炻质砖（吸水率 $6\% < E \leqslant 10\%$）和陶质砖（吸水率 $E > 10\%$）五种。根据施釉情况分为有釉砖和无釉砖。另外根据工艺情况还可生产出抛光砖、陶瓷锦砖、渗花砖、劈离砖等。

（1）检测依据

1）标准名称及代号

《陶瓷砖》GB/T 4100—2015；

《陶瓷砖试验方法　第1部分：抽样和接收条件》GB/T 3810.1—2016；

《陶瓷砖试验方法　第2部分：尺寸和表面质量的检验》GB/T 3810.2—2016；

《陶瓷砖试验方法　第3部分：吸水率、显气孔率、表观相对密度和容重的测定》GB/T 3810.3—2016；

《陶瓷砖试验方法　第4部分：断裂模数和破坏强度的测定》GB/T 3810.4—2016；

《陶瓷砖试验方法　第9部分：抗热震性的测定》GB/T 3810.9—2016；

《陶瓷砖试验方法 第12部分：抗冻性的测定》GB/T 3810.12—2016；

《陶瓷砖试验方法 第13部分：耐化学腐蚀性的测定》GB/T 3810.13—2016；

《建筑饰面材料镜向光泽度测定方法》GB/T 13891—2008。

2）技术要求

陶瓷砖的技术要求应符合表5-1-9的规定。瓷质砖、炻瓷砖的尺寸偏差见表5-1-10、表5-1-11。

细炻砖的尺寸偏差见表5-1-12、表5-1-13。

炻质砖的长度、宽度、厚度偏差见表5-1-12，炻质砖的边直度、直角度、表面平整度见表5-1-14。

陶质砖的尺寸偏差见表5-1-15、表5-1-16。

检测项目的技术要求　　　　　　　　　　表5-1-9

序号	项目		被检参数范围	
			优等品	合格品
1	表面质量		至少有95%的砖距0.8m远处垂直观察表面无缺陷	至少有95%的砖距1m远处垂直观察表面无缺陷
2	尺寸偏差		见表5-1-10、表5-1-11	
3	吸水率（E）	瓷质砖	$E \leqslant 0.5\%$	
		炻瓷砖	$0.5\% < E \leqslant 3\%$	
		细炻砖	$3\% < E \leqslant 6\%$	
		炻质砖	$6\% < E \leqslant 10\%$	
		陶质砖	$E > 10\%$	
4	抗热震性		经10次抗热震试验不出现炸裂或裂纹	
5	抗冻性		经抗冻性试验后应无裂纹或剥落	
6	耐化学腐蚀性	有釉陶瓷砖	≥GB级	
		无釉陶瓷砖	≥UB级	
7	光泽度（瓷质抛光砖）		≥55	
8	破坏强度	瓷质砖	≥700N（厚度<7.5mm）；≥1300N（厚度≥7.5mm）	
		炻瓷砖	≥700N（厚度<7.5mm）；≥1100N（厚度≥7.5mm）	
		细炻砖	≥600N（厚度<7.5mm）；≥1000N（厚度≥7.5mm）	
		炻质砖	≥500N（厚度<7.5mm）；≥800N（厚度≥7.5mm）	
		陶质砖	≥200N（厚度<7.5mm）；≥600N（厚度≥7.5mm）	
9	断裂模数	瓷质砖	单个值≥32MPa；平均值≥35MPa	
		炻瓷砖	单个值≥27MPa；平均值≥30MPa	
		细炻砖	单个值≥20MPa；平均值≥22MPa	
		炻质砖	单个值≥16MPa；平均值≥18MPa	
		陶质砖	单个值≥12MPa；平均值≥15MPa	

尺寸（长度、宽度、厚度）偏差　　　　　　　　　　　　　　　　表5-1-10

允许偏差（%）		产品表面面积S（cm²）	$S \leq 90$	$90 < S \leq 190$	$190 < S \leq 410$	$410 < S \leq 1600$	$S > 1600$
长度和宽度	(1)	每块砖（2或4条边）的平均尺寸相对于工作尺寸的允许偏差	±1.2	±1.0	±0.75	±0.6	±0.5
	(2)	每块砖（2或4条边）的平均尺寸相对于10块砖（20或40条边）平均尺寸的允许偏差	±0.75	±0.5	±0.5	±0.4	±0.3
厚度		每块砖厚度的平均值相对于工作尺寸的最大允许偏差	±10.0	±10.0	±5.0	±5.0	±5.0

注：1. 每块抛光砖（2或4条边）的平均尺寸相对于工作尺寸的允许偏差为±1.0mm；
　　2. 模数砖名义尺寸连接宽度为2～5mm，非模数砖工作尺寸与名义尺寸之间的偏差不大于±2%（最大±5mm）；
　　3. 特殊要求的尺寸偏差可由供需双方协商。

尺寸（边直度、直角度、表面平整度）　　　　　　　　　　　　表5-1-11

允许偏差（%） \ 产品表面面积S（cm²）	$S \leq 90$		$90 < S \leq 190$		$190 < S \leq 410$		$410 < S \leq 1600$		$S > 1600$	
	优等品	合格品	优等品	合格品	优等品	合格品	优等品	合格品	优等品	合格品
边直度[①]（正面）相对于工作尺寸的最大允许偏差	±0.5	±0.75	±0.4	±0.5	±0.4	±0.5	±0.4	±0.5	±0.3	±0.5
直角度[①]（正面）相对于工作尺寸的最大允许偏差	±0.7	±1.0	±0.4	±0.6	±0.4	±0.6	±0.4	±0.6	±0.3	±0.5
表面平整度相对于工作尺寸的最大允许偏差 1. 对于由工作尺寸计算的对角线的中心弯曲度	±0.7	±1.0	±0.4	±0.5	±0.4	±0.5	±0.4	±0.5	±0.3	±0.4
2. 对于由工作尺寸计算的对角线的翘曲度	±0.7	±1.0	±0.4	±0.5	±0.4	±0.5	±0.4	±0.5	±0.3	±0.4
3. 对于由工作尺寸计算的边弯曲度	±0.7	±1.0	±0.4	±0.5	±0.4	±0.5	±0.4	±0.5	±0.3	±0.4

①不适用于有弯曲形状的砖。

尺寸（长度、宽度、厚度）偏差　　　　　　　　　　　　　　　表5-1-12

允许偏差（%）		产品表面面积S（cm²）	$S \leq 90$	$90 < S \leq 190$	$190 < S \leq 410$	$S > 410$
长度和宽度	(1)	每块砖（2或4条边）的平均尺寸相对于工作尺寸的允许偏差	±1.2	±1.0	±0.75	±0.6
	(2)	每块砖（2或4条边）的平均尺寸相对于10块砖（20或40条边）平均尺寸的允许偏差	±0.75	±0.5	±0.5	±0.4
厚度		每块砖厚度的平均值相对于工作尺寸的最大允许偏差	±10.0	±10.0	±5.0	±5.0

注：1. 模数砖名义尺寸连接宽度为2～5mm，非模数砖工作尺寸与名义尺寸之间的偏差不大于±2%（最大±5mm）；
　　2. 特殊要求的尺寸偏差可由供需双方协商。

产品表面面积S（cm²） 允许偏差（%）	S≤90		90<S≤190		190<S≤410		S>410	
	优等品	合格品	优等品	合格品	优等品	合格品	优等品	合格品
边直度^①（正面）相对于工作尺寸的最大允许偏差	±0.5	±0.75	±0.4	±0.5	±0.4	±0.5	±0.4	±0.5
直角度^①（正面）相对于工作尺寸的最大允许偏差	±0.7	±1.0	±0.4	±0.6	±0.4	±0.6	±0.4	±0.6
表面平整度相对于工作尺寸的最大允许偏差 1.对于由工作尺寸计算的对角线的中心弯曲度	±0.7	±1.0	±0.4	±0.5	±0.4	±0.5	±0.4	±0.5
2.对于由工作尺寸计算的对角线的翘曲度	±0.7	±1.0	±0.4	±0.5	±0.4	±0.5	±0.4	±0.5
3.对于由工作尺寸计算的边弯曲度	±0.7	±1.0	±0.3	±0.5	±0.3	±0.5	±0.3	±0.5

①不适用于有弯曲形状的砖。

产品表面面积S（cm²） 允许偏差（%）	S≤90		90<S≤190		190<S≤410		S>410	
	优等品	合格品	优等品	合格品	优等品	合格品	优等品	合格品
边直度^①（正面）相对于工作尺寸的最大允许偏差	±0.5	±0.75	±0.4	±0.5	±0.4	±0.5	±0.4	±0.5
直角度^①（正面）相对于工作尺寸的最大允许偏差	±0.7	±1.0	±0.4	±0.6	±0.4	±0.6	±0.4	±0.6
表面平整度相对于工作尺寸的最大允许偏差 1.对于由工作尺寸计算的对角线的中心弯曲度	±0.7	±1.0	±0.4	±0.5	±0.4	±0.5	±0.4	±0.5
2.对于由工作尺寸计算的对角线的翘曲度	±0.7	±1.0	±0.4	±0.5	±0.4	±0.5	±0.4	±0.5
3.对于由工作尺寸计算的边弯曲度	±0.7	±1.0	±0.3	±0.5	±0.4	±0.5	±0.4	±0.5

①不适用于有弯曲形状的砖。

允许偏差（%）		类别	无间隔凸缘	有间隔凸缘
长度和宽度	(1)	每块砖（2或4条边）的平均尺寸相对于工作尺寸的允许偏差^①	L≤12cm：±0.75 L>12cm：±0.5	+0.6 −0.3
	(2)	每块砖（2或4条边）的平均尺寸相对于10块砖（20或40条边）平均尺寸的允许偏差^①	L≤12cm：±0.5 L>12cm：±0.3	±0.25
厚度		每块砖厚度的平均值相对于工作尺寸的最大允许偏差	±10.0	±10.0

①砖可以有1条或几条边上釉边。

注：1.模数砖名义尺寸连接宽度为1.5～5mm，非模数砖工作尺寸与名义尺寸之间的偏差不大于±2mm；

2.特殊要求的尺寸偏差可由供需双方协商。

允许偏差（%） 类别	无间隔凸缘		有间隔凸缘	
	优等品	合格品	优等品	合格品
边直度①（正面）相对于工作尺寸的最大允许偏差	±0.2	±0.3	±0.2	±0.3
直角度①（正面）相对于工作尺寸的最大允许偏差	±0.3	±0.5	±0.2	±0.3
表面平整度相对于工作尺寸的最大允许偏差 1. 对于由工作尺寸计算的对角线的中心弯曲度 2. 对于由工作尺寸计算的对角线的弯曲度 3. 对于由工作尺寸计算的对角线的翘曲度	+0.4 −0.2 ±0.3	+0.5 −0.3 ±0.5	+0.75mm −0.1mm $S \leqslant 250cm^2$ 0.3mm $S > 250cm^2$ 0.5mm	+0.8mm −0.2mm $S \leqslant 250cm^2$ 0.5mm $S > 250cm^2$ 0.75mm

①不适用于有弯曲形状的砖。

(2) 陶瓷砖的试验方法

陶瓷砖的物理性能试验依据《陶瓷砖试验方法》GB/T 3810.1～4—2016、GB/T 3810.9—2016、GB/T 3810.12～13—2016以及《建筑饰面材料镜向光泽度测定方法》GB/T 13891—2008。

常规试验包括以下几个方面：

1）尺寸偏差的测定

①仪器设备

陶瓷砖变形综合测定仪；

千分表；

测厚仪；

游标卡尺；

金属直尺；

塞尺。

②试验方法

A. 长度与宽度的测量

a. 试样：每种类型的砖取10块整砖进行测量。

b. 步骤：在离砖顶角5mm处测量砖的每边，测量值精确到0.1mm。

c. 结果表示：正方形砖的平均尺寸是四边测量结果的平均值。试样的平均尺寸是40次测量的平均值。长方形砖以对边两次测量的平均尺寸作为相应的平均尺寸，试样的长度和宽度的平均值各为20个测量值的平均值。

B. 厚度的测量

a. 试样：每种类型的砖取10块砖进行测量。

b. 步骤：对表面平整的砖，在砖面上画两条对角线，测量4条线段每段上最厚的点，每块试样测量4点，精确到0.1mm。

对于表面不平的砖，垂直于挤出方向划4条线，线的位置分别为从砖的末端起测量砖的长度的0.125、0.375、0.625、0.875，在每条直线上最厚点测量厚度。

c．结果表示：所有砖以 4 次测量值的平均值作为单块砖的平均厚度。试样的平均厚度是 40 次测量值的平均值。

C．边直度的测量

a．边直度定义：在砖的平面内，边的中央偏离直线的偏差。

b．试样：每种类型的砖取 10 块整砖进行测量。

c．步骤：把砖放在仪器的支承销，使定位销离被测边每一角的距离为 5mm。

将合适的标准板准确地置于仪器的测量位置上，调整千分表读数至合适的起始值。

取出标准板，将砖的正面恰当地放在仪器的定位销上，记录边中央处的千分表读数。如果是正方形的砖，转动砖的位置得到 4 次测量值。每块砖都重复上述步骤，如果是长方形砖，分别使用合适尺寸的仪器来测量其长边和宽边的直度，测量精确到 0.1mm。

D．直角度的测量

a．直角度定义：将砖的一个角紧靠着放在用标准板校正过的直角上，测量它与标准直角的偏差。

b．试样：每种类型砖取 10 块符合要求的整砖进行测量。

c．步骤：把砖放在仪器的支承销，使定位销靠近被测边，离测量边每个角的距离为 5mm，千分表的测杆也应离测量边的一个角 5mm 处。

将合适的标准板准确地置于仪器的测量位置上，调整千分表读数至合适的起始值。

取出标准板，将砖的正面恰当地放在仪器的定位销上，记录离角 5mm 处的千分表读数。如果是正方形的砖，转动砖的位置得到 4 次测量值。每块砖都重复上述步骤，如果是长方形砖，分别使用相应的尺寸的仪器来测量其长边和宽边的直角度，测量精确到 0.1mm。

E．平整度的检验（弯曲度和翘曲度）

a．与平整度有关的定义主要有以下几个：

表面平整度：由砖面上 3 点的测量值来定义。有凸纹浮雕的砖，如果正面无法检验，可能时应在其背面检验。

边弯曲度：砖一条边的中点偏离由该边两角为直线的距离。

中心弯曲度：砖的中心点偏离由砖 4 个角中 3 个角所决定的平面的距离。

翘曲度：砖的 3 个角决定一个平面，其第四个角偏离该平面的距离。

b．试样：每一类型的砖取 10 块整砖进行检验。

c．步骤：尺寸大于 40mm×40mm 的砖，将相应的标准板准确地放在 3 个定位支承销上。每个支承销的中心到砖边的距离为 10mm，两个边部的千分表离砖边的距离也是 10mm，调节 3 个千分表的读数至合适的初始值。

取出标准板，将一块砖的釉面或合适的面朝下置于仪器上，记录 3 个千分表的读数。如果是正方形的砖，转动试样，每块试样得到 4 个测量值，每块砖重复上述步骤。对长方形砖，要分别选用尺寸合适的仪器，记录每块砖最大的中心弯曲度、边弯曲度和翘曲度，测量精确到 0.1mm。

尺寸等于或小于 40mm×40mm 的砖。为测定边弯曲度，将一把直尺靠在砖的测量边上，用塞尺测量直尺下的间隙。中心弯曲度用同样方法测量，只是把直尺靠在砖的对角线上。

尺寸小于或等于 40mm×40mm 的砖不检验翘曲度。

d. 结果表示：中心弯曲度以对角线长的百分数表示。边弯曲度，长方形砖以长度和宽度的百分数表示；正方形砖以边长的百分数表示。翘曲度以对角线长的百分数表示。有间隔凸缘的砖检验时用 mm 表示。

2）表面质量的测定

①仪器

色温为 5000～6500K 的荧光灯、1m 长的直尺或其他合适测量距离的量具以及照度计。

②试样

至少检验 30 块以上的砖组成的不小于 1m² 的试样。

③步骤

将砖的正面放置在 1m 远处垂直观察，砖表面用照度为 300lx 的灯光均匀地照射，检验被检验砖组的中心部分和每个角上的照度。

用肉眼观察被检验砖组（平时戴眼镜的可戴上眼镜）。

检验的准备和检验不应是同一个人。

砖表面的人为装饰效果不能算缺陷。

④结果表示

表面质量以表面无缺陷砖的百分数表示。

3）吸水率的测定

①仪器

能在 110℃ ±5℃ 温度下工作的烘箱；

供煮沸用适当的惰性材料制成的加热器；

热源；

能称量精确到 0.01% 的天平；

去离子水或蒸馏水；

干燥器；

麂皮。

②试样

每种类型的砖用 10 块整砖测试。

如每块砖的表面积大于 0.04m² 时，只需用 5 块整砖做测试。如每块砖的表面积大于 0.16m² 时，至少在 3 块整砖的中间部位切割最小边长为 100mm 的 5 块试样。

如块砖的质量小于 50g，则需足够数量的砖使每种测试样品达到 50～100g。

砖的边长大于200mm时，可切割成小块，但切割下的每一块应计入测量值内。多边形和其他矩形砖，其长和宽均按矩形计算。

③步骤

将砖放在110℃±5℃的烘箱中干燥恒重，即每隔24h的两次连续质量之差小于0.1%。砖放在有硅胶或其他干燥剂的干燥器内冷却至室温，不能使用酸性干燥剂。每块砖按表5-1-17的测量精度称量和记录。

砖的质量和测量精度　　　　　　　　　　　　表5-1-17

砖的质量m（g）	测量精度（g）	砖的质量m（g）	测量精度（g）
50≤m≤100	0.02	1000<m≤3000	0.50
100<m≤500	0.05	m>3000	1.00
500<m≤1000	0.25		

采用煮沸法进行检测，将砖竖直放在盛有去离子水或蒸馏水的加热器中，使砖互不接触。砖的上部应保持有5cm深度的水。在整个试验中都应保持高于砖5cm的水面。将水加热至沸腾并保持煮沸2h。然后切断热源，使砖完全浸泡在水中冷却4h±0.25h至室温。也可用常温下的水或制冷器将样品冷却到室温。将一块浸湿过的麂皮用手拧干，并将麂皮放在平台上轻轻地依次擦干每块砖的表面；对于凹凸或有浮雕的表面应用麂皮轻快地擦去表面水分，然后称重，记录每块试样的称量结果。保持与干燥状态下的相同精度。

4）破坏强度和断裂模数的测定

①定义

破坏荷载：从压力表上读出的使试样破坏的力，单位N。

破坏强度：破坏荷载乘以两支撑棒之间的跨距／试样宽度，单位N。

断裂模数：破坏强度除以沿破坏断面最小厚度的平方，单位N/mm²。

②仪器

能在110℃±5℃下工作的烘箱；

精确到2.0%的压力表。

金属制的两根圆柱形支撑棒，与试样接触部分用硬度为50IRHD±5IRHD的橡胶包裹，橡胶的硬度按《硫化橡胶或热塑性橡胶硬度的测定（10～100IRHD）》GB/T 6031—2017测定，一根棒能稍微摆动，另一根棒能绕其轴稍作旋转（相应尺寸见表5-1-18）。

棒的直径、橡胶厚度和长度（mm）　　　　　　　表5-1-18

砖的尺寸K	棒的直径d	橡胶厚度t	砖伸出支撑棒外的长度L
K≥95	20	5±1	10
48≤K<95	10	2.5±0.5	5
18≤K<48	5	1±0.2	2

一根与支撑棒直径相同且用同样橡胶包裹的圆柱形中心棒，用来传递荷载 F，此棒也可稍作摆动（相应尺寸见表 5-1-18 和图 5-1-1）。

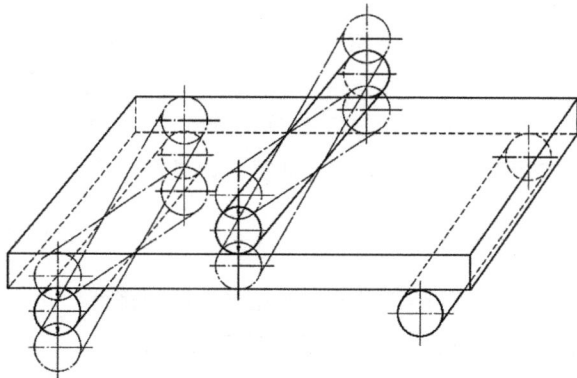

图 5-1-1　可摆动的棒

③试样

应用整砖检验，但是对超大的砖（即边长大于 300mm 的砖）和一些非矩形的砖，必须进行切割，切割成可能最大尺寸的矩形试样，以便安放在仪器上检验，其中心应与原来砖的中心一致。在有疑问时，用整砖比切割过的砖测得的结果准确。

每种样品的最少试样数量按表 5-1-19 规定。

最少试样的数量　　　　　　　　　　　　　　　表5-1-19

砖的尺寸 K（mm）	最少试样的数量	砖的尺寸 K（mm）	最少试样的数量
$K \geqslant 48$	7	$18 \leqslant K < 48$	10

④步骤

用硬刷刷去试样背面松散的粘结颗粒。将试样放入 110℃±5℃ 的烘箱中干燥至恒重，即间隔 24h 的连续两次称量的差值不大于 0.1%。然后将试样放在密闭的烘箱或干燥器中冷却至室温，干燥器中放有硅胶或其他合适的干燥剂，但不可放入酸性干燥剂。需在试样达到室温至少 3h 后才能进行试验。

将试样置于支撑棒上，使釉面或正面朝上，试样伸出每根支撑棒外的长度 L 见表 5-1-18 和图 5-1-2。

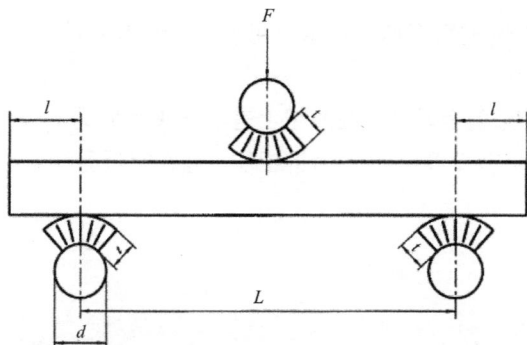

图 5-1-2　测试示意图

对于两面相同的砖，例如无釉陶瓷锦砖，以哪面在上都可以。对于挤压成形的砖，应将其背肋垂直于支撑棒放置，对所有其他矩形砖，应以其长边垂直于支撑棒放置。

对凸纹浮雕的砖，在与浮雕面接触的中心棒上再垫一层厚度与表5-1-18相对应的橡胶层。

中心棒应与两支撑棒等距，以 $1N/(mm^2 \cdot s)$ $\pm 0.2 N/(mm^2 \cdot s)$ 的速率均匀地增加负载，每秒的实际增加率可按式（5-4）计算，记录断裂荷载 F。

⑤结果表示

只有在宽度与中心棒直径相等的中间部位断裂试样，其结果才能用来计算平均破坏强度和平均断裂模数，计算平均值至少需5个有效的结果。破坏强度（S）以N表示，按式（5-3）计算：

$$S=FL/b \tag{5-3}$$

式中　F——破坏荷载（N）；

L——支撑棒之间的跨距（mm）；

b——试样的宽度（mm）。

断裂模数（R）以 N/mm^2 表示，按式（5-4）计算：

$$R=3FL/2bh^2=3S/2h^2 \tag{5-4}$$

式中　F——破坏荷载（N）；

L——支撑棒之间的跨距（mm）；

b——试样的宽度（mm）；

h——试验后沿断裂边测得的试样断裂面的最小厚度（mm）。

记录所有结果，以有效结果计算试样的平均破坏强度和平均断裂模数。

5）抗热震性的测定

①原理

抗热震性的测定是用整砖在15℃和145℃两种温度之间进行10次循环试验。

②设备

可盛15℃±5℃流动凉水的低温水槽。

浸没试验：用于吸水率不大于10%的陶瓷砖。水槽不用加盖，但水需有足够的深度使砖垂直放置后能完全浸没。

非浸没试验：用于吸水率大于10%的有釉砖。在水槽上盖上一块5mm厚的铝板，并与水面接触。然后将粒径分布为0.3～0.6mm的铝粒覆盖在铝板上，铝粒层厚度为5mm。

工作温度为145～150℃的烘箱。

③试样

最少用5块整砖进行试验。

④步骤

试样的初步检查：首先用肉眼（平常戴眼镜的可戴上眼镜）在距砖 25～30cm，光源照度约 300lx 的光照条件下观察砖面。所有试样在试验前应没有缺陷。可用亚甲基蓝溶液进行测定前的检验。

浸没试验：吸水率不大于质量分数为 10% 的低气孔率砖，垂直浸没在 15℃±5℃ 的冷水中，并使它们互不接触。

非浸没试验：吸水率大于质量分数为 10% 的有釉砖，使其釉面向下与 15℃±1℃ 的冷水槽上的铝粒接触。

对上述两项步骤，在低温下保持 5min 后，立即将试样移至 145℃±5℃ 的烘箱内重新达到此温度后保温（通常为 20min），然后立即将它们移回低温环境中。

重复此过程 10 次循环。

然后用肉眼（平常戴眼镜的可戴上眼镜），在距试样 25～30cm，光源照度约 300lx 的条件下观察试样的可见缺陷。为帮助检查，可将合适的染色溶液（如含有少量湿润剂的 1% 亚甲基蓝溶液）刷在试样的釉面上，1min 后，用湿布抹去染色液体。

6）抗冻性的测定

①原理

陶瓷砖浸水饱和后，在 5℃ 和 -5℃ 之间循环。所有砖的面须经受到至少 100 次冻融循环。

②设备

能在 110℃±5℃ 条件下工作的干燥箱。能取得相同试验结果的微波、红外或其他干燥系统均可使用；

用称量精确到试样质量的 0.01% 的天平；

能用真空泵抽真空后注入水使砖吸水饱和的装置：能使装砖容器内的压力降到 60kPa±4kPa 的真空度；

能冷冻至少 10 块砖的冷冻机，其最小面积为 $0.25m^2$，并使砖互相不接触；

麂皮；

水，温度保持在 20℃±5℃；

热电偶或其他合适的测温装置。

③试样

使用不少于 10 块整砖，其最小面积为 $0.25m^2$，砖应没有裂纹、釉裂、针孔、磕碰等缺陷。如果必须用有缺陷的砖进行检验，在试验前应用永久性的染色剂对缺陷做记号，试验后检查这些缺陷。

试样制备：砖在 110℃±5℃ 的干燥箱内烘干恒重，即相隔 24h，连续两次称量之差值小于 0.1%。记录每块干砖的质量（m_1）。

④浸水饱和

砖冷却至环境温度后，将砖垂直地放在抽真空装置内，使砖与砖、砖与该装置内壁互不接触。抽真空装置连接真空泵抽真空，抽到压力低于 40kPa±2.6kPa。在该压力下把水引入装有砖的抽真空装置内浸没，并至少高出砖 50mm。在相同压力下维持 15min，然后恢复到大气压力。用手把湿麂皮拧干，然后将麂皮放在一个平面上。依次将每块砖的各个面轻轻擦干，称量并记录每块湿砖的质量（m_2）。

初始吸水率 E_1 用质量分数表示，由式（5-5）求得：

$$E_1 = \frac{m_2 - m_1}{m_1} \times 100\% \qquad (5-5)$$

式中　m_2——每块湿砖的质量（g）；

m_1——每块干砖的质量（g）。

⑤步骤

在试验时选择一块最厚的砖，该砖应视为对试样具有代表性。在砖一边的中心钻一个直径为 3mm 的孔，该孔距砖边最大距离为 40mm，在孔中插一支热电偶，并用一小片隔热材料（例如多孔聚苯乙烯）密封孔。如果用这种方法不能钻孔，可把一支热电偶放在一块砖的一个面的中心，用另一块砖附在这个面上。在冷冻机内将欲测的砖垂直地放在支撑架上，用这一方法使得空气通过每块砖之间的空隙流过所有表面。把装有热电偶的砖放在试样中间，热电偶的温度定为试验时所有砖的温度，只有在用相同试样重复试验的情况下这点可省略。此外，应偶尔用砖中的热电偶作核对。每次测量温度应精确到 ±0.5℃。

以不超过 20℃/h 的速率使砖降温到 -5℃，砖在该温度下保持 15min。砖浸于水中或喷水直到温度达到 5℃。砖在该温度下保持 15min。

重复上述循环至少 100 次。如果将砖保持浸没在 5℃ 以上的水中，则此循环可中断。称量试验后的砖质量（m_3），再将其烘干到恒重的试样称出质量（m_4）。最终吸水率 E_2 用质量分数表示，由式（5-6）求得：

$$E_2 = \frac{m_3 - m_4}{m_4} \times 100\% \qquad (5-6)$$

式中　m_3——试验后每块湿砖的质量（g）；

m_4——试验后每块干砖的质量（g）。

100 次循环后，在距离 25～30cm 处、大约 300lx 的光照条件下，用肉眼检查砖的釉面、正面和边缘。对通常戴眼镜者，可以戴眼镜检查。在试验早期，如果有理由确信砖已遭受损坏，可在试验中间阶段检查并同时作记录。记录所有观察到砖的釉面、正面和边缘的损坏情况。

7）抛光砖光泽度

①仪器

光泽度计、工作标准板以及最小刻度为 1.0mm 的钢板尺。

②试样

试样规格及数量：150mm×150mm、150mm×75mm 各 5 块。

试样要求：表面应平整、光滑，无翘曲、波纹、突起、弯曲、砂眼等外观缺陷。

③步骤

A．仪器校正

采用的光泽度计必须经有关部门检定、认可，按生产厂的使用说明书操作。仪器预热达到稳定后，用高光泽工作标准板进行校正，然后用中光泽或低光泽工作标准板进行核定。如仪器示值与原标定值之差在 1 光泽单位内，则仪器可以进行测试。

B. 试验

各种建筑饰面材料测定镜向光泽的发射器入射角均采用 60°。

当材料测定的镜向光泽度大于 70 光泽单位时，为提高其分辨程度，入射角可采用 20°。

当材料测定的镜向光泽度小于 70 光泽单位时，为提高其分辨程度，入射角可采用 85°。

C. 测点布置：中心测 1 个测点。

D. 结果计算

其中心的光泽度测定值即为该试样的光泽度值。

以 3 块或 5 块试样测定值的平均值作为被测建筑饰面材料镜向光泽度值。小数点后余数采用数值修约规则修约，结果取整数。

精度：再同一试样表面重复测定所测得的平均值相差在实验室内应不超过 1 光泽单位；在生产现场不超过 2 光泽单位。

(3) 检验规则

1) 检验分类：检验分出厂检验和型式检验。出厂检验项目包括尺寸、表面质量、吸水率、破坏强度和断裂模数；型式检验项目包括全部技术要求。

2) 组批

组批规则：以同种产品、同一级别、同一规格实际的交货量大于 5000m² 为一批，不足 5000m² 以一批计。

3) 判定规则

①计数检验

最初样本检验得出的不合格品数等于或小于表 5−1−20 第 3 列所示的接收数 Ac1 时，该抽取试样的检验批应认为可接收。

最初样本检验得出的不合格品数等于或大于表 5−1−20 第 4 列所示的拒收数 Re1 时，可拒收该检验批。

最初样本检验得出的不合格品数介于接收或拒收（表 5−1−20 第 3 列和第 4 列）之间时，应再抽取与第一次相同数量的试样即第二样本进行检验。

计算第一次和第二次抽样中经检验得出的不合格品的总和。

若不合格品总数等于或小于表 5−1−20 第 5 列所示的第二接收数 Ac2 时，则检查批应认为可接收。

若不合格品总数等于或大于表 5−1−20 第 6 列所示的第二拒收数 Re2 时，就有理由拒收该检验批。

当有关标准要求多于一项性能试验时，抽取的第二个样本只检验根据最初样本检查其不合格品数在接收数 Ac1 和拒收数 Re1 之间的检查项目。

②计量检验

若最初试验样本检验结果的平均值（$\bar{X}_1$）满足要求（表5-1-20第7列），则检查批应认为可接收。

若平均值（$\bar{X}_1$）不满足要求，应抽取与初次样本相同数量的第二样本（表5-1-20第8列）。

若第一次和第二次抽样的检验结果的平均值（$\bar{X}_2$）满足要求（表5-1-20第9列），则检查批仍认为可接收。

若平均值（$\bar{X}_2$）不满足要求（表5-1-20第10列），就拒收检查批。

计数检验与计量检验　　　　　　表5-1-20

1	2		3	4	5	6	7	8	9	10
性能	试样数量		计数检验				计量检验			
			第一次抽样		第一次加第二次抽样		第一次抽样		第一次加第二次抽样	
	第一次	第二次	接收数Ac1	拒收数Re1	接收数Ac2	拒收数Re2	可接收	第二次抽样	可接收	有理由拒收
尺寸	10	10	0	2	1	2				
表面质量	30	30	1	3	3	4				
	40	40	1	4	4	5				
	50	50	2	5	5	6				
	60	60	2	5	5	7				
	70	70	2	6	6	8				
	80	80	3	7	7	9				
	90	90	4	8	8	10				
	100	100	4	9	9	11				
	1m²	1m²	4%	9%	5%	>5%				
吸水率	5	5	0	2	1	2	$\bar{X}_1>L$	$\bar{X}_1<L$	$\bar{X}_2>L$	$\bar{X}_2<L$
	10	10	0	2	1	2	$\bar{X}_1<U$	$\bar{X}_1>U$	$\bar{X}_2<U$	$\bar{X}_2>U$
断裂模数	7	7	0	2	1	2				
	10	10	0	2	1	2	$\bar{X}_1>L$	$\bar{X}_1<L$	$\bar{X}_2>L$	$\bar{X}_2<L$
破坏强度	7	7	0	2	1	2				
	10	10	0	2	1	2	$\bar{X}_1>L$	$\bar{X}_1<L$	$\bar{X}_2>L$	$\bar{X}_2<L$
抗热震性	5	5	0	2	1	2				
耐化学腐蚀性	5	5	0	2	1	2				
抗冻性	10		0	1						
光泽度	5	5	0	2	1	2				

1.2.3　饰面石材检测

饰面石材主要有天然大理石建筑板材及天然花岗石建筑板材两大类。

天然大理石是一种变质岩，常呈层状结构，属中硬石材。它是石灰岩与白云岩在高温、高压作用下的矿物重新结晶、变质而成。其结晶主要有方解石和白云石组成，纹理有斑、条之分，其成分以碳酸钙为主。天然大理石建筑板材是用大理石荒料经锯切、研磨、抛光及切割而成。主要用途：室内地面、墙面、柱子面、柜台、墙裙、窗台板、踢脚线等。但不宜用于室外，因为年久后大理石将逐渐被剥蚀，失掉光泽，影响美观。

天然花岗石是一种分布很广的火成岩，属硬质石材。它由石英、长石和云母等为主要成分的晶粒组成。岩质坚硬密实，强度高，耐磨性、耐久性及抗风化性能均好。天然花岗石建筑板材花式丰富多彩，表面光滑发亮，给人以富丽堂皇的感觉。不仅用于室外，也大量用于室内。

（1）检测依据

1）标准名称及代号

《天然花岗石建筑板材》GB/T 18601—2009；

《天然大理石建筑板材》GB/T 19766—2016；

《天然石材试验方法》GB/T 9966.1 ~ 9966.7—2020；

《天然饰面石材试验方法　第8部分：用均匀静态压差检测石材挂装系统结构强度试验方法》GB/T 9966.8—2008。

2）技术要求

①天然大理石建筑板材技术要求（表5-1-21）

检测项目参数及技术要求　　　　　　　　　　表5-1-21

序号	项目		被检参数范围
1	外观质量		色调应基本调和，花纹应基本一致。板材允许粘结和修补。粘结和修补后应不影响板的装饰效果和物理性能（表5-1-22）
2	尺寸偏差	长、宽	见表5-1-23
		厚度	
3	吸水率		≤0.50%
4	干燥压缩强度		≥50.0MPa
5	干燥弯曲强度		≥7.0MPa
	水饱和弯曲强度		
6	体积密度		≥2.30g/cm³
7	平面度允许公差		见表5-1-24
8	圆弧板直线度与线轮廓度允许公差		见表5-1-25、表5-1-26
9	角度允许公差		见表5-1-27
10	镜向光泽度		≥70光泽单位
11	耐磨度		≥10（1/cm³）

板材正面的外观缺陷的质量要求应符合表5-1-22规定。

②天然花岗石技术指标（表5-1-28）。

板材正面的外观质量要求应符合表5-1-29的规定。

（2）饰面石材的试验方法

饰面石材的物理性能试验依据《天然石材试验方法》GB/T 9966.1 ~ 9966.7—2020、《天然饰面石材试验方法　第8部分：用均匀静态压差检测石材挂装系统结

板材正面的外观缺陷的质量要求 表5-1-22

名称	规定内容	优等品	一等品	合格品
裂纹	长度超过10mm的不允许条数	0		
缺棱	长度超过8mm，宽度不超过1.5mm（长度≤4mm，宽度≤1mm不计），每米长允许个数（个）	0	1	2
缺角	沿板材边长顺延方向，长度≤3mm，宽度≤3mm（长度≤2mm，宽度≤2mm不计），每块板允许个数（个）	0	1	2
色斑	面积不超过6cm²（面积小于2cm²不计），每块板允许个数（个）	0	1	2
砂眼	直径在2mm以下		不明显	有，不影响装饰效果

普型板规格尺寸允许偏差（mm） 表5-1-23

项目		镜面和细面板材			粗面板材		
		优等品	一等品	合格品	优等品	一等品	合格品
长度、宽度		0 −1.0		0 −1.5	0 −1.0		0 −1.5
厚度	≤12	±0.5	±1.0	+1.0 −1.5	—		
	>12	±1.0	±1.5	±2.0	+1.0 −2.0	±2.0	+2.0 −3.0

普型板平面度允许公差（mm） 表5-1-24

板材长度（L）	技术指标					
	镜面和细面板材			粗面板材		
	优等品	一等品	合格品	优等品	一等品	合格品
L≤400	0.20	0.35	0.50	0.60	0.80	1.00
400<L≤800	0.50	0.65	0.80	1.20	1.50	1.80
L>800	0.70	0.85	1.00	1.50	1.80	2.00

圆弧板规格尺寸允许偏差（mm） 表5-1-25

项目	技术指标					
	镜面和细面板材			粗面板材		
	优等品	一等品	合格品	优等品	一等品	合格品
弦长	0 −1.0		0 −1.5	0 −1.5	0 −2.0	0 −2.0
高度	0 −1.0		0 −1.5	0 −1.0	0 −1.0	0 −1.5
厚度	≥18mm					

圆弧板直线度与线轮廓度允许公差（mm）　　　　表5-1-26

项目		技术指标					
		镜面和细面板材			粗面板材		
		优等品	一等品	合格品	优等品	一等品	合格品
直线度（按板材高度）	≤800	0.80	1.00	1.20	1.00	1.20	1.50
	>800	1.00	1.20	1.50	1.50	1.50	2.00
线轮廓度		0.80	1.00	1.20	1.00	1.50	2.00

普型板角度允许公差（mm）　　　　表5-1-27

板材长度	等级			板材长度	等级		
	优等品	一等品	合格品		优等品	一等品	合格品
$L \leqslant 400$	0.3	0.5	0.8	$L > 400$	0.4	0.6	1.0

检测项目参数及技术指标　　　　表5-1-28

序号	项目		被检参数范围
1	外观质量		同一批板材的色调应基本调和，花纹应基本一致（表5-1-29）
2	尺寸偏差	长、宽	见表5-1-23
		厚度	
3	吸水率		≤0.60%
4	干燥压缩强度		≥100.0MPa
5	干燥弯曲强度		≥8.0MPa
	水饱和弯曲强度		
6	体积密度		≥2.56g/cm²
7	平面度允许公差		见表5-1-24、表5-1-25
8	圆弧板直线度与线轮廓度允许公差		见表5-1-26
9	角度允许公差		见表5-1-27
10	镜向光泽度		≥80光泽单位
11	放射防护分类控制		石材产品的使用应符合《建筑材料放射性核素限量》GB 6566—2010标准中对放射性水平的规定

板材正面的外观质量要求　　　　表5-1-29

名称	规定内容	优等品	一等品	合格品
裂纹	长度不超过两端顺延至板边总长度的1/10（长度小于20mm的不计），每块板允许条数（条）	不允许	1	2
缺棱	长度超过10mm，宽度不超过1.2mm（长度≤5mm，宽度≤1.0mm不计），周边每米长允许个数（个）			
缺角	沿板材边长，长度≤3mm，宽度≤3mm（长度≤2mm，宽度≤2mm不计），每块板允许个数（个）			

名称	规定内容	优等品	一等品	合格品
色斑	面积不超过15mm×30mm（面积小于10mm×10mm不计），每块板允许个数（个）	不允许	2	3
色线	长度不超过两端顺延至板边总长度的1/10（长度小于40mm的不计），每块板允许条数（条）			

注：干挂板材不允许有裂纹存在。

构强度试验方法》GB/T 9966.8—2008，常规试验包括以下几个方面：

1）规格尺寸允许偏差

①普型板规格尺寸

仪器设备：用游标卡尺或能满足测量精度要求的量器具测量板材的长度、宽度和厚度。

试样：整板。

操作步骤：长度、宽度分别在板材的3个部位测量；厚度测量4条边的中点部位。分别用偏差的最大值和最小值表示长度、宽度、厚度的尺寸偏差。测量值精确至0.1mm。

②圆弧板规格尺寸

仪器设备：用游标卡尺或能满足测量精度要求的量器具测量圆弧板的弦长、高度及最大与最小壁厚。

试样：整板。

操作步骤：在圆弧板的两端面处测量弦长；在圆弧板端面与侧面测量壁厚。分别用偏差的最大值和最小值表示弦长、高度及壁厚的尺寸偏差。测量值精确至0.1mm。

2）平面度允许公差

普型板平面度：

仪器设备：钢平尺、塞尺。

试样：整板。

操作步骤：将平面度公差为0.1mm的钢平尺分别贴放在距边10mm处和被检平面的两条对角线上，用塞尺测量尺面与板面的间隙。钢平尺的长度应大于被检面周边和对角线的长度；当被检面周边和对角线长度大于2000mm时，用长度为2000mm的钢平尺沿周边和对角线分段检测。

以最大间隙的测量值表示板材的平面度公差。测量值精确至0.05mm。

3）圆弧板直线度与线轮廓度

①圆弧板直线度

仪器设备：钢平尺、塞尺。

试样：整板。

操作步骤：

将平面度公差0.1mm的钢平尺沿圆弧板母线方向贴放在被检弧面上，用塞尺测量尺面与板面的间隙。当被检圆弧板高度大于2000mm时，用2000mm的平尺沿被检测母线分段测量。

以最大间隙的测量值表示圆弧板的直线度公差。测量值精确至0.05mm。

②圆弧板线轮廓度

仪器设备：塞尺。

试样：整板。

操作步骤：

采用尺寸精度为JS7（标准公差）的圆弧靠模贴靠被检弧面，用塞尺测量靠模与圆弧面之间的间隙。

以最大间隙的测量值表示圆弧板的线轮廓度公差。测量值精确至0.05mm。

4）角度允许公差

①普型板角度

仪器设备：角垂直度公差为0.13mm，内角边长为500mm×500mm的900钢角尺检测及塞尺。

试样：整板。

操作步骤：

靠板材的短边，长边贴靠板材的长边，用塞尺测量板材长边与角尺长边之间的最大间隙。当板材的长边小于或等于500mm时，测量板材的任一对对角；当板材的长边大于500mm时，测量板材的4个角。

以最大间隙的测量值表示板材的角度公差。测量值精确至0.05mm。

②圆弧板端面角度

仪器设备：内角垂直度公差为0.13mm，内角边长为500mm×400mm的90°钢角尺检测及塞尺。

试样：整板。

操作步骤：

将角尺短边紧靠圆弧板端面，用角尺长边贴靠圆弧板的边线，用塞尺测量圆弧板边线与角尺长边之间的最大间隙。用上述方法测量圆弧板的4个角。

③圆弧板侧面角

仪器设备：圆弧靠模贴和小平尺。

操作步骤：

将圆弧靠模贴靠圆弧板装饰面并使其上的径向刻度线延长线与圆弧板边线相交，将小平尺沿径向刻度线置于圆弧靠模上，测量圆弧板侧面与小平尺间的夹角。

5）外观质量

仪器设备：游标卡尺。

试样：整板。

操作步骤：

①花纹色调：将协议板与被检板材并列平放在地上，距板材1.5m处站立目测。

②缺陷：用游标卡尺测量缺陷的长度、宽度，测量值精确至0.1mm。

6）镜向光泽度

仪器设备：光泽度计、工作标准板和最小刻度为1.0mm的钢板尺。

试样：试样规格为300mm×300mm，数量为5块。

试样要求：表面应平整、光滑，无翘曲、波纹、突起、弯曲、砂眼等外观缺陷。

步骤：

①仪器校正

采用的光泽度计必须经有关部门检定、认可，按生产厂的使用说明书操作。仪器预备热达到稳定后，用高光泽工作标准板进行校正，然后用中光泽或低光泽工作标准板进行核定。如仪器示值与原标定值之差在1光泽单位内，则仪器可以进行测试。

②试验

各种建筑饰面材料测定镜向光泽的发射器入射角均采用60°。

当材料测定的镜向光泽度大于70光泽单位时，为提高其分辨程度，入射角可采用20°。

当材料测定的镜向光泽度小于70光泽单位时，为提高其分辨程度，入射角可采用85°。

测点布置：板材中心与四角定4个测点，共测定5个点。

③结果计算

测定大理石、花岗石、水磨石等建筑面板材取5点的算术平均值；测定塑料地板与玻璃纤维增强塑料板材光泽度时，取其10点的算术平均值作为该试样的光泽度值，计算精确至0.1光泽单位。如最高值与最低值超过平均值10%的数值应在其后的括弧内注明。

以3块或5块试样测定值的平均值作为被测建筑饰面材料镜向光泽度值。小数点后余数采用数值修约规则修约，结果取整数。

精度：在同一试样表面重复测定所测得的平均值相差在实验室内应不超过1光泽单位；在生产现场应不超过2光泽单位。

7）体积密度、吸水率

①设备用量具

鼓风干燥箱：温度可控制在65℃±5℃范围内。

天平：最大称量1000g，精度10mg；最大称量200g，精度1mg。

水箱：底面平整，且带有玻璃棒作为试样支撑。

金属网篮：可满足各种规格试样要求，具足够的刚性。

比重瓶：容积25～30ml。

标准筛：63μm。

干燥器。

②试样：试样为边长50mm的正方形或直径、高度均为50mm的圆柱体，尺寸偏差±0.5mm。每组5块。试样不允许有裂纹。

③试验步骤

将试样置于65℃±5℃的鼓风干燥箱内干燥48h至恒重，即在干燥46h、47h、48h时分别称量试样的质量，质量保持恒定时表明达到恒重，否则继续干燥，直至出现3次恒定的质量。放入干燥器中冷却至室温，然后称其质量（m_0），精确至0.01g。

将试样置于水箱中的玻璃棒支撑上，试样间隔应不小于15mm。加入去离子水或蒸馏水（20℃±2℃）到试样高度的一半，静置1h；然后继续加水到试样高度的四分之三，再静置1h；继续加满水，水面应超过试样高度25mm±5mm。试样在水中浸泡48h±2h后同时取出，包裹于湿毛巾内，用拧干的湿毛巾擦去试样表面水分，立即称其质量（m_1），精确至0.01g。

立即将水饱和的试样置于金属网篮中并将网篮与试样一起浸入20℃±2℃的去离子水或蒸馏水中，小心除去附着在网篮和试样上的气泡，称试样和网篮在水中总质量，精确至0.01g。单独称量网篮在相同深度的水中质量，精确至0.01g。当天平允许时可直接测量出这两次测量的差值（m_2），结果精确至0.01g。

④结果计算

体积密度：

$$\rho_b = \frac{m_0}{m_1 - m_2} \times \rho_w \tag{5-7}$$

式中　ρ_b——体积密度（g/cm³）；

　　　m_2——水饱和试样在水中的质量（g）；

　　　ρ_w——室温下去离子水或蒸馏水的密度（g/cm³）

吸水率：

$$w_a = \frac{m_1 - m_0}{m_0} \times 100 \tag{5-8}$$

式中　w_a——吸水率（%）；

　　　m_1——水饱和试样在空气中的质量（g）；

　　　m_0——干燥试样在空气中的质量（g）

计算每组试样体积密度、吸水率的算术平均值作为实验结果。体积密度、真密度取三位有效数字；吸水率取两位有效数字。

8）干燥压缩强度

①试验设备及量具

试验机：具有球形支座并能满足试验要求，示值相对误差不超过±1%。试验破坏载荷应在示值的20%～90%范围。

游标卡尺：读数值为0.01mm。

鼓风干燥箱：温度可控制在65℃±5℃范围内。

②试样尺寸：边长50mm的正方体或 ϕ50mm×50mm圆柱体；尺寸偏差±0.1mm。

试样取五个为一组。

试样应标明层理方向。

注：有些石材，如花岗石，其分裂方向可分为下列三种：

裂理方向：最易分裂的方向；

纹理方向：次易分裂的方向；

源粒方向：最难分裂的方向。

试样两个受力面应平行、光滑，相邻面夹角应为90°±0.5°。

试件上不得有裂纹、缺棱和缺角。

③试验步骤

将试样在65℃±5℃的鼓风干燥箱内干燥48h，放入干燥器中冷却至室温。

用游标卡尺分别测量试样两受力面中线上的边长或相互垂直的直径并计算其面积，以两个受力面积的平均值作为试样受力面面积，边长或直径测量值精度不低于0.1mm。

将试样放置于材料试验机下压板的中心部位，调整球形基座角度，使上压板均匀接触到试样上受力面。以1MPa/s±0.5MPa/s的加载速率恒定施加荷载至试样破坏，记录试样破坏时的最大荷载值和破坏状态。

(3) 检验规则

①检验分类：检验分出厂检验和型式检验

普型板的出厂检验项目包括规格尺寸偏差、平面公差、角度公差、镜向光泽度、外观质量。

圆弧板的出厂检验项目包括规格尺寸偏差、角度公差、直线度公差、线轮廓度公差、镜向光泽度、外观质量。

型式检验项目为标准中全部项目。

②组批与抽样

组批：以同一品种、类别、等级的板材为一批。

抽样：采取《计数抽样检验程序 第1部分：按接收质量限（AQL）检索的逐批检验抽样计划》GB/T 2828.1—2012一次抽样正常检验方式。检验水平为Ⅱ。合格质量水平（AQL值）取6.5。根据抽样判定抽取样本，见表5-1-30。

抽样判定表（单位：块） 表5-1-30

批量范围	样本数	合格判定率Ac	不合格判定数Re	批量范围	样本数	合格判定率Ac	不合格判定数Re
≤25	5	0	1	281～500	50	7	8
26～50	8	1	2	501～1200	80	10	11
51～90	13	2	3	1201～3200	125	14	15
91～150	20	3	4	≥3201	200	21	22
151～280	32	5	6				

③结果判定

单块板材的所有检验结果均符合技术要求中相应等级时，判定该块板材符合该等级。

根据样本检验结果，若样本中发现的等级不合格品数小于或等于合格判定数（Ac），则判定该批符合该等级；若样本中发现的等级不合格品数大于或等于不合格判定数（Re），则判定该批不符合该等级。

体积密度、吸水率、干燥压缩强度、弯曲强度、耐磨度（使用在地面、楼梯踏步、台面等大理石石材）的试验结果中，有一项不符合要求时，则判定该批板材为不合格，其他项目检验结果的判定同出厂检验。

项目2 室内环境质量验收

2.1 学习目标

通过建筑室内环境质量验收的学习，使学生掌握影响室内环境质量的因素及验收指标，并根据各验收指标特征正确见证取样，能独立使用简单的检测工具和检测仪器对室内环境质量进行检查和评价，能读懂试验报告和型式检验报告，会组织室内环境质量验收。

2.2 相关知识

一般建筑住宅室内需要作以下检测项目：氡、游离甲醛、苯、氨和总挥发性有机化合物 TVOC。

（1）氡：通常为单质形态气体，无色、无嗅、无味，具有放射性，其化学性质不活泼，不易形成化合物，没有已知的生物作用。由于氡是放射性气体，当人吸入体内后，氡发生衰变的阿尔法粒子可在人的呼吸系统造成辐射损伤，引发肺癌。而建筑材料是室内氡的最主要来源，如花岗岩、砖砂、水泥及石膏之类，特别是含放射性元素的天然石材，最容易释出氡。

（2）游离甲醛：室内装修过程中，因板材、家具、涂料、胶黏剂生产时以大量的甲醛作为载体，但甲醛在高温的生产线中，大部分的甲醛已经生成了胶，有小部分的甲醛没有参加反应变成了游离甲醛，对人体造成严重危害。

（3）苯：一种碳氢化合物，即最简单的芳烃，在常温下是甜味、可燃、有致癌毒性的无色透明液体，并带有强烈的芳香气味。它难溶于水，易溶于有机溶剂，本身也可作为有机溶剂。2017 年 10 月 27 日，世界卫生组织国际癌症研究机构公布的致癌物清单中，苯为其中之一。

（4）氨：氮氢化合物，是一种无色气体，有强烈的刺激气味。室内空气中的氨也可来自室内装饰材料，比如家具涂饰时所用的添加剂和增白剂大部分都用氨水，氨水已成为建材市场中必备的商品。但是，这种污染释放期比较快，不会在空气中长期大量积存，对人体危害相应小一些，但是，也应引起大家的注意。氨是一种碱性物质，它对接触的皮肤组织都有腐蚀和刺激作用，可以吸收皮肤组织中的水分，使组织蛋白变性，并使组织脂肪皂化，破坏细胞膜结构，进入血液后，与血红蛋白结合，破坏运氧功能。短期内吸入大量氨气后可出现流泪、咽痛、声音嘶哑、咳嗽、痰带血丝、胸闷、呼吸困难，可伴有头晕、头痛、恶心、呕吐、乏力等症状，严重者可发生肺水肿、成人呼吸窘迫综合征，同时能发生呼吸道刺激症状。

(5) 总挥发性有机化合物（TVOC）：室内总挥发性有机物主要来自油漆、含水涂料、粘合剂、化妆品、洗涤剂、人造板、泡沫隔热材料、塑料板材、壁纸、地毯、油墨、复印机、打字机等。TVOC是一种类多、成分复杂、长期低剂量释放、对人体危害较大的污染物质。

2.3 建筑装饰材料的检验

在建筑物中，建筑材料、装饰装修材料中所含有害物质造成的建筑物内的环境污染，尤其对房屋室内的空气污染，严重地影响用户身心健康。许多案例说明，长期在空气污染严重、通风状况不良的室内居住或工作，会导致许多健康问题，轻者出现头痛、嗜睡、疲惫无力等症状，重者会导致支气管炎、癌症等疾病，此类病症被国际医学界统称为"建筑综合症"。劣质建筑及装饰装修材料散发出的有害气体是导致室内空气污染的主要原因，必须对建筑材料有害物质进行控制，对室内环境质量进行验收。

近年来，我国政府逐步加强了对室内环境问题的管理，正逐步将有关内容纳入技术法规。《建筑装饰装修工程质量验收标准》GB 50210—2018 要求，在分部工程质量验收时，室内环境质量应符合现行《民用建筑工程室内环境污染控制标准》的规定，应按该规范要求进行室内环境质量验收。

2.3.1 室内环境验收内容（检测项目）

(1) 氡（Rn-222）

(2) 游离甲醛

(3) 氨

(4) 苯

(5) 总挥发性有机化合物（TVOC）

2.3.2 检测取样有关规定

(1) 取样要求

民用建筑工程验收时，应抽检有代表性的房间室内环境污染物浓度。抽检数量不得少于5%，并不得少于3间；房间总数少于3间时，应全数检测。凡进行了样板间室内环境污染物浓度检测且检测合格的，抽检数量减半，但不得少于3间。

(2) 取样数量

室内环境污染物浓度检测点应按房间的面积设置：

1）房间使用面积小于50m²时，设1个检测点；

2）房间使用面积50～100m²时，设2个检测点；

3）房间使用面积大于100m²时，设3～5个检测点。

（3）取样方法

1）环境污染物浓度现场检测点应距内墙面不小于0.5m，距地面高度0.8～1.5m。检测点应均匀分布，并应避开通风道和通风口。

2）对采用集中空调的建筑工程室内环境中游离甲醛、苯、氨、总挥发性有机化合物（TVOC）浓度和氡浓度检测时，应在空调正常运转的条件下进行；对采用自然通风的建筑工程室内环境中游离甲醛、苯、氨、总挥发性有机化合物（TVOC）浓度检测时，应在房间的门窗关闭1小时后进行；氡浓度检测时，应在房间的对外门窗关闭24小时以后进行。

（4）检测质量评价

室内环境污染物浓度限量按国家规定的民用建筑工程室内环境污染物浓度限量进行检测和评价。室内环境污染物浓度限量见表5-2-1。

室内环境污染物浓度限量 表5-2-1

污染物	Ⅰ类民用建筑工程	Ⅱ类民用建筑工程
氡（Bq/m³）	≤200	≤400
游离甲醛（mg/m³）	≤0.08	≤0.12
苯（mg/m³）	≤0.09	≤0.09
氨（mg/m³）	≤0.2	≤0.5
TVOC（mg/m³）	≤0.5	≤0.6

注：Ⅰ类民用建筑工程：住宅、医院、老年建筑、幼儿园、学校教室等。
　　Ⅱ类民用建筑工程：办公楼、商店、旅馆、文体娱乐场所、书店、图书馆、展览馆、体育馆、公共交通等候车室、餐厅、理发店等。

（5）验收评价

1）当室内环境污染浓度的全部检测结果符合表5-2-1规定时，可判定该工程室内环境质量合格。

2）当室内环境污染物浓度检测结果不符合规范的规定时，应查找原因，采取措施进行处理，并可进行再次检测。再次检测时，抽检数量应增加1倍。室内环境污染物浓度再次检测结果全部符合规范的规定时，可判定为室内环境质量合格。

3）室内环境质量验收不合格的工程，严禁投入使用。

为控制室内环境质量，国家质检总局于2001年12月10日正式批准发布了《室内装饰装修材料有害物质限量》10项国家标准，并于2002年1月1日实施。要求各有关生产企业生产的产品应严格执行新的国家标准，并规定自2002年7月1日起，市场上停止销售不符合该10项国家标准的产品。

控制有害物质限量的10种材料为：人造板及其制品，溶剂型木器涂料，内墙涂料，胶粘剂，木家具，壁纸，聚氯乙烯卷材地板，地毯、地毯衬垫及地毯胶粘剂，混凝土外加剂中释放氨，建筑材料放射性元素。

【思考题与习题】

1. 试叙述尺寸偏差测量中，对纸面石膏板、嵌装式装饰石膏板、装饰石膏板测点布置不同点。

2. 测量试件的取样规则中断裂荷载试件的数量为多少？

参考文献

[1] 中国建筑科学研究院．建筑工程施工质量验收统一标准：GB 50300—2013[S]．北京：中国建筑工业出版社，2013．

[2] 江苏省住房和城乡建设厅．建筑地面工程施工质量验收规范：GB 50209—2010[S]．北京：中国计划出版社，2010．

[3] 中华人民共和国建设部．住宅装饰装修工程施工规范：GB 50327—2001[S]．北京：中国建筑工业出版社，2002．

[4] 中国建筑科学研究院有限公司．建筑装饰装修工程质量验收规范：GB 50210—2018[S]．北京：中国建筑工业出版社，2018．

[5] 辽宁省建设厅．建筑给水排水及采暖工程施工质量验收规范：GB 50242—2002[S]．北京：中国建筑工业出版社，2002．

[6] 中华人民共和国住房和城乡建设部．建筑施工测量标准：JGJ/T 408—2017[S]．北京：中国建筑工业出版社，2017．

[7] 毛龙泉，沈北安，陆金方，等．建筑工程施工质量检查与验收手册[M]．北京：中国建筑工业出版社，2002．

[8] 本书编写组．装饰装修工程监理手册[M]．北京：机械工业出版社，2006．

[9] 上海市建筑业联合会工程建设监督委员会．建筑工程质量控制与验收[M]．北京：中国建筑工业出版社，2002．

[10] 江苏省建设工程质量监督总站．建设工程质量检测人员培训教材[M]．北京：中国建筑工业出版社，2006．

[11] 鲁辉等．建筑工程质量检查预验收[M]．北京：人民交通出版社，2007．

[12] 宋岩丽．建筑与装饰材料[M]．北京：中国建筑工业出版社，2010．

[13] 胡志强．新型建筑与装饰材料[M]．北京：化学工业出版社，2007．

[14] 李栋．室内装饰材料与应用[M]．南京：东南大学出版社，2005．

[15] 赵华玮．建筑材料应用与检测[M]．北京：中国建筑工业出版社，2011．

[16] 王辉．建筑材料与检测[M]．北京：北京大学出版社，2011．

[17] 孙家国，叶琳，张冬梅．建筑材料与检测[M]．郑州：黄河水利出版社，2011．

[18] 周相玉．建筑工程测量[M]．武汉：武汉理工大学出版社，2004．

[19] 李生平，陈伟清．建筑工程测量[M]．武汉：武汉理工大学出版社，2008．

[20] 王云江，赵西安．建筑工程测量[M]．北京：中国建筑工业出版社，2002．